高等学校机电工程类系列教材

传感器原理与应用

主　编　张　培　张学敏　闫利文

副主编　纪美仑

西安电子科技大学出版社

内 容 简 介

本书以项目为引领,以任务驱动为导向,基于 Arduino 开源开发板,设计制作了 10 个创新应用装置,即拇指摇杆装置、指纹识别装置、声音识别装置、倒车雷达装置、物料分选装置、霍尔开关装置、追踪移动物体装置、高温报警装置、智能浇花装置和烟雾报警器。通过这些装置的设计详细讲解了电阻式传感器、电容式传感器、压电式传感器、超声波传感器、电感式传感器、霍尔传感器、光电式传感器、温度传感器、湿敏传感器、气敏传感器的工作原理、测量电路及应用发展。大部分任务都设置了验证实验环节,可使读者更好地掌握传感器的性能指标。

本书在内容上注重理论、实验、实践相结合,在目标上强调新工科背景下可应用于工程实践的创新性思维,在形式上追求目标导向、问题牵引。

本书可作为高等院校机械电子工程、测控技术与仪器、自动化等相关专业的教材,也可供传感器相关领域的研究人员或技术人员参考。

图书在版编目(CIP)数据

传感器原理与应用 / 张培,张学敏,闫利文主编. --西安:西安电子科技大学出版社,2023.8
ISBN 978 - 7 - 5606 - 7036 - 2

Ⅰ. ①传… Ⅱ. ①张… ②张… ③闫… Ⅲ. ①传感器 Ⅳ. ①TP212

中国国家版本馆 CIP 数据核字(2023)第 181216 号

策 划	秦志峰	
责任编辑	秦志峰	
出版发行	西安电子科技大学出版社(西安市太白南路 2 号)	
电 话	(029)88202421 88201467	邮 编 710071
网 址	www. xduph. com	电子邮箱 xdupfxb001@163.com
经 销	新华书店	
印刷单位	咸阳华盛印务有限责任公司	
版 次	2023 年 8 月第 1 版 2023 年 8 月第 1 次印刷	
开 本	787 毫米×1092 毫米 1/16 印张 14.5	
字 数	341 千字	
印 数	1～2000 册	
定 价	41.00 元	

ISBN 978 - 7 - 5606 - 7036 - 2 / TP

XDUP 7338001 - 1

﹡﹡﹡ 如有印装问题可调换 ﹡﹡﹡

前　言

本书通过任务引领，理论、实验、实践并重，介绍了传感器的工作原理、基本特性、测量电路及应用发展，以及非电量测量的基本知识、检测方法和误差处理方法，并通过典型的传感器给出了创新实践项目的设计与制作方法，从而培养学生在传感器选型、应用等方面的技能，同时培养学生精诚合作、与人沟通、解决问题的能力和创新应用思维。

本书以传感器能感知测量的物理量为主线，基于 Arduino 开源开发板，以设计与制作 10 个传感器装置为主体，使内容设置更适合应用型、创新型人才培养。书中内容以传感器理论知识为主线，以验证性实验为基础，以基于 Arduino 的实践应用为拓展，以移动端 AR（增强现实）技术为依托，以提升综合素质和创新能力为目标。

全书包括 8 个项目，以"任务导入"和"头脑风暴"的形式引入每一个任务，增强学生的学习兴趣。项目一为传感器理论基础，通过两个任务阐述了传感器的定义、组成、分类、地位和作用、发展趋势。项目二至项目八通过 10 个传感器创新应用装置，详细地阐述了不同传感器的相关理论知识，并通过验证实验与创新实践进一步夯实理论知识，同时培养学生解决复杂问题的综合能力。项目二为基于电阻式传感器的动作检测，阐述了电阻应变式传感器的工作原理、测量电路、验证实验、应用发展和压阻式传感器的工作原理、应用发展，以及拇指摇杆的创新实践。项目三为基于电容式/压电式传感器的身份识别，通过两个任务分别阐述了电容式传感器和压电式传感器的工作原理、测量电路、验证实验和应用发展，以及指纹识别和声音识别的创新实践。项目四为基于超声波/电感式传感器的距离检测，通过两个任务分别阐述了超声波传感器的工作原理、验证实验、应用发展及倒车雷达的创新实践，自感式、差动变压器式、电涡流式传感器的工作原理、测量电路、应用发展及电感式传感器的验证实验和物料分选的创新实践。项目五为基于霍尔传感器的电和磁检测，阐述了霍尔传感器的工作原理、测量电路、验证实验、应用发展及霍尔开关的创新实践。项目六为基于光电式传感器的光线检测，阐述了光电式传感器的工作原理、测量电路、验证实验、应用发展及追踪移动物体的创新实践。项目七为基于温度/湿敏传感器的温度和湿度检测，通过两个任务分别阐述了温度传感器的概念、类型、特点、验证实验、应用发展和高温报警的创新实践，金属热电阻、热敏电阻、热电偶的工作原理等知识，以及湿敏传感器的工作原理、验证实验、应用发展和智能浇花的创新实践。项目八为基于气敏传感器的烟雾和气体检测，阐述了气敏传感器的工作原理、验证实验、应用发展及烟雾报警器的创新实践。

本书配有丰富的优质学习资源，包括 PPT 演示文稿、习题参考答案等，并配有贴近教学内容的自制微课、移动端 AR 仿真等信息化教学资源，可用于课内学习与课外拓展，有利于将自主学习与探究学习相结合。

本书由天津中德应用技术大学机械工程学院一线教师张培副教授、武汉大学遥感信息工程学院张学敏副教授、天津中德应用技术大学机械工程学院院长闫利文教授担任主编，天津中德应用技术大学软件与通信学院纪美仑老师担任副主编。张培老师曾获得天津市首届高校教师教学创新大赛一等奖及教学活动创新奖、天津市课程思政教学名师称号。本书是张培老师所主持的天津市一流本科建设课程"传感器与检测技术"的衍生教材，"传感器与检测技术"课程曾被评为天津市课程思政示范课程，相关教学成果获天津市高等教育(本科)教学成果二等奖。本书项目一由张培、闫利文共同编写，项目六由张培、张学敏共同编写，其余项目由张培独立编写。全书由张培组织并统稿，纪美仑负责微课视频录制及剪辑。

本书在编写过程中得到了天津中德应用技术大学教务处处长张春明教授的鼎力支持和机械工程学院全体领导与教师的大力帮助，得到了本科生郭琪、夏国庆、张巍钟、王振宇、王秀芳、庄毅、井思博在 AR 制作及洪文康、王恩超在插图绘制等方面的通力协助，在此一并表示衷心的感谢！

本书在编写过程中参阅了相关教材和文献，这些都为作者提供了宝贵而丰富的参考资料，在此向各位原作者致谢。

由于作者水平有限，书中难免有不妥之处，诚望读者不吝赐教，以利修正。

验证实验电路　　　　创新实践硬件
搭建 AR 资源　　　　连接 AR 资源

（读者可使用手机或平板电脑下载 Vuforia View 应用程序，然后扫描这两个二维码，即可访问相关资源）

张培

于天津中德应用技术大学

2023 年 4 月

目　录

1

项目一　传感器理论基础

知识目标	任务一　认识传感器	(1) 熟练掌握传感器的定义及组成； (2) 掌握传感器的分类； (3) 理解传感器的地位及作用； (4) 了解传感器技术的发展趋势
	任务二　了解传感器的一般特性	(1) 掌握传感器静态特性和动态特性的基本概念； (2) 熟练掌握传感器的静态特性指标； (3) 熟练掌握传感器的动态特性指标； (4) 理解传感器的静态标定和动态标定
能力目标	任务一　认识传感器	(1) 能够解释传感器的定义； (2) 能够复述传感器的组成； (3) 能够认识不同类别的传感器； (4) 能够结合生活生产实际举例说明传感器的应用
	任务二　了解传感器的一般特性	(1) 能够解释传感器静态特性和动态特性的基本概念； (2) 能够计算传感器的静态特性指标； (3) 能够比较传感器的动态特性指标； (4) 会复述传感器静态标定和动态标定的基本方法
素质目标		(1) 培养学生分析问题、解决问题的能力； (2) 培养学生表达能力和团队协作能力； (3) 培养学生自主学习、终身学习的能力； (4) 培养学生工程应用能力
思政目标		通过国内传感器发展的基本国情，弘扬以改革创新为核心的时代精神

任务一　认识传感器

任务导入

在国家创新驱动发展战略的引领下，智能制造、"互联网＋"、"智能＋"等的发展为传感器应用提供了广阔的平台。《中国制造 2025》和《智能传感器产业三年行动指南(2017—2019)》都对传感器产业的发展提出明确要求，亟需着力研发拥有自主知识产权的高端智能传感器，助力工业互联网平台，为实现智能制造夯实基础。

1.1　传感器的定义与组成

传感器的定义、
组成和分类

1.1.1　传感器的定义

根据我国国家标准 GB/T 7665—2005 的规定，传感器（transducer/sensor）是能感受被测量并按照一定的规律转换成可用输出信号的器件和装置，通常由敏感元件和转换元件组成。其中，敏感元件是指传感器中能直接感受或响应被测量的部分；转换元件是指传感器中能将敏感元件感受或响应的被测量转换成适于传输或测量的电信号的部分。当传感器输出为规定的标准信号时，则称为变送器（transmitter）。传感器的英文 transducer 和 sensor 通用。

目前，传感器转换后的信号大多为电信号。从狭义上讲，传感器是一种以一定精确度把被测量（主要是非电量）转换为与之有确定关系、便于应用的某种物理量（主要是电量）的测量装置。这一定义包含以下几方面的含义：

（1）传感器是测量装置，能完成检测任务。

（2）传感器的输入是某一被测量，如物理量、化学量、生物量等。

（3）传感器的输出是某种物理量。这种量要便于传输、转换、处理、显示等；这种量可以是气、光、电量，但主要是电量。

（4）输出与输入间有对应关系，且有一定的精确度。

1.1.2　传感器的组成

根据传感器的定义，传感器由敏感元件和转换元件两部分组成，分别完成检测和转换两个基本功能。仅由敏感元件和转换元件组成的传感器通常输出信号较弱，还需要转换电路将输出信号放大并转换为容易传输、处理、记录和显示的形式。因此，传感器一般由敏感元件、转换元件和转换电路三个部分组成，如图 1-1 所示。

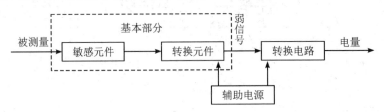

图 1-1　传感器的组成

敏感元件能够直接感受被测量，并输出与被测量有确定关系的某一物理量。敏感元件的输出就是转换元件的输入，将感受到的非电量直接转换为电量。转换电路将转换元件输出的电量进一步转换为易于传输、处理、记录和显示的有用电信号。值得注意的是，一方面，并不是所有的传感器都能明显地区分敏感元件和转换元件这两个部分，如半导体气敏或湿敏传感器、热电偶、压电晶体、光电器件等，它们一般能将感受到的被测量直接转换为电信号输出，即敏感元件和转换元件的功能合二为一；另一方面，有些传感器的转换元件不止一个，需经过若干次转换。

1.2　传感器的分类

从不同角度出发，形成了不同的传感器分类方法。目前，广泛采用的分类方法如表1-1所示。

表 1-1　传感器的分类方法

分类方法	传感器种类		分类说明
按输入量	位移传感器、速度传感器、温度传感器、湿度传感器、压力传感器等		传感器以被测物理量命名
按输出量	模拟式传感器		传感器输出信号为连续的模拟量
	数字式传感器		传感器输出信号为离散的数字量
按工作原理	电阻式传感器、电容式传感器、电感式传感器、压电式传感器、超声波式传感器、霍尔式传感器等		传感器以工作原理命名
按基本效应	物理传感器	结构型传感器	传感器依赖其结构参数的变化实现信息转换
		物性型传感器	传感器依赖其物理特性的变化实现信息转换
	化学传感器		传感器依赖材料本身的电化学反应来实现信息转换
	生物传感器		传感器利用生物活性物质选择性的识别来实现信息转换
按能量关系	能量转换型传感器		传感器直接将被测对象的能量转换为输出能量
	能量控制型传感器		由外部供给传感器能量，由被测量控制传感器的输出能量
按所蕴含的技术特征	普通传感器		应用传统技术的传感器
	新型传感器		采用新原理、新材料、新技术的传感器
按尺寸大小	宏传感器、微传感器		传感器以尺寸大小分类
按存在形式	硬传感器		以实物(硬件)形式存在的传感器
	软传感器		以虚拟(软件)形式存在的传感器
按应用范围	工业用传感器、民用传感器、科研用传感器、医用传感器、军用传感器等		传感器以应用范围分类

1.3 传感器的地位和作用

1.3.1 传感器的地位

传感器的
地位和作用

"中国制造2025""互联网+"等发展战略正前所未有地推进信息化与工业化深度融合,重构新时代人们的工作模式、生活方法和思维方式。先进的信息技术成为引领和衡量社会迈向高度现代化的支撑性技术之一,传感器技术位于信息技术之首,是泛在感知、智能制造、人工智能等的基石,助推信息技术成为不同对象相互交叉、联结、融合和涌现的内生动力。传感器技术可以便捷、可靠、智能、安全地获取、处理与应用信息,推动建立人机网络互联融合的数字化智能型社会,以进一步解放生产力、提高工作效率、促进人的创造性劳动,满足人民日益增长的美好生活的需求。

1.3.2 传感器的作用

传感器最初起源于仿生研究,是对人类感觉器官的仿真。人们为了从外界获取信息,必须借助于感觉器官,包括眼睛、耳朵、舌头、鼻子、皮肤,以获得视觉、听觉、味觉、嗅觉和触觉。而单靠人们自身的感觉器官,在日常生活、工业生产以及科学研究中是远远不够的。传感器是人类五官的延伸,被称为电五官,其可靠性更强、测量范围更广、测量精度更高,成为获取信息的主要途径和手段,在智能制造、生活办公、工业生产、科学研究、宇宙开发、海洋探测、环境保护、军事国防、医疗诊断、生物工程、航空航天、轨道交通等领域有着广泛的应用。

在智能制造领域,传感器技术渗透于生产、检测、管理、物流等各个流程中。自动化生产中广泛采用的数控机床,在检测位置、速度、压力等参数时均设置了高性能传感器,能够对加工状态、刀具状态、刀具磨损情况等进行实时监控,以实现灵活的误差补偿与自校正,助推数控机床智能化。工业机械手臂通过扭矩传感器、定位传感器、视觉传感器、触觉传感器等,使其能工作在动态变化的环境中代替人工进行多种复杂危险的劳动。智能物流是智能制造的关键环节,装有寻迹、避障等传感器的智能物流搬运机器人,以及进行货物身份识别的条形码、二维码、射频识别(RFID)技术,都是传感器技术和信息技术高度融合的产物。

在轨道交通领域,随着汽车智能化水平的不断提升,传感器作为汽车电控系统的关键部件,直接影响着汽车的性能和舒适性。现代汽车已经将传感器技术应用于发动机控制系统、底盘控制系统及车身控制系统中,安装了温度传感器、压力传感器、转速和角速度传感器、流量传感器、位置传感器、气体浓度传感器、视觉传感器等百余种传感器,以提升汽车的安全性,降低事故发生率。

在航空航天领域,我国航空航天事业的迅猛发展,也离不开传感技术。无人机的飞行管理和自动驾驶、仪表着陆系统,人造卫星的遥感遥测等都与传感器紧密相关。我国神州系列载人飞船上装有超过千只传感器,用于检测航天员的呼吸、脉搏、体温等生理参数和飞船升空、运行、返回等多项飞行参数，并及时将这些信息传回指挥控制中心，指挥控制中心再根据这些信息发出指令，控制相关设备。

在军事国防领域，无一例外，高技术武器装备的核心技术就是传感器技术，通过传感器提升传统作战方式和效率，大幅度提高武器威力和作战指挥及战场管理能力。"蛟龙号"载人深潜器是我国首台自主设计、自主集成研制的作业型深海载人潜水器，设计最大下潜深度为 7000 米级，也是目前世界上下潜能力最强的作业型载人潜水器，可在占世界海洋面积 99.8% 的广阔海域中使用。深海载人潜水器是海洋开发的前沿与制高点之一，体现着一个国家的综合科技水平。"蛟龙号"研制和试海成功，推动了中国从海洋大国向海洋强国的迈进，有着重大而深远的影响。

在医疗诊断领域，传感器作为能感受到生命体征的"感觉器官"，延伸了医生的感知能力，是医疗设备的关键器件。在电子脉搏仪、血压仪、医用呼吸机、超声波诊断仪、断层扫描（CT）及核磁共振诊断设备中，都大量地使用了传感器技术，将检测数据作为重要的生理参数为临床诊断提供帮助。

在生活办公领域，随着物联网技术的不断普及与发展，人们对生活及办公产品的功能及自动化程度要求不断提高，因此对高精度传感器的需求不断增加。传感器在手机、冰箱、洗衣机、空调、洗碗机、自动清扫机器人、游戏机等家用电器和电子设备中，在复印机、扫描仪、电脑及其周边产品等办公用品中得到了广泛应用。

1.4　传感器技术的发展趋势

传感器是多学科、多技术、多领域的高科技聚合物，涉及物理、化学、生物等基础学科。新理论的探讨、新工艺的应用、新材料的研究、新需求的提出，都会带来新的传感器技术。总体上说，传感器技术的发展趋势表现在以下六个方面：开发新材料，采用新工艺，探索新功能，实现无线化、网络化，实现微型化、集成化，实现智能化、安全化。这些发展不是独立的，往往相辅相成、彼此关联、相互融合，从而推动传感器的创新发展。

传感器技术的
发展趋势

1. 开发新材料

在新型传感器的研发中，新材料是"基石"。从半导体材料、陶瓷材料，到光导纤维、纳米材料、超导材料等，新型传感器敏感元件材料的不断改进，同样也推动了传感器技术的不断进步。可以预测，不久的将来会有以硅材料为主的半导体材料、化合物半导体材料、压电陶瓷材料、半导体陶瓷材料、非晶磁性材料、柔性材料、石墨烯等新型材料，将会导致一批新型传感器的出现。

2. 采用新工艺

在新型传感器的研发中，新工艺是"路径"。传感器技术的新工艺主要是指微细加工技术，目前大体上分为以下三类：

（1）硅微机械加工技术。硅微机械加工技术是一种精密三维加工技术，是研制传感器、微执行器、微作用器、微机械系统的核心技术，已成功用于制造各种微传感器以及多功能的敏感元阵列。

（2）超精密机械加工技术。以激光精密加工为主体的超精密机械加工技术，基于光与物质的相互作用，加工精度可以达到纳米级，是新型柔性传感器制造的有效方法之一。

（3）LIGA 技术。LIGA 是德文 Lithographie、Galvanoformung 和 Abformung 三个词（即光刻、电铸和注塑）的缩写，是利用深度 X 射线刻蚀，通过电铸成型和塑料铸模，形成深层三维微结构（即可以制造摆动、旋转和直线运动的微结构），对推动传感器微型化和集成化产生了巨大作用。

3. 探索新功能

在新型传感器的研发中，新功能是"目标"。传感器的新功能是指传感器的多功能化，主要包含两方面的含义：一方面是指用一个传感器可以同时检测多个参数，例如集气体传感器、气压传感器、湿度传感器和温度传感器于一体的环境传感器；另一方面是指传感器的信息采集功能与信息处理功能一体化。多功能化可以有效控制传感器的尺寸，降低传感器的功率，提高传感器的稳定性、可靠性和安全性。

4. 实现无线化、网络化

在新型传感器的研发中，实现无线化和网络化是"起点"。用无线通信代替有线连接是信息技术的总趋势，传感器技术也不例外。近年来，随着微波、5G、ZigBee 等无线通信技术的快速发展，特别是深空探测、卫星遥感、全球定位、物联网、远程监控及报警系统等新技术与应用的推动，传感器的无线化、网络化发展趋势日益明显。

5. 实现微型化、集成化

在新型传感器的研发中，实现微型化和集成化是"突破"。微机电系统（MEMS）是一种轮廓尺寸在毫米量级、组成元件尺寸在微米甚至纳米量级的、可运动的微型机电装置。MEMS 技术与集成工艺相结合，使得传感器技术向着高精度、微型化、集成化方向发展。传感器集成化主要包含两方面的含义：一方面是通过微加工技术在一个芯片上构建多个传感模块，组成线性传感器（如 CCD 图像传感器）；另一方面是将不同功能的敏感元器件制作在同一硅片上，制成集成化、多功能传感器，集成度高，体积小，容易实现补偿和校正。

6. 实现智能化、安全化

在新型传感器的研发中，实现智能化和安全化是"关键"。智能传感器是当代高科技研究的热点，是一种带微处理器的传感器，能通过软件对传感器内部行为进行调理，使传感器具有分析、判断、自适应、自学习功能，可以完成特征检测、图像识别、多维检测等复杂任务。传感器作为信息链的源头和信息感知的物质基础，要通过有效手段抑制因传感器的无线化、网络化、智能化以及由此形成的工业大数据可能带来的信息安全风险，确保通过传感器所获取的信息是可控的、保密的、真实的、可靠的。

课后思考

1. 什么是传感器？传感器一般由哪几个部分组成？各部分的作用是什么？
2. 传感器是如何进行分类的？
3. 简述传感器技术的发展趋势。
4. 学校日常生活管理中用到的传感器有哪些？试举例并拍摄视频进行分享。

任务导入

　　传感器的一般特性是指传感器的输入与输出关系特性，是传感器内部结构参数作用关系的外部表现。不同的传感器有不同的内部结构参数，决定了它们具有不同的外部表现。

　　传感器的特性与被测量的性质有关，当被测量不随时间变化（或缓慢变化）时，传感器的输出与输入之间的关系称为静态特性；当被测量随时间快速变化时，传感器的输出与输入之间的关系称为动态特性。

传感器的
一般特性

头脑风暴

　　同样是测量温度，测量体温、火焰温度和爆炸点可以使用同一种传感器吗？为什么？

1.5　传感器的静态特性

1.5.1　传感器静态特性的数学模型

　　理想的传感器输入量与输出量呈唯一的、稳定的线性关系，且输出量可实时反映输入量的变化。实际的传感器受到外部环境的影响，输入与输出关系或多或少地存在非线性。在不考虑迟滞、蠕变、不稳定性等因素的情况下，传感器静态特性的数学模型可以表示为

传感器的静态
特性——数学模型

$$y = a_0 + a_1 x + a_2 x^2 + \cdots + a_n x^n \tag{1-1}$$

式中：x 为输入量；y 为输出量；a_0 为零点输出；a_1 为传感器线性灵敏度；$a_2, \cdots, a_n$ 为非线性项系数。各项系数不同，决定了传感器不同类型的输出—输入特性曲线。

　　在研究传感器的静态特性时，可以先不考虑零点输出，即只讨论 $a_0 = 0$。静态特性曲线通过原点，可有如图 1-2 所示的四种情况。

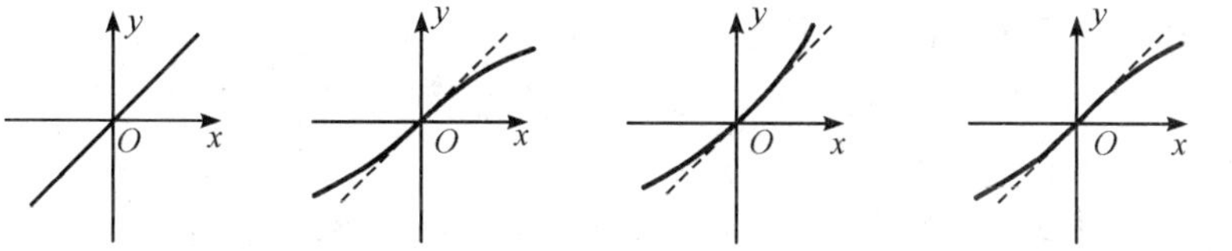

(a) 理想线性　　　(b) 仅有奇次非线性　　(c) 仅有偶次非线性　　(d) 同时有奇偶次非线
特性曲线　　　　　项的特性曲线　　　　　项的特性曲线　　　　　性项的特性曲线

图 1-2　传感器的静态特性曲线

　　图 1-2(a)为理想线性特性曲线，$y = a_1 x$，通常是理想状态下传感器所具有的特性。

图 1-2(b)为仅有奇次非线性项的特性曲线，$y=a_1x+a_3x^3+a_5x^5+\cdots$，输入量 x 在原点附近相当大的范围内输出—输入特性基本上呈线性关系，并且相对坐标原点对称。这是较为接近理想线性的非线性特性。

图 1-2(c)为仅有偶次非线性项的特性曲线，$y=a_2x^2+a_4x^4+a_6x^6+\cdots$，具有这种输出—输入特性的传感器线性范围较窄，且对称性差。一般传感器设计很少采用这种特性，通常用两个特性相同的传感器差动工作，以有效地消除非线性误差。

图 1-2(d)为同时有奇偶次非线性项的特性曲线，$y=a_1x+a_2x^2+\cdots+a_nx^n$，通常为普遍情况下传感器的输出—输入特性曲线。

1.5.2 传感器的静态特性指标

衡量传感器静态特性的重要指标包括线性度、灵敏度、迟滞、重复性、分辨率和漂移。

1. 线性度(Linearity)

线性度是指传感器输出量与输入量之间的实际关系曲线偏离理想线性关系直线的程度，又称为非线性误差。传感器的线性度如图 1-3 所示。

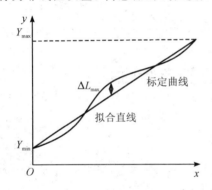

图 1-3　传感器的线性度

传感器的静态特性——线性度

传感器的线性度一般引用误差的形式来表示：

$$\gamma_L=\pm\frac{\Delta L_{\max}}{Y_{FS}}\times100\%\tag{1-2}$$

式中：$\Delta L_{\max}$ 为最大非线性绝对误差，即标定曲线与拟合直线的最大偏差值；$Y_{FS}=Y_{\max}-Y_{\min}$ 为传感器的满量程输出值。

标定曲线可以通过实际测试获得，拟合直线是通过计算得到的，拟合方法不同，传感器得到不同的非线性误差。常见的拟合方法如下：

(1) 理论拟合。如图 1-4(a)所示，拟合直线为传感器的理论特性，与实际测试值无关。该方法十分简单，但 $\Delta L_{\max}$ 较大。

(2) 过零旋转拟合。如图 1-4(b)所示，常用于曲线过零的传感器，拟合时有 $\Delta L_1=\Delta L_2=\Delta L_{\max}$。这种方法也比较简单，非线性误差比图 1-4(a)所示小很多。

(3) 端点连线拟合。如图 1-4(c)所示，把输出曲线两端点的连线作为拟合直线。这种方法比较简便，但 $\Delta L_{\max}$ 也较大。

(4) 端点连线平移拟合。如图 1-4(d)所示，在端点连线拟合的基础上使直线平移，移

动距离为原来 $\Delta L_{\max}$ 的一半，这样输出曲线分布于拟合直线的两侧，即 $\Delta L_2 = |\Delta L_1| = |\Delta L_3| = \Delta L_{\max}$。与图 1-4(c)所示相比，非线性误差减小一半，提高了精度。

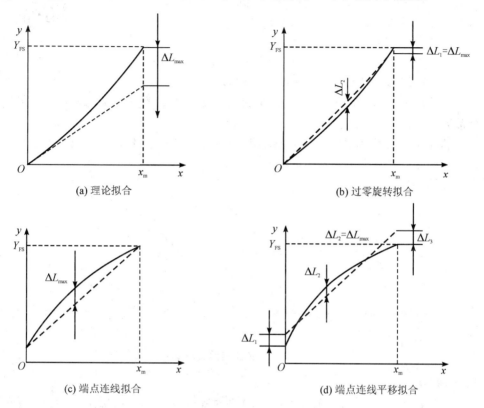

图 1-4　直线拟合方法

（5）最小二乘拟合。图 1-5 所示是工程上最常用的直线拟合方法。最小二乘拟合直线应保证传感器实际特性对它的偏差的二次方和为最小。

最小二乘拟合直线方程为 $y = kx + b$，如何科学合理地确定系数 k 和 b 是解决问题的关键。设传感器实际输出—输入关系曲线上某点的输入、输出分别为 x_i、y_i，在相同输入 x_i 的情况下，理想直线与实际关系曲线的偏差值 $\Delta L_i = y_i - (kx_i + b)$。最小二乘拟合直线的原则是使确定的 n 个特征测量点的均方差为最小值，因此可以计算出最小二乘拟合直线的待定系数。系数 k 和 b 的表达式为

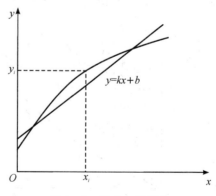

图 1-5　最小二乘拟合

$$k = \frac{n\sum x_i y_i - \sum x_i \sum y_i}{n\sum x_i^2 - \left(\sum x_i\right)^2} \tag{1-3}$$

$$b = \frac{\sum x_i^2 \sum y_i - \sum x_i \sum x_i y_i}{n\sum x_i^2 - \left(\sum x_i\right)^2} \tag{1-4}$$

2. 灵敏度(Sensitivity)

灵敏度是指传感器在稳定工作状态下的输出变化量 Δy 与引起此变化的输入变化量 Δx 之比,用 K 表示,即

$$K = \frac{\Delta y}{\Delta x} \qquad (1-5)$$

传感器的静态
特性——灵敏度

灵敏度表征传感器对输入量变化的反应能力。

对于线性传感器(如图 1-6(a)所示),灵敏度就是其静态特性曲线的斜率,灵敏度 K 是一个常数,与输入量大小无关。

对于非线性传感器(如图 1-6(b)所示),灵敏度是一个变化量,不同位置灵敏度不同,只能表示传感器在某一个工作点的灵敏度。

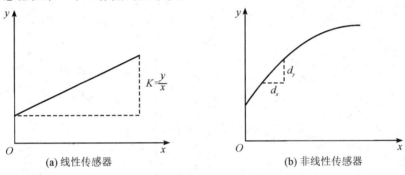

(a) 线性传感器   (b) 非线性传感器

图 1-6 传感器的灵敏度

3. 迟滞(Hysteresis)

迟滞是指传感器在全量程范围内,输入量由小到大(正行程)与由大到小(反行程)变化期间,其输入—输出特性曲线不重合的现象,如图 1-7 所示。传感器的迟滞特性一般由实验测得。

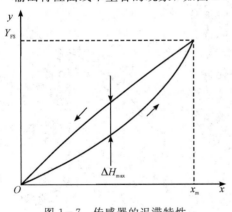

图 1-7 传感器的迟滞特性

传感器的静态特性——迟滞

迟滞误差用正反行程输出值间的最大差值 $\Delta H_{\max}$ 与满量程输出值 Y_{FS} 的百分比表示,即

$$\gamma_H = \frac{\Delta H_{\max}}{Y_{FS}} \times 100\% \qquad (1-6)$$

产生迟滞现象的主要原因是传感器敏感元件材料的物理性质和机械零部件自身的缺陷,例如弹性滞后、运动部件的摩擦、传动机构的间隙、紧固件松动等。

4. 重复性（Repeatability）

重复性是指传感器在全量程范围内，在同一工作条件下、在同一测点、按同一方向做多次重复测量时所得输出—输入特性曲线不一致的程度，如图 1-8 所示。

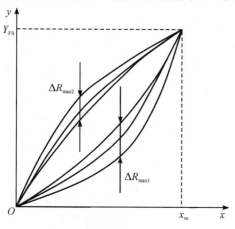

图 1-8　传感器的重复性　　　　　　传感器的静态特性——重复性

重复性误差用正行程的最大重复性偏差值 $\Delta R_{\max 1}$ 和反行程的最大重复性偏差值 $\Delta R_{\max 2}$ 中两者的最大值 $\Delta R_{\max}$，与满量程输出值 Y_{FS} 的百分比表示，即

$$\gamma_R = \frac{\Delta R_{\max}}{Y_{FS}} \times 100\% \qquad (1-7)$$

产生重复性误差的原因与产生迟滞的原因相同。

5. 分辨率（Resolution）

分辨力是指传感器能检测到的最小的输入增量。有些传感器，当输入量连续变化时，输出量只做阶梯变化，则分辨力就是输出量的每个"阶梯"所代表的输入量的大小，如图 1-9 所示。

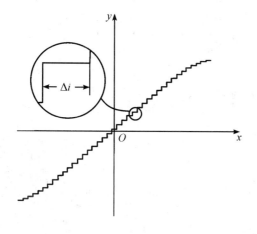

图 1-9　传感器的分辨力　　　　　　传感器的静态特性——分辨率

分辨率是指传感器在规定测量范围内所能检测到的输入量的最小变化量 $\Delta X_{\min}$ 与满量程输入值的百分数，即

$$\frac{\Delta X_{\min}}{X_{\mathrm{FS}}} \times 100\% \qquad (1-8)$$

分辨力用绝对值表示，分辨率用百分数表示。

6. 漂移(Drift)

漂移是指传感器在外界的干扰下，输出量发生与输入量无关的变化。漂移包括零点漂移和灵敏度漂移，如图 1-10 所示。

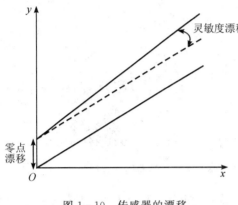

图 1-10 传感器的漂移　　　　　　传感器的静态特性——漂移

漂移又可分为时间漂移(时漂)和温度漂移(温漂)。时间漂移是指在规定的条件下，传感器的零点或灵敏度随时间的缓慢变化，用最大零点偏差值 ΔY_0 与满量程输出值 Y_{FS} 的百分比表示，即

$$D_0 = \frac{\Delta Y_0}{Y_{\mathrm{FS}}} \times 100\% \qquad (1-9)$$

温度漂移是指环境温度变化引起的传感器零点或灵敏度漂移，用输出最大偏差值 $\Delta Y_{\max}$ 与满量程输出值 Y_{FS} 和温度变化范围 ΔT 乘积的百分比表示，即

$$D_{\mathrm{T}} = \frac{\Delta Y_{\max}}{Y_{\mathrm{FS}} \Delta T} \times 100\% \qquad (1-10)$$

漂移误差产生的原因是传感器自身结构参数的老化和测量过程中环境(如温度、湿度、压力等)发生的变化。

1.6 传感器的动态特性

1.6.1 传感器动态特性的基本概念

在实际测量中，大量的被测量是随时间变化的动态信号，对动态信号的测量要求传感器的输出不仅能够精确地反映被测量的幅值大小，而且能够正确地再现被测量随时间变化的规律。传感器的动态特性是指传感器的输出对随时间变化的输入量的响应特性，反映输出值真实再现变化着的输入量的能力。

传感器的动态
特性——基本概念

1.6.2 传感器动态特性的数学模型

1. 微分方程

在工程上通常采用线性时不变系统的理论来描述和分析传感器的动态特性,在数学上可以用常系数线性微分方程表示传感器的输出和输入之间的关系。

传感器的动态
特性——数学模型

$$a_n \frac{\mathrm{d}^n y(t)}{\mathrm{d}t^n} + a_{n-1} \frac{\mathrm{d}^{n-1} y(t)}{\mathrm{d}t^{n-1}} + \cdots + a_1 \frac{\mathrm{d}y(t)}{\mathrm{d}t} + a_0 y(t)$$

$$= b_m \frac{\mathrm{d}^m x(t)}{\mathrm{d}t^m} + b_{m-1} \frac{\mathrm{d}^{m-1} x(t)}{\mathrm{d}t^{m-1}} + \cdots + b_1 \frac{\mathrm{d}x(t)}{\mathrm{d}t} + b_0 x(t) \tag{1-11}$$

式中:$y(t)$ 为输入量;$x(t)$ 为输入量;t 为时间;a_n,a_{n-1},$\cdots$,a_0 和 b_m,b_{m-1},$\cdots$,b_0 均为与传感器结构特性有关的常系数。

理论上,只要对常系数线性微分方程求解,便可得到传感器输出和输入之间的关系。但对于复杂的传感器系统或复杂的输入信号来说,对其进行求解并不容易,实际中,通常采用反映系统动态特性的函数来描述,例如传递函数、频率响应函数等。

2. 传递函数

传递函数是指在初始状态均为 0 时,输出 $y(t)$ 的拉氏变换 $Y(s)$ 和输入 $x(t)$ 的拉氏变换 $X(s)$ 之比,并记为 $H(s)$。因此,对式(1-11)进行拉普拉斯变换,则得

$$Y(s)(a_n s^n + a_{n-1} s^{n-1} + \cdots + a_1 s + a_0) = X(s)(b_m s^m + b_{m-1} s^{m-1} + \cdots + b_1 s + b_0) \tag{1-12}$$

变形为传递函数,即

$$H(s) = \frac{Y(s)}{X(s)} = \frac{b_m s^m + b_{m-1} s^{m-1} + \cdots + b_1 s + b_0}{a_n s^n + a_{n-1} s^{n-1} + \cdots + a_1 s + a_0} \tag{1-13}$$

传递函数描述传感器本身的动态特性,与输入量 $x(t)$ 无关,只取决于传感器的结构参数。

3. 频率响应函数

对于稳定的常系数线性系统,可以用傅里叶变换代替拉普拉斯变换,令 $s = \mathrm{j}\omega$,代入式(1-13),可得

$$H(\mathrm{j}\omega) = \frac{Y(\mathrm{j}\omega)}{X(\mathrm{j}\omega)} = \frac{b_m (\mathrm{j}\omega)^m + b_{m-1}(\mathrm{j}\omega)^{m-1} + \cdots + b_1(\mathrm{j}\omega) + b_0}{a_n (\mathrm{j}\omega)^n + a_{n-1}(\mathrm{j}\omega)^{n-1} + \cdots + a_1(\mathrm{j}\omega) + a_0} \tag{1-14}$$

$H(\mathrm{j}\omega)$ 称为传感器的频率响应函数。频率响应函数是一个复数,可以写成实部和虚部的形式,即

$$H(\mathrm{j}\omega) = H_\mathrm{R}(\omega) + \mathrm{j}H_\mathrm{I}(\omega) \tag{1-15}$$

用指数表示为

$$H(\mathrm{j}\omega) = A(\omega)\mathrm{e}^{\mathrm{j}\varphi(\omega)} \tag{1-16}$$

其模称为传感器的幅频特性,指输出与输入幅值比和频率的对应关系,即

$$A(\omega) = |H(\mathrm{j}\omega)| = \sqrt{[H_\mathrm{R}(\omega)]^2 + [H_\mathrm{I}(\omega)]^2} \tag{1-17}$$

其相角称为传感器的相频特性，指输出与输入相位差和频率的对应关系，即

$$\varphi(\omega) = \arctan H(j\omega) = -\arctan \frac{H_I(\omega)}{H_R(\omega)} \tag{1-18}$$

1.6.3 传感器的动态特性指标

传感器的动态
特性指标

传感器的动态特性可以从时域和频域两个方面进行研究，并采用瞬态响应法和频率响应法来分析。由于绝大多数传感器均为一阶或二阶系统，高阶系统又可以通过降阶简化为一阶或二阶系统，因此这里只讨论一阶和二阶传感器。

1. 瞬态响应特性

在时域内采用瞬态响应法研究传感器的动态特性时，常用的激励信号有阶跃函数、脉冲函数和斜坡函数等。其中，阶跃信号具有适用性广、实施简单、易于操作等特点。下面采用单位阶跃信号作为输入信号分析传感器的动态特性，即

$$x(t) = \begin{cases} 0 & t < 0 \\ 1 & t \geqslant 0 \end{cases} \tag{1-19}$$

其输出信号 $y(t)$ 称为单位阶跃响应。

1）一阶传感器的单位阶跃响应

一阶传感器的单位阶跃响应为

$$y(t) = 1 - e^{-\frac{t}{\tau}} \tag{1-20}$$

式中，τ 为时间常数，其响应曲线如图 1-11 所示。

时间常数 τ 为一阶传感器阶跃响应曲线由零上升到稳态值的 63.2% 所需要的时间。理论上，传感器的响应在 t 趋近于无穷时才达到稳态值；实际上，$t=4\tau$ 时其输出已达到稳态值的 98.2%，可以近似认为已经达到稳态。τ 越小，响应曲线越接近于阶跃曲线，因此一阶传感器的时间常数 τ 越小越好。

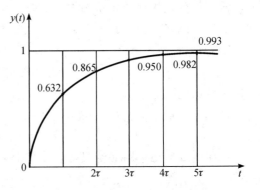

图 1-11　一阶传感器单位阶跃响应曲线

2）二阶传感器的单位阶跃响应

二阶传感器的单位阶跃响应（欠阻尼情况下 $0 < \xi < 1$）为

$$y(t) = 1 - \frac{e^{-\omega_n \xi t}}{\sqrt{1-\xi^2}} \sin\left(\sqrt{1-\xi^2}\,\omega_n t + \arctan \frac{\sqrt{1-\xi^2}}{\xi}\right) \tag{1-21}$$

二阶传感器单位阶跃响应曲线如图 1-12 所示。

其动态特性指标描述如下：

（1）上升时间 t_r：传感器的输出由稳态值的 10% 变化到稳态值的 90% 所需的时间。

（2）峰值时间 t_p：传感器的输出响应曲线达到第一个峰值所需的时间。

（3）响应时间 t_s：传感器从阶跃输入开始到输出值进入稳态值所规定的范围内所需的

时间。

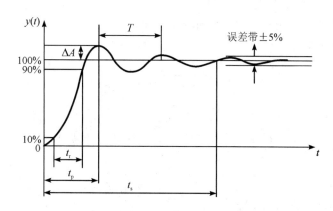

图 1-12　二阶传感器单位阶跃响应曲线

（4）最大超调量 σ：响应偏离阶跃曲线的最大值 ΔA，常用相对于稳态值的百分比表示。超调量越小越好。

2．频率响应特性

在频域内采用频率响应法研究传感器的动态特性时，常用正弦信号作为激励信号。传感器对正弦输入信号的响应特性称为频率响应特性。

1）一阶传感器的频率响应

一阶传感器的频率特性表达式分别如下：

（1）频率响应特性为

$$H(j\omega) = \frac{1}{\tau(j\omega) + 1} \qquad (1-22)$$

（2）幅频特性为

$$A(\omega) = \frac{1}{\sqrt{1 + (\omega\tau)^2}} \qquad (1-23)$$

（3）相频特性为

$$\varphi(\omega) = -\arctan(\omega\tau) \qquad (1-24)$$

一阶传感器频率响应特性曲线如图 1-13 所示。可以看出，时间常数 τ 越小，$A(\omega)$ 越接近于常数 1，$\varphi(\omega)$ 越接近于 0，频率响应特性越好。

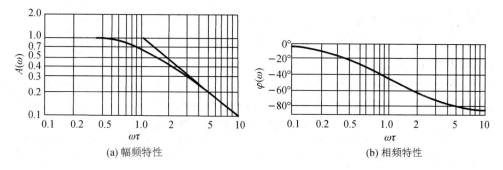

(a) 幅频特性　　　　　　　　　　(b) 相频特性

图 1-13　一阶传感器频率响应特性曲线

2）二阶传感器的频率响应

二阶传感器的频率特性表达式分别如下：

（1）频率响应特性为

$$H(j\omega) = \frac{1}{[1-(\omega/\omega_n)^2] + 2j\xi(\omega/\omega_n)} \qquad (1-25)$$

（2）幅频特性为

$$A(\omega) = \left\{ \left[1 - \left(\frac{\omega}{\omega_n}\right)^2\right]^2 + 4\xi^2\left(\frac{\omega}{\omega_n}\right)^2 \right\}^{-\frac{1}{2}} \qquad (1-26)$$

（3）相频特性为

$$\varphi(\omega) = -\arctan\frac{2\xi(\omega/\omega_n)}{1-(\omega/\omega_n)^2} \qquad (1-27)$$

式中，ω_n 为传感器的固有角频率。

二阶传感器频率响应特性曲线如图 1-14 所示。可以看出，传感器频率响应特性的好坏主要取决于传感器的固有角频率 ω_n 和阻尼系数 ξ。当欠阻尼（$0 < \xi < 1$），$\omega_n \gg \omega$ 时，$A(\omega) \approx 1$（常数），$\varphi(\omega)$ 很小。此时，系统的输出真实准确地再现输入的波形。通常，固有角频率 ω_n 至少应大于被测信号频率 ω 的 3~5 倍，即 $\omega_n \geqslant (3\sim5)\omega$。

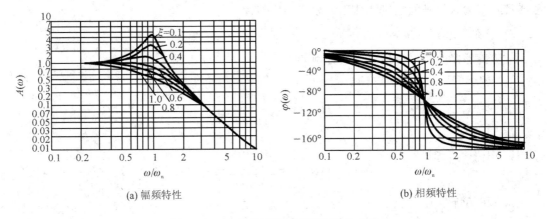

(a) 幅频特性   (b) 相频特性

图 1-14　二阶传感器频率响应特性曲线

课后思考

1. 什么是传感器的静态特性？描述传感器静态特性的主要指标有哪些？

2. 什么是传感器的动态特性？如何分析传感器的动态特性？描述传感器动态特性的主要指标有哪些？

3. 已知某一传感器的测量范围为 0~40 mm，静态测量时，输入值与输出值之间的关系如表 1-2 所示。试用最小二乘法求该传感器的线性度和灵敏度。

表 1-2　传感器输入值与输出值的关系

输入值	1	5	10	15	20	25	30	35	40
输出值	1.48	3.50	5.99	8.50	11.01	13.52	16.03	18.54	21.25

项目二 基于电阻式传感器的动作检测

知识目标	任务三 利用拇指摇杆实现动作检测	(1) 熟练掌握电阻应变效应原理； (2) 理解电阻应变式传感器的结构和分类； (3) 了解电阻应变式传感器的特性指标； (4) 熟练掌握应变式传感器的测量电路组成； (5) 理解电阻应变式传感器的应用； (6) 掌握压阻式传感器的原理； (7) 理解压阻式传感器的应用
能力目标		(1) 能够解释电阻应变式传感器的工作原理； (2) 能够分析电阻应变式传感器的测量电路； (3) 能够分析电阻应变式传感器的温度误差及其补偿方法； (4) 能够解释压阻式传感器的工作原理； (5) 能够结合生活生产实际举例说明电阻应变式传感器及压阻式传感器的应用； (6) 能够制作基于 Arduino 的拇指摇杆装置
素质目标		(1) 培养学生分析问题、解决问题的能力； (2) 培养学生表达能力和团队协作能力； (3) 培养学生自主学习、终身学习的能力； (4) 培养学生工程应用能力
思政目标		(1) 通过制作拇指摇杆装置，提升学生工程应用的创新思维； (2) 通过实验数据分析处理，培养学生求真务实的精神

任务三 利用拇指摇杆实现动作检测

任务导入

　　如果玩过电子游戏机，相信你对拇指摇杆一定不陌生。在早期的街机游戏中，你需要用整只手摇动一颗硕大的摇杆。而现代的游戏机，例如 Xbox、PS2、Switch 等都是用拇指摇杆进行操控的，称为"Joystick"。它可以实现 x、y 轴的联动及 z 轴的点动，即对于 x、y 轴而言可以实现模拟量的控制，对于 z 轴而言可以实现数字量（开关量）的控制。拇指摇杆之所以能操控游戏，就是通过电阻式传感器。当然，新型的游戏手柄已经开始使用霍尔传感

拇指摇杆——
任务导入

器来实现更精准的控制！

头脑风暴

电阻式传感器在生活生产实际中的应用有哪些？试举例说明。

2.1 电阻应变式传感器的工作原理

2.1.1 电阻式传感器概述

电阻式传感器的基本原理是将被测量转换成电阻的变化量，再经过测量电路转换成与之有确定对应关系的电量进行输出。电阻式传感器结构简单，种类繁多，应用广泛，常见的有电位器式传感器、电阻应变式传感器、压阻式传感器、热电阻式传感器等。本项目主要介绍电阻应变式传感器和压阻式传感器。

电阻应变式传感器是利用电阻应变片将应变转换为电阻变化的传感器。将电阻应变片粘贴到弹性元件上，当被测物理量作用于弹性元件上时，弹性元件在力、力矩或压力等的作用下发生形变，产生相应的应变或位移，然后传递给与之相连的应变片，引起应变片的电阻值变化，通过测量电路变成电量输出，输出电量的大小反映被测物理量的大小。电阻应变式传感器广泛应用于力、力矩、压力、加速度、重量等物理量的测量。

压阻式传感器是利用固体的压阻效应制成的，其灵敏系数大，分辨率高，频率响应好，体积小，主要用于测量压力、加速度和载荷等参数。

2.1.2 电阻应变效应

电阻应变式传感器的工作原理是基于电阻应变效应。导体或半导体材料在外力作用下产生机械形变，其电阻值也会发生相应改变，这种现象称为电阻应变效应。

如图 2-1 所示，一段具有应变效应的金属电阻丝，在未受力时其电阻值为

电阻应变式传感器的工作原理

$$R = \rho \frac{l}{s} \qquad (2-1)$$

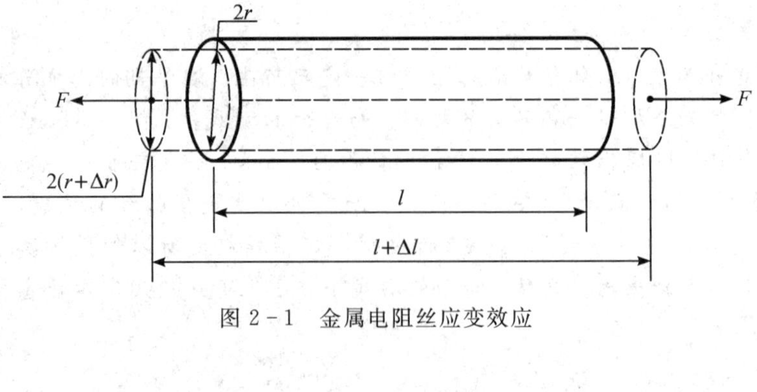

图 2-1　金属电阻丝应变效应

式中：ρ 为电阻丝的电阻率（$\Omega \cdot cm^2 /m$）；s 为电阻丝的截面积（cm^2）；l 为电阻丝的长度（cm）。

电阻丝在外力 F 的作用下会拉长或压缩，导致其长度 l、截面积 s 和电阻率 ρ 均发生变化，因此，引起的电阻值变化量 dR 为

$$dR = \frac{l}{s}d\rho + \frac{\rho}{s}dl - \frac{\rho l}{s^2}ds \qquad (2-2)$$

电阻的相对变化量为

$$\frac{dR}{R} = \frac{d\rho}{\rho} + \frac{dl}{l} - \frac{ds}{s} \qquad (2-3)$$

假设电阻丝是圆截面，其半径为 r，则 $s = \pi r^2$，于是

$$\frac{ds}{s} = 2\frac{dr}{r} \qquad (2-4)$$

令电阻丝的轴向应变 $\varepsilon = dl/l$，径向应变为 $\varepsilon_r = dr/r$，由材料力学的相关知识可知：

$$\varepsilon_r = -\mu\varepsilon \qquad (2-5)$$

式中的 μ 为电阻丝材料的泊松比（其取值在 $0\sim0.5$ 之间，通常为 0.3 左右）。

将式（2-4）和式（2-5）代入式（2-3），可得

$$\frac{dR}{R} = (1+2\mu)\varepsilon + \frac{d\rho}{\rho} \qquad (2-6)$$

通常将单位应变所引起的电阻相对变化量称为电阻丝的应变灵敏度系数 K，表示为

$$K = \frac{dR/R}{\varepsilon} = 1 + 2\mu + \frac{d\rho}{\rho}/\varepsilon \qquad (2-7)$$

由此可见，电阻丝的应变灵敏度系数 K 受两个因素影响：第一项 $(1+2\mu)$ 是由应变片受力后材料几何尺寸变化引起的，金属材料以此为主；第二项 $\frac{d\rho}{\rho}/\varepsilon$ 是应变片受力后材料的电阻率所引起的变化，半导体材料以此为主。大量实验证明，在电阻丝拉伸极限内，电阻的相对变化与应变成正比，即 K 为常数。常用的金属导体应变片的灵敏度系数约为 2，不超过 $4\sim5$；半导体应变片的灵敏度系数为 $100\sim200$。半导体应变片的灵敏度系数值比金属导体的灵敏度系数值大几十倍。

2.1.3　电阻应变片的结构和分类

1. 结构

典型的电阻应变片（金属电阻应变片）的结构如图 2-2 所示，由　电阻应变式传感器的敏感栅、基底、引线、覆盖层和黏结剂等部分组成。　　　　　　　结构和分类

（1）敏感栅：应变片中实现应变到电阻转换的转换元件。敏感栅的电阻值一般在 100 Ω 以上，它通常由直径为 $0.01\sim0.05$ mm 的金属丝绕成栅状。电阻应变片的规格通常以使用面积（敏感栅的宽度 $b\times$ 敏感栅的长度 l）和电阻值来表示。例如：3 mm×10 mm，120 Ω。目前，关于电阻应变片的使用面积规范不一，电阻值也不同。电阻应变片的电阻值有 60 Ω、120 Ω、200 Ω 等多种规格，其中以 120 Ω 最为常用。

（2）基底：为保持敏感栅固定的形状、尺寸和位置，通常用黏结剂将其固定在纸质或胶质的基底上。工作时，基底起着把试件应变准确地传递给敏感栅的作用，因此，基底必须很

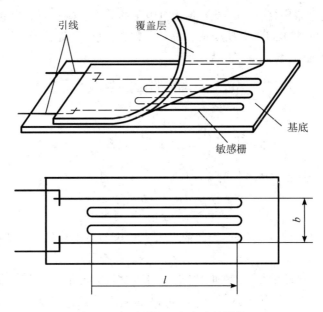

图 2-2 金属电阻应变片的结构

薄，一般厚度为 0.02～0.04 mm。

（3）引线：在敏感栅与测量电路之间起着过渡连接和引导作用。通常引线取直径为 0.15～0.30 mm 的低阻镀锡铜线，并用钎焊与敏感栅端连接。

（4）覆盖层：用纸、胶制作而成，覆盖在敏感栅上的保护层。覆盖层起着防潮、防蚀、防损等作用。

（5）黏结剂：在制造应变片时，用黏结剂分别把覆盖层和敏感栅固定于基底上；在使用应变片时，用黏结剂把应变片基底粘贴在试件表面的被测部位。因此，黏结剂还起着传递应变的作用。

2. 材料

为了使应变片具有较好的性能，对制造敏感栅的材料提出下列要求：

（1）应变灵敏度系数要大，并在所测应变范围内保持为常数；

（2）电阻率要高而稳定，便于制造栅长小的应变片；

（3）电阻温度系数要小；

（4）抗氧化能力要高，耐腐蚀性能要强；

（5）在工作温度范围内能保持足够的抗拉强度；

（6）加工性能良好，易于拉制成丝或轧压成箔材；

（7）易于焊接，对引线材料的热电势小。

综上所述，制作应变片敏感栅的常用金属电阻丝材料及其性能如表 2-1 所示。其中，康铜是目前应用最广泛的敏感栅材料，它具有较多优势。首先，康铜具有较好的灵敏度系数稳定性。这意味着在弹性变形和塑性变形范围内，康铜的灵敏度系数都能保持为常数，使得康铜在测量应变和应力方面非常可靠和精准。其次，康铜具有较小且稳定的电阻温度系数，通过合适的热处理工艺，可以使康铜的电阻温度系数保持在 $\pm 50 \times 10^{-6}/{}^{\circ}\mathrm{C}$ 的范围内。再有，康铜的加工性能好，易于焊接。

表 2 - 1　常用金属电阻丝材料及其性能

材料	成分		灵敏度系数 K	电阻率/$(\mu\Omega \cdot mm^{-1})$ (20℃)	电阻温度系数 $\times 10^{-6}$/℃	最高使用温度℃	线性膨胀系数 $\times 10^{-6}$/℃
	元素	%					
康铜	Ni	45	1.9~2.1	0.45~0.25	±20	43	15
	Cu	55					
镍铬合金	Ni	80	2.1~2.3	0.9~1.1	110~130	3.8	14
	Cr	20					
镍铬铝合金 (6J22)	Ni	74	2.4~2.6	1.24~1.42	±20	3	13.3
	Cr	20					
	Al	3					
	Fe	3					
镍铬铝合金 (6J23)	Ni	75	2.4~2.6	1.24~1.42	±20	3	
	Cr	30					
	Al	3					
	Cu	2					
铁铬铝合金	Fe	70	2.8	1.3~1.5	30~40	2~3	14
	Cr	25					
	Al	5					
铂	Pt	100	4~6	0.09~0.11	3900	7.6	8.9
铂钨合金	Pt	92	3.5	0.68	227	6.1	8.3~9.2
	W	8					

3. 分类

电阻应变片的种类很多,分类方法各异。按照电阻应变片的制作材料,可以把应变片分为金属电阻应变片和半导体应变片两大类;按照电阻应变片的制造方法,可以把应变片分为丝式应变片、箔式应变片和薄膜式应变片。

(1)丝式应变片。丝式(电阻)应变片的结构如图 2-3 所示,由电阻丝绕制而成,有回线式和短接式两种。丝式应变片的优点是制作简单,价格便宜,易安装;其缺点是横向效应大,测量精度较差,性能分散。

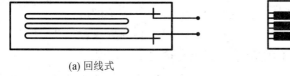

(a) 回线式　　　　　　　　　　　　　　　(b) 短接式

图 2-3　丝式应变片的结构

(2)箔式应变片。箔式(电阻)应变片的结构如图 2-4 所示。在绝缘基底上,利用照相制版或光刻腐蚀的方法，将厚度为 0.002～0.01 mm 的电阻箔材制成各种形状。箔式(电阻)应变片的优点是箔材很薄，接近试件表面应力状态，接触面积比丝材大，从而提高应变测量精度；箔材表面积大，散热条件好，允许通过较大电流，输出较大信号，从而提高测量灵敏度；尺寸准确、均匀，能制成任意形状，适应不同的测量要求，从而扩大使用范围；便于成批生产。其缺点是电阻值分散性大，需要作阻值调整；生产工序复杂，引出线的焊点采用锡焊，不适于高温环境下测量；价格较贵。

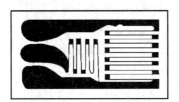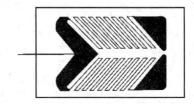

图 2-4 箔式应变片的结构

（3）薄膜式应变片。薄膜式(电阻)应变片的结构如图 2-5 所示。薄膜式应变片采用真空蒸镀、真空沉积或溅射式阴极扩散等方法，通过按规定图形制成的掩膜板，在很薄的绝缘基底上形成厚度为 0.1 μm 以下的敏感栅，最后用覆盖层加以保护。薄膜式应变片的优点是灵敏度系数大，允许电流密度大，工作范围广，易实现工业化生产；其缺点是难以控制电阻与温度和时间变化的关系。

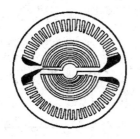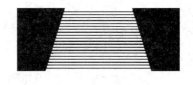

图 2-5 薄膜式应变片的结构

2.1.4 电阻应变片的特性参数

要正确选用电阻应变片，必须了解其工作特性和主要参数。

1. 灵敏度系数

当电阻应变片安装于试件表面时，在其轴线方向的单向应力作用下，应变片电阻值的相对变化与试件表面轴向应变之比，称为灵敏度系数。式(2-7)为应变片单金属电阻丝的应变灵敏度系数，在电阻丝做成应变片后，其电阻—应变特性与单金属电阻丝不同，需用实验的方法进行重新标定。实验表明，金属应变片的电阻相对变化与应变 ε 在很宽的

电阻应变式传感
器的特性参数

范围内均为线性。必须指出，应变片灵敏度系数并不等于单金属电阻丝的应变灵敏度系数，一般情况下，应变片灵敏度系数恒小于单金属电阻丝的应变灵敏度系数。其主要原因是，在单向应力作用下产生的应变，在传递到敏感栅的过程中会产生胶层传递变形失真，而且

敏感栅圆弧部分存在横向效应的影响。

应变片灵敏度系数是衡量应变片质量的重要指标，通常采用从批量生产中每批抽样，并在规定条件下对所抽取样品进行实测，该过程称为应变片的标定，因此应变片的灵敏度系数也称为标称灵敏系数。上述规定条件为：试件材料取泊松比为 0.285 的钢材；试件单向受力；应变片轴向与主应力方向一致。

2. 横向效应

丝式应变片的敏感栅通常呈栅状，它由横向纵栅和圆弧横栅两部分组成，如图 2-6 所示。若该应变片承受轴向应力而产生轴线应变 ε_x 时，则横向纵栅的电阻将增加，但圆弧横栅则受到从 $-\varepsilon_x$ 到 $-\mu\varepsilon_x$ 的应变，其电阻值的变化将小于沿轴向放置的同样长度电阻丝的阻值变化。也就是说，测量应变时，应变片的轴向应变 ε 使横向纵栅的电阻发生变化，而其横向应变 ε_r 也使圆弧横栅的电阻发生变化。电阻应变片的这种既受轴向应变影响，又受横向应变影响而引起电阻变化的现象称为横向效应（如图 2-6 所示）。为了减小横向效应引起的测量误差，一般采用短接式横栅，或者采用箔式应变片。

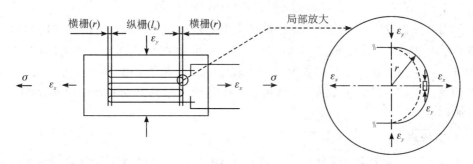

图 2-6　丝式应变片的敏感栅和横向效应

3. 机械滞后

电阻应变片粘贴在被测试件上，当温度恒定时，其加载特性与卸载特性不重合的现象，称为机械滞后，如图 2-7 所示。其中，Z_1 为机械滞后，ε_j 为 j 点真实应变，$\Delta\varepsilon_1$ 为 j 点加载和卸载时产生的应变差值。产生机械滞后的主要原因是电阻应变片在承受机械应变后的残余变形，使得敏感栅电阻发生少量不可逆变化；在制造或粘贴应变片时，敏感栅受到不适当的变形或黏结剂固化不充分等。为了减小机械滞后，除选用合适的黏结剂之外，在正式使用之前都要预先加载、卸载若干次，以减小机械滞后对测量结果的影响。

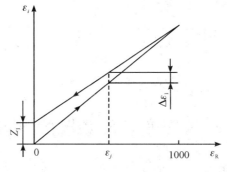

图 2-7　机械滞后

4. 零点漂移和蠕变

对于粘贴好的电阻应变片,当温度恒定、不承受应变时,其电阻值随时间增加而变化的特性,称为电阻应变片的零点漂移,如图 2-8 所示。产生零点漂移的主要原因是敏感栅通电后的温度效应,应变片的内应力逐渐变化,黏结剂的固化不充分等。

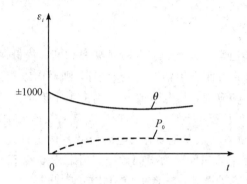

图 2-8 零点漂移和蠕变

如果在一定温度下,使电阻应变片承受恒定的机械应变,其电阻值随时间增加而变化的特性,称为电阻应变片的蠕变,如图 2-8 所示。其中,P_0 为零点漂移,θ 为蠕变。一般蠕变的方向与原应变化的方向相反。产生蠕变的主要原因是由于胶层之间发生"滑动",使力传到敏感栅的应变量逐渐减少。选用弹性模量较大的黏结剂和基底材料,有利于蠕变性能的改善。

5. 应变极限

当试件承受的真实应变超过某一极限值时,电阻应变片的输出特性将出现非线性。在恒温条件下,使非线性误差达到 10% 时的真实应变值,称为应变极限,如图 2-9 所示。应变极限是衡量电阻应变片测量范围和过载能力的指标,影响应变极限的主要因素和改善措施与蠕变基本相同。

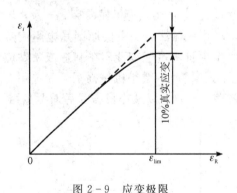

图 2-9 应变极限

2.2 电阻应变式传感器的测量电路

电阻应变片在工作时,将被测量的变化转换成应变的变化量,再转换成电阻的变化量后进行输出。这种阻值变化量很小,用一般的电阻测量仪表不易准确地直接测出,且不便于直接处理和使用。因此，必须采用转换电路，将电阻应变片的电阻值变化转换成电信号进行输出，通常采用电桥电路实现这种转换。

2.2.1 电桥电路

1. 电桥平衡条件

典型的电桥电路如图 2-10 所示，四个桥臂上的电阻分别为 R_1、R_2、R_3、R_4，按照顺时针连接成环形，A、C 为电源端，B、D 为输出端。当负载 $R_L \rightarrow \infty$ 时，电桥电路的输出电压为

$$U_o = U_B - U_D = \frac{R_2}{R_1 + R_2}U - \frac{R_3}{R_3 + R_4}U$$

$$= -\frac{R_1 R_3 - R_2 R_4}{(R_1 + R_2)(R_3 + R_4)}U \qquad (2-8)$$

当 $U_o = 0$ 时，电桥处于平衡状态，此时电桥无输出，则有

$$R_1 R_3 = R_2 R_4 \qquad (2-9)$$

$R_1 R_3 = R_2 R_4$ 或 $\frac{R_1}{R_2} = \frac{R_3}{R_4}$，称为电桥平衡条件，即相邻两桥臂电阻的比值应相等，或相对两桥臂电阻的乘积应相等。

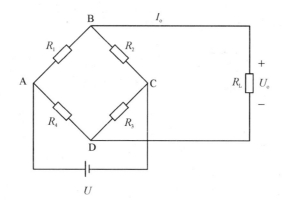

图 2-10 电桥电路

2. 电桥电路分类

电桥电路按照不同的分类条件，具有不同的分类方式。

(1) 按照输入电源的不同进行分类，电桥电路可以分为直流电桥电路和交流电桥电路。传统的交流电桥电路可以实现高精度的测量，但是随着运算放大器技术的不断发展，当前直流电桥电路在很多应用中已经取代了交流电桥电路。因为直流电桥电路可以更好地抵抗噪声和漂移，同时也更容易进行电桥调平衡，从而提高测量的精度和可靠性。

(2) 按照被测电阻接入方式的不同进行分类，电桥电路可以分为单臂电桥电路、半桥差动电桥电路和全桥差动电桥电路。单臂电桥电路，即只有一个桥臂是敏感元件，其他桥臂均为普通电阻。半桥差动电桥电路，即两个桥臂是敏感元件，且是相邻桥臂，在应变片工

作时，阻值变化大小相等、方向相反。全桥差动电桥电路，即四个桥臂均是敏感元件，相邻桥臂阻值变化大小相等，方向相反；相对桥臂阻值变化大小相等，方向相同。

（3）按照桥臂电阻配备方式的不同进行分类，电桥电路可以分为对称电桥电路和不对称电桥电路。对称电桥电路，又可以分为串联对称电桥电路（也叫第一类对称电桥电路，指 $R_1=R_2$，$R_3=R_4$）和并联对称电桥电路（也叫第二类对称电桥电路，指 $R_1=R_4$，$R_2=R_3$），以及等臂电桥电路（$R_1=R_2=R_3=R_4$）。不对称电桥电路，即四个桥臂电阻均不相等。

（4）按照电桥工作方式的不同进行分类，电桥电路可以分为平衡电桥电路和不平衡电桥电路。平衡电桥电路满足电桥平衡条件，即 $R_1R_3=R_2R_4$ 或 $\dfrac{R_1}{R_2}=\dfrac{R_3}{R_4}$；不平衡电桥电路不满足电桥平衡条件。

3. 电桥电路输出特性

式（2-8）为电桥电路输出电压，假设四个桥臂均接有电阻应变片，当承受应变时，各桥臂产生的电阻变化量分别为 ΔR_1、ΔR_2、ΔR_3、ΔR_4，此时，电桥不再平衡，输出电压为

$$U_{\mathrm{o}}=-\frac{(R_1+\Delta R_1)(R_3+\Delta R_3)-(R_2+\Delta R_2)(R_4+\Delta R_4)}{(R_1+\Delta R_1+R_2+\Delta R_2)(R_3+\Delta R_3+R_4+\Delta R_4)}U \qquad (2-10)$$

假设电桥电路为全等臂电桥，令 $R_1=R_2=R_3=R_4=R$，且已知电阻的变化量非常小（即 $\Delta R_i \ll R$），忽略 ΔR_i 的高阶微量，得出输出电压的线性输出和非线性误差，分别为

$$U_{\mathrm{o}}=-\frac{1}{4}\left(\frac{\Delta R_1}{R_1}-\frac{\Delta R_2}{R_2}+\frac{\Delta R_3}{R_3}-\frac{\Delta R_4}{R_4}\right)U \qquad (2-11)$$

$$\gamma_{\mathrm{L}}=\frac{1}{2}\left(\frac{\Delta R_1}{R_1}+\frac{\Delta R_2}{R_2}+\frac{\Delta R_3}{R_3}+\frac{\Delta R_4}{R_4}\right)\times100\% \qquad (2-12)$$

将式（2-7）电阻丝的应变灵敏度系数 K 代入式（2-11）和式（2-12），则有

$$U_{\mathrm{o}}=-\frac{1}{4}K(\varepsilon_1-\varepsilon_2+\varepsilon_3-\varepsilon_4)U \qquad (2-13)$$

$$\gamma_{\mathrm{L}}=\frac{1}{2}K(\varepsilon_1+\varepsilon_2+\varepsilon_3+\varepsilon_4)\times100\% \qquad (2-14)$$

定义电桥电压灵敏度 K_U 为单位电阻相对变化量所引起的电桥电路输出电压，即

$$K_U=\frac{\Delta U_{\mathrm{o}}}{\Delta R_1/R_1} \qquad (2-15)$$

式（2-11）至式（2-15）为电阻应变式传感器电桥电路测量电路的通用表达式。

2.2.2 典型测量电路

下面分别针对单臂电桥电路、半桥差动电桥电路、全桥差动电桥电路、交流电桥电路的输出特性进行分析和讨论。需要注意的是，我们只考虑全等臂的状态，即 $R_1=R_2=R_3=R_4=R$。

1. 单臂电桥电路

若一个桥臂上为电阻应变片，其余桥臂上为固定电阻，则构成单臂电桥电路。如图

2-11 所示,设 R_1 为电阻应变片,R_2、R_3 和 R_4 为固定电阻。当电阻应变片未承受应变时,电桥电路处于平衡状态,即满足 $R_1R_3 = R_2R_4$,电桥电压输出 $U_o = 0$;当电阻应变片承受应变时,产生 ΔR_1 的变化,电阻应变片的阻值变为 $R_1 + \Delta R_1$,电桥电路不再平衡,代入式(2-11)至式(2-15),得到单臂电桥电路的输出电压为

$$U_o = -\frac{1}{4}\frac{\Delta R_1}{R_1}U = -\frac{1}{4}K\varepsilon_1 U \qquad (2-16)$$

单臂电桥电路的非线性误差为

$$\gamma_L = \frac{1}{2}\frac{\Delta R_1}{R_1} \times 100\% \qquad (2-17)$$

单臂电桥电路的电桥电压灵敏度为

$$K_U = \frac{1}{4}U \qquad (2-18)$$

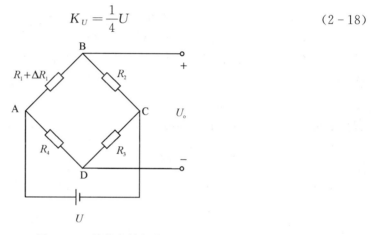

图 2-11　单臂电桥电路

2. 半桥差动电桥电路

若在两个相邻桥臂上接入电阻应变片,且承受应力时它们的阻值变化大小相等、方向相反,其余桥臂上为固定电阻,则构成半桥差动电桥电路。如图 2-12 所示,设 R_1、R_2 为电阻应变片,R_3、R_4 为固定电阻。当电阻应变片未承受应变时,电桥电路处于平衡状态,即满足 $R_1R_3 = R_2R_4$,电桥电压输出 $U_o = 0$;当电阻应变片承受应变时,电阻应变片 R_1 的阻值增大 ΔR_1,电阻应变片 R_2 的阻值减小 ΔR_2,且有 $\Delta R_1 = \Delta R_2$,此时电桥电路不再平衡,

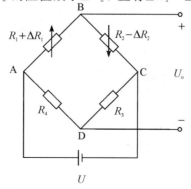

图 2-12　半桥差动电桥电路

代入式(2-11)至式(2-15)，得到半桥差动电桥电路的输出电压为

$$U_{\circ} = -\frac{1}{2}\frac{\Delta R_1}{R_1}U = -\frac{1}{2}K\varepsilon_1 U \tag{2-19}$$

半桥差动电桥电路的非线性误差为0，半桥差动电桥电路的电桥电压灵敏度为

$$K_U = \frac{1}{2}U \tag{2-20}$$

由此可知，半桥差动电桥电路的输出是线性的，没有非线性误差，与单臂电桥电路相比，其灵敏度提高了一倍。

3. 全桥差动电桥电路

若四个桥臂上全部接入电阻应变片，且承受应力时，相邻桥臂的阻值变化大小相等、方向相反，相对桥臂的阻值变化大小相等、方向相同，则构成全桥差动电桥电路。如图2-13所示，当电阻应变片未承受应变时，电桥电路处于平衡状态，即满足 $R_1R_3 = R_2R_4$，电桥电压输出 $U_{\circ} = 0$；当电阻应变片承受应变时，电阻应变片 R_1 的阻值增大 ΔR_1，电阻应变片 R_2 的阻值减小 ΔR_2，电阻应变片 R_3 的阻值增大 ΔR_3，电阻应变片 R_4 的阻值减小 ΔR_4，且有 $\Delta R_1 = \Delta R_2 = \Delta R_3 = \Delta R_4$，此时电桥电路不再平衡，代入式(2-11)至式(2-15)，得到全桥差动电桥电路的输出电压为

$$U_{\circ} = -\frac{\Delta R_1}{R_1}U = -K\varepsilon_1 U \tag{2-21}$$

全桥差动电桥电路的非线性误差为0，全桥差动电桥电路的电桥电压灵敏度为

$$K_U = U \tag{2-22}$$

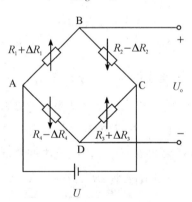

图2-13 全桥差动电桥电路

由此可知，全桥差动电桥电路的输出是线性的，没有非线性误差，且全桥差动电桥电路灵敏度是单臂电桥的4倍，是半桥差动电桥的2倍。

4. 交流电桥电路

交流电桥的供电电源通常采用正弦交流电压，在频率较高的情况下需要考虑分布电感和分布电容的影响。因此，交流电桥的四个桥臂分别用复阻抗 Z_1、Z_2、Z_3、Z_4 表示，其等效电路如图2-14所示，其输出电压也是交流的。

当电桥电路平衡时，有 $\dot{U}_{\circ} = 0$，从而得到交流电桥的平衡条件为

$$Z_1 Z_3 = Z_2 Z_4 \tag{2-23}$$

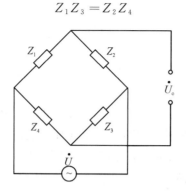

图 2-14　交流电桥电路

5. 电桥调平

上述结论均是在电桥平衡的前提下得到的，因此，在电阻应变片工作之前必须对电桥电路进行平衡调节。对于直流电桥可采用串联或并联电位器法，常用的电桥电路平衡调节电路如图 2-15 所示。图 2-15(a) 为串联电阻调平法，R_5 为串联电阻；图 2-15(b) 为并联电阻调平法，R_5 和 R_6 通常取相同电阻值；图 2-15(c) 为差动电容调平法，C_3 和 C_4 为差动电容；图 2-15(d) 为阻容调平法，R_5 和 C 组成 T 形电路，可通过对电阻、电容进行交替

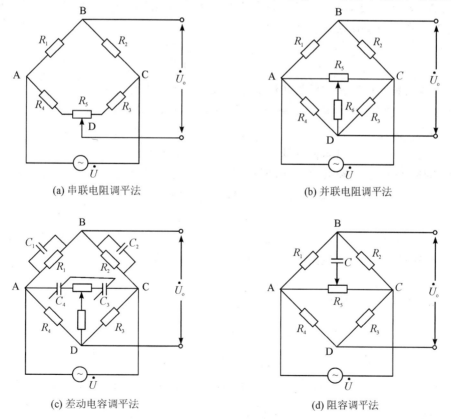

(a) 串联电阻调平法　　　　　　　　　　　　(b) 并联电阻调平法

(c) 差动电容调平法　　　　　　　　　　　　(d) 阻容调平法

图 2-15　电桥电路平衡调节电路

调节，使电桥达到平衡。

2.2.3 温度误差及其补偿方法

温度误差

1. 温度误差

电阻应变片在实际工作时，其电阻值受环境温度变化影响很大，会给测量带来较大误差。这种由环境温度变化引起电阻应变片输出变化的现象，称为电阻应变片温度误差（也称为温度效应或者热输出）。电阻应变片温度误差产生的原因主要有两个，一个是敏感栅电阻温度系数的影响，另一个是试件材料与敏感栅材料的线性膨胀系数的影响。

（1）温度变化引起应变片敏感栅电阻变化而产生附加应变。

如表 2-1 所示，电阻应变片敏感栅材料存在一个温度系数，其电阻值随温度变化的关系可以表示为

$$R_t = R_0(1 + \alpha \Delta t) \tag{2-24}$$

式中：R_t 和 R_0 分别为温度是 t 和 t_0 时的电阻值；α 为敏感栅材料的电阻温度系数；$\Delta t = t - t_0$ 为温度变化值。由式（2-24）可知，当温度变化 Δt 时，电阻丝的电阻变化值为

$$\Delta R_t = R_t - R_0 = R_0 \alpha \Delta t \tag{2-25}$$

假设电阻丝的应变灵敏度系数为 K，则可将温度变化 Δt 时产生的电阻变化 ΔR_t 折合成电阻温度系数引起的附加应变 ε_α，即

$$\varepsilon_\alpha = \frac{\Delta R_t / R_0}{K} = \frac{\alpha \Delta t}{K} \tag{2-26}$$

（2）试件材料与敏感栅材料的线性膨胀系数不同而产生附加应变。

当试件材料与敏感栅材料的线膨胀系数相同时，环境温度的变化不会产生电阻值的变化，也就不会带来温度误差；当试件材料与敏感栅材料的线膨胀系数不同时，由于环境温度的变化，电阻丝会产生电阻值的变化，从而带来温度误差。

假设电阻丝和试件在温度为 t_0 时的长度均为 l_0，它们的线性膨胀系数分别为 β_s 和 β_g。当温度变化为 Δt 时，若两者不粘贴，则电阻丝和试件的长度分别为

$$l_s = l_0(1 + \beta_s \Delta t) \tag{2-27}$$

$$l_g = l_0(1 + \beta_g \Delta t) \tag{2-28}$$

若两者粘贴在一起，则电阻丝将产生附加形变 Δl，即

$$\Delta l = l_g - l_s = l_0(\beta_g - \beta_s)\Delta t \tag{2-29}$$

于是形成附加应变 ε_β 和附加电阻变化 R_β，分别为

$$\varepsilon_\beta = \frac{\Delta l}{l_0} = (\beta_g - \beta_s)\Delta t \tag{2-30}$$

$$R_\beta = KR_0\varepsilon_\beta = KR_0(\beta_g - \beta_s)\Delta t \tag{2-31}$$

因此，综合式（2-26）和式（2-30），当温度变化为 Δt 时，电阻丝产生的总附加应变为

$$\varepsilon_t = \varepsilon_\alpha + \varepsilon_\beta = \frac{\alpha \Delta t}{K} + (\beta_g - \beta_s)\Delta t = \left(\frac{\alpha}{K} + \beta_g - \beta_s\right)\Delta t \tag{2-32}$$

由此可见，因环境温度变化而引起的附加应变，除了取决于环境温度的变化量（Δt），

还与电阻应变片自身的性能参数(K、α、β_s)以及被测试件的线性膨胀系数(β_g)有关。

2. 温度补偿

电阻应变片温度补偿的基本思路就是消除附加应变对测量结果的干扰。常用的温度补偿方法包括应变片自补偿法和线路补偿法(又称为电桥补偿法)两大类。

1) 应变片自补偿法

应变片自补偿法是通过精心挑选敏感栅材料与结构参数,使得当温度变化时,电阻应变片产生的附加应变为零或者相互抵消。通过这种方法制作的特殊应变片,称为温度自补偿应变片。利用温度自补偿应变片实现温度补偿的方法称为应变片自补偿法。应变片自补偿法又可以分为单丝自补偿应变片和组合式自补偿应变片两类。

单丝自补偿应变片:由式(2-32)可知,要实现应变片自补偿的条件就是电阻丝所产生的附加应变 $\varepsilon_t = 0$,即

$$\alpha = -K(\beta_g - \beta_s) \tag{2-33}$$

当被测试件的线性膨胀系数 β_g 已知时,通过选择合适的敏感栅材料,使得 K、α、β_s 能与其相匹配,即满足式(2-32),可达到温度自补偿的目的。单丝自补偿应变片的优点是容易加工,成本低;其最主要的缺点是只适合特定的试件材料,且温度补偿范围较窄。

组合式自补偿应变片:应变片敏感栅由两种不同电阻温度系数的金属丝串接而成,如图 2-16 所示。两种金属丝的阻值分别是 R_1 和 R_2,则应变片的电阻值 $R = R_1 + R_2$。通过调整 R_1 和 R_2 的比例,使得当环境温度变化时,两端敏感栅产生的电阻变化 ΔR_{1t} 和 ΔR_{2t} 大小相等(或相近)且符号相反,即 $\Delta R_{1t} = -\Delta R_{2t}$,就可以达到温度补偿的目的。组合式自补偿应变片的优点是通过调节两种敏感栅的长度来控制应变片的温度自补偿;其缺点是成本高,在制造工艺上不易达标。

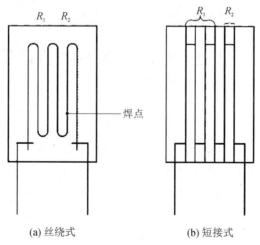

(a) 丝绕式　　　　　(b) 短接式

图 2-16　组合式自补偿应变片

2) 线路补偿法(电桥补偿法)

最常用且最有效的电阻应变片温度补偿法为线路补偿法(电桥补偿法),其原理如图 2-17 所示。测量应变时,使用两个应变片:一片贴在被测试件的表面,称为工作应变片 R_1;另一片贴在与被测试件材料相同的补偿块上,称为补偿应变片 R_2。在工作过程中补偿

块不承受应变,仅随温度发生变形。R_1 和 R_2 分别接到电桥电路的相邻桥臂上,利用电桥电路相邻桥臂同时产生大小相等、符号相同的电阻增量,不会破坏电桥平衡的特性来达到温度补偿的目的。

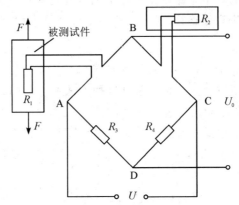

图 2-17 电桥补偿法的原理

线路补偿法(电桥补偿法)的优点是简单、方便,在常温下补偿效果好;其缺点是在温度变化梯度较大的情况下,很难做到工作应变片与补偿应变片温度完全一致,因而影响补偿效果。

为了保证补偿效果,需要满足下列条件:

(1) 补偿应变片 R_1 和工作应变片 R_2 必须属于同一批号的电阻应变片,即它们的电阻温度系数 α、线膨胀系数 β、应变灵敏系数 K 都相同,两应变片的初始电阻值也要求相同。

(2) 用于粘贴补偿应变片的构件和粘贴工作应变片的试件二者材料必须相同,即要求两者线膨胀系数相等。

(3) 补偿应变片和工作应变片处于同一温度环境中。

2.3 电阻应变式传感器的验证实验

2.3.1 实验概述

通过搭建基于金属箔式应变片的单臂电桥、半桥差动电桥、全桥差动电桥重量检测系统,测量砝码重量,记录实验数据,并通过实验数据的处理,计算单臂电桥电路、半桥差动电桥电路、全桥差动电桥电路的线性度和灵敏度,分析它们的性能差异。

实验名称:金属箔式应变片——单臂电桥电路、半桥差动电桥电路、全桥差动电桥电路性能比较。

实验目的:

(1) 了解金属箔式应变片的应变效应;

(2) 掌握单臂电桥、半桥差动电桥、全桥差动电桥测量电路的组成和工作原理;

(3) 掌握单臂电桥、半桥差动电桥、全桥差动电桥测量电路的灵敏度和线性度的性能差异。

实验内容：

(1) 了解传感器与检测技术试验台(求是教仪)的结构和布局；

(2) 了解 CGQ-DB-01 应变片传感器模块的结构及应变片粘贴的位置；

(3) 熟悉单臂电桥、半桥差动电桥、全桥差动电桥测量电路(CGQ-YD-04)；

(4) 掌握搭建完整的基于金属箔式应变片单臂电桥、半桥差动电桥、全桥差动电桥重量检测系统的方法，并进行测量实践；

(5) 掌握实验数据处理及性能指标计算方法。

实验设备：传感器与检测技术试验台(求是教仪)，CGQ-CD-01 实验模块，CGQ-YD-04 实验模块，CGQ-DB-01 实验模块，砝码 20 g×10，电压表，±15 V DC 电压源，±1.2~12 V 可调电源，万用表。

2.3.2 实验实施

具体实验实施步骤如下：

(1) 按照图 2-18 所示，熟悉安装在 CGQ-DB-01 模块上的应变片传感器的结构。传感器中各应变片已接入模块右下方的 19~26 引脚。可用万用表进行判别，四个应变片阻值均为 350 Ω。

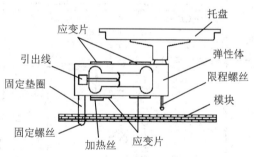

图 2-18　应变式传感器安装示意图

(2) CGQ-CD-01 差动放大器实验模块电路调零。将面板上 CGQ-02 直流电源模块中的±15 V、GND 正确接入 CGQ-CD-01 差动放大器实验模块的±15 V、GND，检查无误后，合上电源开关。将 CGQ-CD-01 差动放大器实验模块调节增益电位器 RW_1 调节到中间位置，并将输入端 U_{i1}、U_{i2} 与地短接，将输出端 U_o、GND 与面板上直流电压表正负端相连。调节 CGQ-CD-01 差动放大器实验模块上调零电位器 RW_2，使电压表显示为零(200 mV 挡位)，然后关闭电源。

(3) 搭建单臂电桥测量电路。

① 调节±6V 电源。将面板上 CGQ-02 直流电源模块中的"电压调节Ⅱ(1.2~12 V)"的正负极分别连接至直流电压表正负端(20 V 挡位)，转动旋钮，调节电压至+6 V；再将"电压调节Ⅲ(-1.2~-12 V)"的正负极分别连接至直流电压表正负端(20 V 挡位)，转动旋钮，调节电压至-6 V。

② 单臂电桥测量电路调零。按照图 2-19 所示接线，检查无误后，合上电源开关。调节 CGQ-YD-04 压电传感器及电桥实验模块调零电位器 RW_1，使直流电压表显示为零(200 mV 挡位)。用手轻按应变片传感器上的托盘，松手后直流电压表显示仍应为零

（200 mV 挡位），若不是，则继续调节 RW$_1$，使之为零。反复操作这个步骤两三遍即可。

③ 记录实验数据。将砝码逐个轻放在应变片传感器的托盘上（不能碰到导线以及实验仪的其他部位），每增加一个砝码（$\Delta m = 20$ g）记下一个输出电压值（200 mV 挡位），直到 200 g（10 个）砝码加完。记下实验结果并填入表 2 - 2 中，关闭电源。

④ 数据分析。根据表 2 - 2，计算应变片单臂电桥测重系统的灵敏度 S_1 和线性度 γ_{L1}。

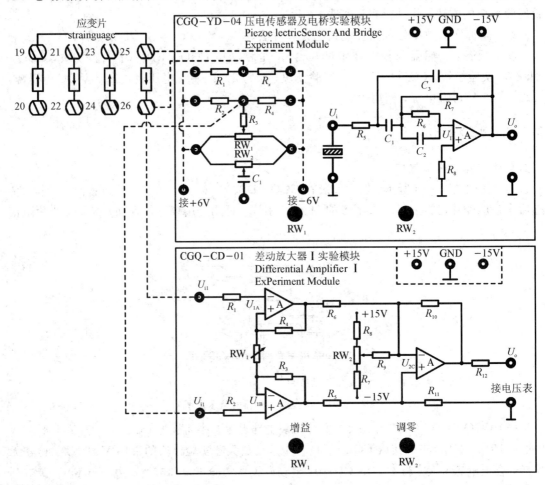

图 2 - 19 单臂电桥实验接线图

表 2 - 2 单臂电桥测量电路输出电压与加负载质量值

质量/g	0	20	40	60	80	100	120	140	160	180	200
电压/mV											

（4）搭建半桥差动电桥测量电路。

① 半桥差动电桥测量电路调零。按照图 2 - 20 所示接线，检查无误后，合上电源开关。调节 CGQ - YD - 04 压电传感器及电桥实验模块调零电位器 RW$_1$，使直流电压表显示为零（2 V 挡位）。用手轻按应变片传感器上的托盘，松手后直流电压表显示仍应为零（200 mV 挡位），若不是，则继续调节 RW$_1$，使之为零。反复操作这个步骤两三遍即可。

② 记录实验数据。将砝码逐个轻放在应变片传感器的托盘上（不能碰到导线以及实验

仪的其他部位)，每增加一个砝码($\Delta m = 20$ g)，记下一个输出电压值(200 mV 挡位)，直到 200 g(10 个)砝码加完。记下实验结果并填入表 2-3 中，关闭电源。

表 2-3 半桥差动电桥测量电路输出电压与加负载质量值

质量/g	0	20	40	60	80	100	120	140	160	180	200
电压/mV											

③ 数据分析。根据表 2-3，计算应变片半桥测重系统的灵敏度 S_2 和线性度 γ_{L2}。

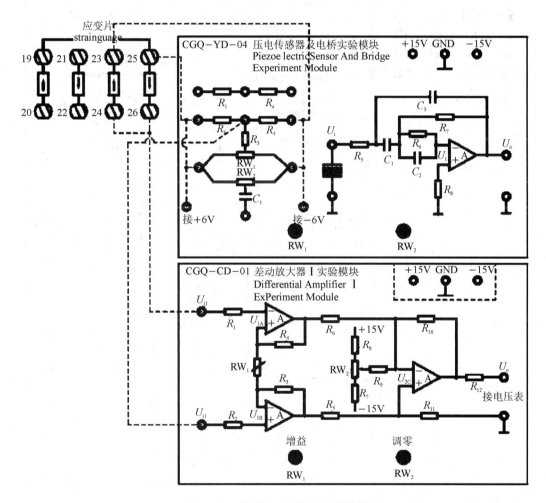

图 2-20 半桥差动电桥实验接线图

(5) 搭建全桥差动电桥测量电路。

① 全桥差动电桥测量电路调零。按照图 2-21 接线，检查无误后，合上电源开关。调节 CGQ-YD-04 压电传感器及电桥实验模块调零电位器 RW_1，使直流电压表显示为零(2 V 挡位)。用手轻按应变片传感器上的托盘，松手后直流电压表显示仍应为零(200 mV 挡位)，若不是，则继续调节 RW_1，使之为零。反复操作这个步骤两三遍即可。

② 记录实验数据。将砝码逐个轻放在应变片传感器的托盘上(不能碰到导线以及实验仪的其他部位)，每增加一个砝码($\Delta m = 20$ g)记下一个输出电压值(200 mV 挡位)，直到

200 g(10 个)砝码加完。记下实验结果并填入表 2-4 中，关闭电源。

表 2-4 全桥差动电桥测量电路输出电压与加负载质量值

质量/g	0	20	40	60	80	100	120	140	160	180	200
电压/mV											

③ 数据分析。根据表 2-4，计算应变片全桥测重系统的灵敏度 S_3 和线性度 γ_{L3}。

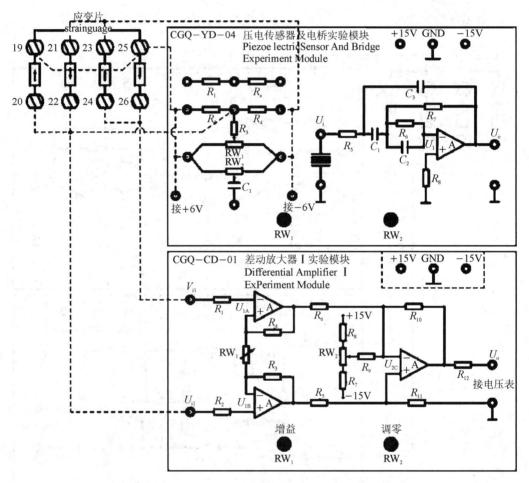

图 2-21 全桥差动电桥实验接线图

（6）根据表 2-2、表 2-3 及表 2-4，计算、分析、比较单臂电桥、半桥差动电桥、全桥差动电桥测量电路灵敏度和线性度的性能差异。

2.4 电阻应变式传感器的应用发展

电阻应变式传感器的应用有两种形式：一种是作为敏感元件，直接用于被测试件的应变或应力测量；另一种是作为转换元件，将应变片粘贴于弹性元件上，对任何能转换成弹性元件应变或应力的其他物理量（如力、位移、加速度等）进行间接测量。

电阻应变式传感器的应用发展

常用的电阻应变式传感器有应变式测力传感器、应变式压力传感器、应变式扭矩传感器、应变式位移传感器、应变式加速度传感器和测温应变计等。电阻应变式传感器的优点是精度高，测量范围广寿命长，结构简单，频响特性好，能在恶劣条件下工作，易于实现小型化、整体化和品种多样化等。

2.4.1　应变式测力传感器

应变式测力传感器主要用于测力和称重，在试验技术和工业测量中应用较多，其测量范围可以从几克至几百吨。应变式测力传感器主要应用于各种电子秤与材料试验机的测力元件、发动机的推力测试、水坝坝体承载状况监测等。按照弹性元件结构形式，应变式测力传感器可分为柱式、环式、悬臂梁式等多种类型传感器。

1. 柱式力传感器

柱式力传感器的结构如图 2-22 所示，使用四个相同的电阻应变片均匀、对称地粘贴在弹性元件上，两片横向粘贴，两片纵向粘贴。当被测力发生变化时，横向贴片和纵向贴片感受到的应变大小相等、极性相反。感受拉伸应变的两个应变片，电阻增大；感受压缩应变的两个应变片，电阻减小。通过将电阻应变片接入电桥电路，将电阻的变化转换为电压的变化进行输出。这样将获得最大的灵敏度，同时具有良好的线性度和温度补偿性能。柱式力传感器主要用于大吨位的试验机、轨道、起吊装备、火车头拉力测试以及各类电子秤，也可用于微型拉压力传感器、微型称重传感器。

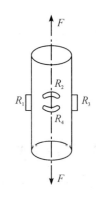

图 2-22　柱式力传感器的结构

2. 环式力传感器

环式力传感器的结构如图 2-23 所示，四个相同的电阻应变片沿着环形弹性元件的圆弧形状粘贴于其内壁和外壁，以便能够捕捉到力作用时产生的应变。在进行电阻应变片粘贴之前，应该确定环形弹性元件的内径和外径，并选择合适的应变片，以确保能够充分覆盖环形弹性元件的表面。环式力传感器可以用于测量机床切削力、材料力学性能测试及人体的生理信号，如心脏收缩力、肌肉力量等。

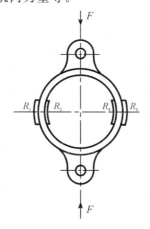

图 2-23　环式力传感器的结构

3. 悬臂梁式力传感器

悬臂梁式力传感器一端固定，另一端为自由的弹性元件，其结构如图 2-24 所示。四个相同的电阻应变片，其中两片粘贴于悬臂梁的上表面，另两片粘贴于悬臂梁的下表面。当被被测力发生变化时，上下表面应变片感受到的应变大小相等、极性相反。悬臂梁式力传感器的特点是结构简单，加工方便，灵敏度高，常用于小载荷测量。

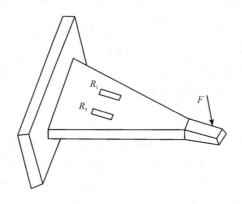

图 2-24　悬臂梁式力传感器的结构

2.4.2　应变式压力传感器

应变式压力传感器主要用来测量流体的压力，电阻应变片直接粘贴在受压弹性膜片或筒上。筒式应变压力传感器的结构示意图、弹性元件应变片分布图如图 2-25 所示。其中，R_1 和 R_3 为工作应变片，沿筒外壁周向粘贴；R_2 和 R_4 为温度补偿片，贴在筒底外壁，并接成全桥。当筒式弹性元件内壁感受到压力 F 时，筒的外壁产生应变，应变片的电阻值发生变化，测量电路有电压信号输出，从而完成测量。

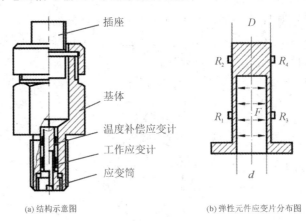

(a) 结构示意图　　　　　(b) 弹性元件应变片分布图

图 2-25　筒式应变式压力传感器

2.4.3　应变式位移传感器

应变式位移传感器是将被测位移转变成弹性元件的变形和应变，然后通过电阻应变片和电桥电路，输出正比于被测位移的电量。应变式位移传感器可用于静态和动态位移量的测量。

图 2 - 26 为一种国产应变式位移传感器的结构示意图和工作原理图。该传感器由悬臂梁和拉伸弹簧两个线性元件串联组合在一起形成，拉伸弹簧的一端与测量杆连接，在测量过程中，当试件产生位移时，测量杆会带动拉伸弹簧，使悬臂梁产生弯曲，在悬臂梁的根部正反两面粘贴四个相同的电阻应变片，并构成全桥电路。悬臂梁的弯曲产生的应变与测量杆的位移呈线性关系，并由电桥电路输出的电压测得。应变式位移传感器适用于较大位移的测量。

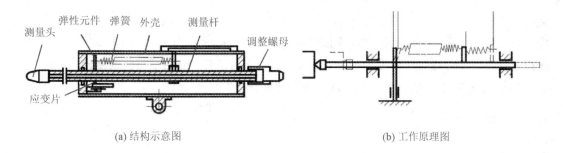

(a) 结构示意图　　　　　　　　　　　　　　(b) 工作原理图

图 2 - 26　应变式位移传感器

2.4.4　应变式扭矩传感器

应变式扭矩传感器是一种常用的扭矩测量装置，其工作原理是利用电阻应变片测量扭矩传感器的变形和应变，从而计算出所受扭矩的大小。图 2 - 27 为应变式扭矩传感器的结构示意图。四个相同的电阻应变片粘贴于扭矩传感器弹性元件上，并与弹性元件轴线呈 45°角分布。当传感器受到扭矩作用时，弹性元件会发生微小变形，从而引起应变片的电阻值发生变化。应变片的电阻变化通过电桥电路转换成电压信号，然后由放大器进行信号放大和滤波处理，最终输出一个与所受扭矩大小成正比的电压信号。

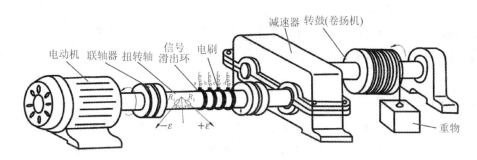

图 2 - 27　应变式扭矩传感器结构示意图

2.5 拇指摇杆的创新实践

2.5.1 实践概述

利用 Arduino Uno 开源开发板及 Joystick 拇指摇杆,通过硬件连接、软件编程和整体调试,制作基于 Arduino 的拇指摇杆控制装置,实现电阻式传感器的工程创新应用。

Joystick 拇指摇杆是一种典型的电位器式传感器,其内部包含两个电位器,即可变电阻器,沿着 x 轴或 y 轴方向拉动摇杆将会改变其电位器的阻值,再通过测量电路转换成电信号,从而对游戏机中的人物进行模拟控制。本实践任务是利用 Arduino Uno 开源开发板、拇指摇杆,实现拇指摇杆的控制功能。要求:移动拇指摇杆,能在串口监视器读取相应的 x 轴、y 轴、z 轴的模拟值和数字值,以判断当前拇指摇杆所处位置。

2.5.2 硬件连接

硬件清单:Arduino Uno 开源开发板,Joystick 拇指摇杆,面包板,杜邦线若干。

1. Arduino Uno 开源开发板

Arduino Uno 是一款基于 ATmega328P 微控制器的开源开发板,由意大利的 Arduino 公司设计和制造。它拥有 14 个 Digital I/O(数字输入/输出引脚,其中 6 个可用于 PWM 输出),以及 6 个 Analysis In(模拟输入引脚)。Arduino Uno 可以通过 USB 接口或外部电源供电,支持使用 Arduino IDE 进行编程,从而轻松实现各种互动性电子项目的设计和开发。

Arduino Uno 可以与各种传感器、电机、LED 等电子元件连接,可以通过编程实现灵活多样的功能和互动性效果。Arduino Uno 的编程语言基于 C/C++,语法简单易学,上手快速,而且它的硬件和软件都是开源的,可以免费获得其设计图纸和源代码,方便用户进行二次开发和定制。

总的来说,Arduino Uno 是一种功能强大、易用性强、开源免费的开发板,广泛应用于各种物联网、机器人、智能家居、艺术创作等领域,是电子制作和创客文化中不可或缺的工具。

2. Joystick 拇指摇杆

Joystick 拇指摇杆包含二路模拟输出和一路数字输出接口,输出值分别对应 (x, y) 双轴偏移量,其类型为模拟量;按键表示用户是否在 z 轴上按下,其类型为数字开关量。Joystick 拇指摇杆集成电源指示灯,可显示工作状态;坐标标识符清晰简明,准确定位。用 Joystick 拇指摇杆可以轻松控制物体在二维空间运动,因此可以通过控制器编程,传感器扩展板插接,完成具有创意性遥控互动作品。拇指摇杆引脚定义如表 2-5 所示。

表 2 – 5　拇指摇杆引脚定义

引脚	定　　义
VCC	电源正极
GND	电源地
X	x 轴方向信号引脚（模拟输出）
Y	y 轴方向信号引脚（模拟输出）
B	z 轴方向信号引脚（数字输出）

通过扫描"拇指摇杆硬件连接"二维码，获得拇指摇杆硬件连接 AR 体验。

2.5.3　软件编程

拇指摇杆
控制程序

检查硬件电路，若电路连接正确无误则通电进行测试，然后进行程序烧录。前往 Arduino 官方网站免费下载并安装最新版本的 Arduino IDE。通过扫描"拇指摇杆控制程序"二维码，获得拇指摇杆控制程序，并通过 Arduino IDE 烧录至 Arduino Uno 中。

2.6　压阻式传感器的工作原理

2.6.1　压阻式传感器的原理

压阻式传感器的
工作原理

某些固体材料受到力的作用之后，除了发生形变，其电阻率也会发生变化，其中以半导体材料最为显著。这种由于应力的作用而使半导体材料电阻率发生变化的现象，称为压阻效应。压阻式传感器是利用半导体材料的压阻效应和微电子技术制成的，是一种新的物性型传感器。

压阻式传感器的灵敏系数大，分辨率高，频率响应好，体积小。它主要用于测量压力、加速度和载荷等参数。

由式（2－6）可知，当半导体材料受到轴向应力作用时，其阻值会发生变化。其中，电阻率的相对变化量 $\mathrm{d}\rho/\rho$ 项相对于前两项很大，电阻的变化主要由其决定，即

$$\frac{\mathrm{d}R}{R} \approx \frac{\mathrm{d}\rho}{\rho} \qquad (2-34)$$

半导体材料电阻率的相对变化量 $\mathrm{d}\rho/\rho$，与半导体材料所受的轴向应力成正比，即

$$\frac{\mathrm{d}\rho}{\rho} = \pi\sigma = \pi E\varepsilon \qquad (2-35)$$

式中：π 为半导体的压阻系数，它和半导体材料的种类及应力方向与晶轴方向之间的夹角有关；σ 为半导体材料所受的轴向应力；E 为半导体材料的弹性模量，与晶轴方向有关；ε 为半导体材料的应变。

将式(2-35)代入式(2-34)中，得到

$$\frac{\mathrm{d}R}{R} \approx \pi E \varepsilon \qquad (2-36)$$

定义半导体材料的灵敏度系数为

$$K = \frac{\mathrm{d}R/R}{\varepsilon} - \pi E \qquad (2-37)$$

半导体应变片与金属应变片相比，其优点是频率响应高，适于动态测量；体积小，适于微型化；精度高，可达 $0.1\% \sim 0.01\%$；灵敏度高，比金属应变片高几十倍甚至上百倍，输出信号有时不必放大即可直接进行测量记录；无活动部件，可靠性高，能工作于振动、冲击、腐蚀、强干扰等恶劣环境。但是半导体应变片也存在着很大的缺点，其温度影响较大，温度稳定性差；制造工艺较复杂，造价高。

2.6.2 压阻式传感器的结构

压阻式传感器主要分为两种类型：一种是体型压阻传感器，即利用半导体材料的体电阻制成粘贴式半导体应变片，再用此半导体应变片制成的传感器；另一种是扩散型压阻传感器，即在半导体材料的基底上，利用集成电路工艺制成扩散电阻的传感器。

1. 体型压阻传感器

体型压阻传感器通常由单晶硅或锗制成的敏感栅构成，这些敏感栅的形状可以是直条形、U 形或 W 形等，不同形状的敏感栅可以适应不同的应变场合。这些敏感栅通常是通过特殊的加工工艺，从单晶硅或锗上切下薄片，然后粘贴在基底上，并安装外引线，最终制成应变片，如图 2-28 所示。这种材料制成的应变片具有高灵敏度、高线性度、宽工作温度范围、长时间稳定性好等特点，广泛应用于压力测量、应变测量、力学测试等领域。

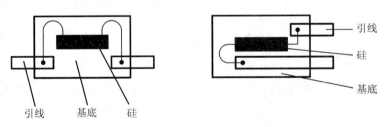

图 2-28 体型压阻传感器结构

2. 扩散型压阻传感器

扩散型压阻传感器是一种利用集成电路工艺在半导体材料基底上制成扩散电阻的传感器。为了克服传统半导体应变片粘贴造成的缺点，通过将 P 型杂质扩散到 N 型单晶硅基底上，形成一层极薄的 P 型导电层，在接上引出线后形成的。制作过程中，通常采用超声波和热压焊法将引出线与扩散型半导体应变片连接起来。扩散型压阻传感器结构如图 2-29 所示。与传统的半导体应变片相比，扩散型压阻传感器具有无粘贴缺陷、灵敏度高、线性范围大、温度特性稳定等优点，广泛应用于机械工程、汽车、电子、医疗等领域。

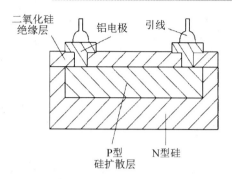

图 2 - 29　扩散型压阻传感器结构

2.6.3　压阻式传感器的温度误差及补偿

由于半导体材料对温度比较敏感，压阻式传感器的电阻值及灵敏度系数随温度变化而发生变化，引起的温度误差分别为零点漂移和灵敏度漂移。因此，必须采取温度补偿措施。

1. 零点漂移温度补偿

压阻式传感器一般在半导体基底上扩散四个电阻，并接入电桥电路来实现测量。当四个扩散电阻的阻值相等或相差不大、电阻温度系数也相同时，其零点漂移和灵敏度漂移都会很小，但由于工艺上的难点，因此很难实现。

零点漂移是由四个扩散电阻的阻值及它们的温度系数不一致造成的。一般采用串、并联电阻的方法进行补偿，如图 2 - 30 所示。其中，R_s 是串联电阻，R_p 是并联电阻。串联电阻主要起调平作用，并联电阻主要起温度补偿作用。R_p 阻值较大，一般采用负温度系数的热敏电阻补偿零点漂移。R_s 和 R_p 的阻值和温度系数都要进行合适的选择，通常根据电桥电路在低温和高温下实测电阻值计算得出，这样才能取得较好的补偿效果。

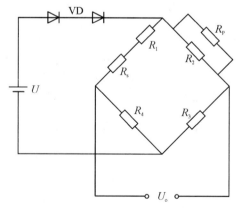

图 2 - 30　温度误差补偿电路

2. 灵敏度漂移温度补偿

灵敏度漂移是由于压阻系数随温度的变化引起的。压阻式传感器的灵敏度系数为负值，温度升高时，压阻系数变小；温度降低时，压阻系数变大。通常采用在供电回路中串联适当数量二极管的方法，实现灵敏度漂移的温度补偿，如图 2 - 30 所示。

将适当数量的二极管串联在电桥的供电回路中时，供电电源采用恒压源。当温度升高时，应变片的灵敏度下降，电桥的输出也减小；但二极管呈现负的温度特性，其正向压降却随温度的升高而减小，于是供给电桥的电压增大，使电桥的输出也增大，补偿了因应变片温度变化引起的输出电压下降。反之，当温度降低时，应变片的灵敏度增大，电桥的输出也增大；但二极管的正向压降却随温度的降低而增大，于是供给电桥的电压降低，使电桥的输出也减小，补偿了应变片的温度误差。这种方法只需要根据温度变化的情况来计算所需二极管的个数，并将它们串入供电回路，就可以达到补偿效果。

2.7 压阻式传感器的应用发展

压阻式传感器的
应用发展

压阻式传感器具有很多优点，包括体积小、结构简单、灵敏度高、能测量微小压力、动态响应好、长期稳定性好、滞后和蠕变小、频率响应高、生产成本低等。因此，压阻式传感器广泛应用于电力、化工、石油、机械、钢铁、城市供热供水等行业和领域，为生产和工程应用提供了可靠的测量手段。

2.7.1 压阻式压力传感器

压阻式压力传感器是一种扩散硅型压阻式传感器，其结构示意图如图 2-31 所示。压阻式压力传感器由外壳、硅膜片（硅环）和引线等组成，其核心是一块圆形硅膜片。在硅膜片上，通过扩散法制作出四个初始阻值相等的电阻，并接成惠斯登电桥电路，通过压焊与外部引线相连。硅膜片的两侧各有一个压力腔，一侧是与被测系统相连的高压腔；另一侧是低压腔，通常与大气相连，也可做成真空的。当膜片两边存在压力差时，膜片产生变形，膜片上各点产生应力。四个扩散电阻在应力作用下，阻值发生变化，电桥失去平衡，输出电压。该电压与膜片两边的压力差成正比，其大小反映了膜片所受压力差值。

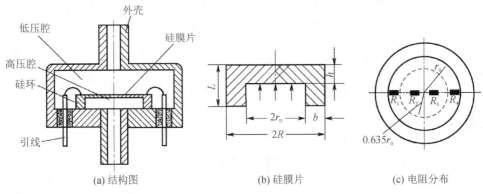

| (a) 结构图 | (b) 硅膜片 | (c) 电阻分布 |

图 2-31 压阻式压力传感器

压阻式压力传感器具有高精度、高灵敏度、高稳定性等特点，被广泛应用于工业控制、航空航天、汽车工业、医疗设备、石油化工、水处理和气象仪器等领域，如呼吸机、透析机、注射泵等医疗设备中，以及汽车胎压检测等。

2.7.2 压阻式液位传感器

图 2-32 所示为压阻式液位传感器结构示意图，它是根据液位高度与被测液体所施加

压力差成比例的工作原理制成的。压阻式液位传感器高压侧与液体相通，安装深度 h_0 为固定值。高压侧液体压力值 $p_1=\rho g h_1$。式中：ρ 为液体密度；g 为重力加速度；h_1 为高压侧液位高度。被测液位高度为

$$h = h_0 + h_1 = h_0 + \frac{p_1}{\rho g} \tag{2-38}$$

由式(2-38)可知，只要通过压阻式液位传感器的输出得到压力 p_1 和 p_2，就可以计算出液位高度 h。

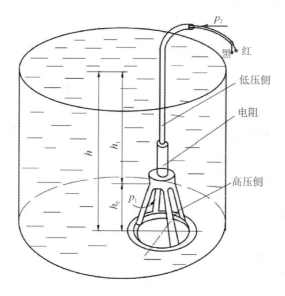

图 2-32　压阻式液位传感器结构示意图

2.7.3　压阻式加速度传感器

压阻式加速度传感器采用单晶硅制成悬臂梁，并在悬臂梁的根部扩散四个初始阻值相同的电阻，构成全桥差动测量电路，在悬臂梁的自由端装有一质量块，其结构示意图如图 2-33 所示。当压阻式加速度传感器受到垂直于悬臂梁表面方向的加速度作用时，由于惯性，质量块使悬臂梁发生形变而产生应力，该应力使扩散电阻的阻值发生变化。由于应力

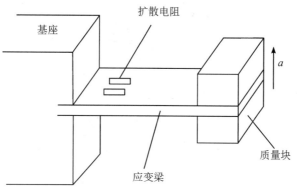

图 2-33　压阻式加速度传感器结构示意图

与加速度成正比，电阻相对变化与加速度成正比，因此由电桥的输出信号可获得加速度的大小。

┌─────────────┐
│ **课后思考** │
└─────────────┘

1. 电阻应变式传感器的工作原理是什么？

2. 金属电阻应变片和半导体应变片的工作原理有何区别？

3. 引起电阻应变片温度误差的主要原因是什么？电阻应变片的温度误差补偿方法有哪些？

4. 图 2-10 所示为一直流电桥电路，假设负载无穷大，输入电压 $U = 5$ V，$R_1 = R_2 = R_3 = R_4 = 120$ Ω。试求：

(1) R_1 为电阻应变片，其余为外接电阻，当 R_1 的变化量 $\Delta R_1 = 1.2$ Ω 时，电桥电路输出电压 U_o 为多少？

(2) R_1、R_2 都是电阻应变片，且批号相同，感受应变的极性和大小都相同，其余为外接电阻，电桥电路输出电压 U_o 为多少？

(3) 在 (2) 中，如果 R_1、R_2 感受应变的极性相反，且 $|\Delta R_1| = |\Delta R_2| = 1.2$ Ω 时，电桥电路输出电压 U_o 为多少？

(4) 由 (1)～(3) 能得出什么结论与推论？

5. 图 2-10 所示为一直流电桥电路，假设负载无穷大，采用阻值为 120 Ω、灵敏度系数 $K = 2.0$ 的金属电阻应变片和阻值为 120 Ω 的固定电阻组成电桥，输入电压为 4 V。当应变片上的应变为 1000 时，试计算单臂电桥电路、半桥差动电桥电路和全桥差动电桥电路工作时的输出电压。

6. 压阻式传感器的工作原理是什么？

7. 简述压阻式传感器的主要误差来源及补偿方法。

项目三　基于电容式/压电式传感器的身份识别

知识目标	任务四　基于电容式传感器进行指纹识别	(1) 熟练掌握电容式传感器的工作原理； (2) 理解电容式传感器的结构和分类； (3) 熟练掌握电容式传感器的测量电路组成； (4) 理解电容式传感器的应用
	任务五　基于压电式传感器进行声音识别	(1) 熟练掌握压电效应原理； (2) 掌握压电式传感器的结构和分类； (3) 熟练掌握压电式传感器的等效电路及测量电路组成； (4) 理解压电式传感器的应用
能力目标	任务四　基于电容式传感器进行指纹识别	(1) 能够解释电容式传感器的工作原理； (2) 能够分析电容式传感器的测量电路； (3) 能够结合生活生产实际举例说明电容式传感器的应用； (4) 能够制作基于 Arduino 的指纹识别装置
	任务五　基于压电式传感器进行声音识别	(1) 能够解释压电式传感器的工作原理； (2) 能够分析压电式传感器的测量电路； (3) 能够结合生活生产实际举例说明压电式传感器的应用； (4) 能够制作基于 Arduino 的语音识别装置
素质目标		(1) 培养学生分析问题、解决问题的能力； (2) 培养学生表达能力和团队协作能力； (3) 培养学生自主学习、终身学习的能力； (4) 培养学生工程应用能力
思政目标		(1) 通过制作指纹识别、语音识别装置，提升学生工程应用的创新思维； (2) 通过实验数据分析处理，培养学生求真务实的精神

任务四　基于电容式传感器进行指纹识别

指纹传感器是一种用于检测和识别人类指纹的电子设备。它利用指纹上的细微纹路和凹凸不平的特征，实现对个人身份的识别和确认。

第一代指纹传感器为光学式指纹传感器，利用光的干涉原理来获取指纹图像，常用于指纹门锁、保险箱、汽车防盗器等行业。第二代指纹传感器为电容式指纹传感器，通过测量人体皮肤和传感器之间的电容变化来获取指纹图像，常用于手机及便携式终端设备的解锁。第三代指纹传感器为超声波指纹传感器，即利用超声波来获取指纹图像。第三代指纹传感器应用的是一种非接触式指纹识别技术。

指纹识别——
任务导入

在三代指纹传感器中，电容式指纹传感器的优点和缺点有哪些？

3.1　电容式传感器的工作原理

3.1.1　电容式传感器概述

电容式传感器的基本原理是将被测非电量的变化转换成电容的变化量，再经过测量电路转换成与之有确定对应关系的电量进行输出。电容式传感器具有结构简单、体积小、分辨率高、响应快、温度稳定性好等优点，可在高温、高辐射、强振动等恶劣环境下工作，可实现非接触式测量。其缺点是电容量小，功率小，输出阻抗高，负载能力差，易受外界干扰产生不稳定现象。电容式传感器广泛应用于位移、压力、厚度、液位、湿度、振动以及成分分析等的测量。

3.1.2　电容式传感器的工作原理及分类

电容式传感器的常见结构包括平板状和柱面状，即平板电容式传感器（简称平板电容器）和柱面电容式传感器（简称柱面电容器）。

1. 平板电容式传感器

平板电容式传感器的结构如图 3-1 所示，两个平行金属极板中间充斥

电容式传感器的
工作原理

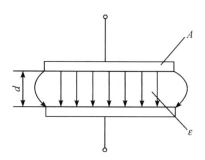

图 3-1　平板电容式传感器的结构

着绝缘介质。如果不考虑边缘效应的影响，其电容量 C 为

$$C = \frac{\varepsilon A}{d} = \frac{\varepsilon_0 \varepsilon_r}{d} \qquad (3-1)$$

式中：A 为两平行极板的正对面积（m^2）；d 为两平行极板间的距离（m）；ε 为两平行极板间介质的介电常数；ε_0 为真空介电常数，$\varepsilon_0 = 8.85 \times 10^{-12}$（F/m）；$\varepsilon_r$ 为介质的相对介电常数，$\varepsilon_r = \varepsilon / \varepsilon_0$，对于空气介质 $\varepsilon_r \approx 1$。

　　由式（3-1）可知，电容量 C 是 A、d、ε 的函数，当被测量的变化引起 A、d、ε 中任意一个参数发生变化时，都会引起电容量 C 的变化。在实际应用中，通常保持其中两个参数不变，而改变另外一个参数，该参数的变化与被测非电量存在一定函数关系，那么电容量的变化可以直接反映被测非电量的变化量；再通过测量电路，将电容量的变化转化为电量进行输出，就可以达到测量的目的。因此，平板电容式传感器可以分为三种类型：改变极板面积的变面积式电容传感器；改变极板距离的变间隙式电容传感器；改变介电常数的变介电常数式电容传感器。

2. 柱面电容式传感器

　　柱面电容式传感器的结构如图 3-2 所示，两同轴柱面状金属极板中间充斥着绝缘介质。如果不考虑边缘效应的影响，其电容量 C 为

$$C = \frac{2\pi\varepsilon h}{\ln \dfrac{R}{r}} = \frac{2\pi\varepsilon_0\varepsilon_r h}{\ln \dfrac{R}{r}} \qquad (3-2)$$

式中：h 为两同轴柱面内外极板正对高度；R 为外柱面极板内径；r 为内柱面极板外径。

　　由式（3-2）可知，电容量 C 是 h、ε 的函数，当被测量的变化引起 h、ε 中任意一个参数发生变化时，都会引起电容量 C 的变化。在实际应用中，通常保持其中一个参数不变，而改变另外一个参数，该参数的变化与被测非电量存在一定函数关系，那么电容量的变化可以直接反映被测非电量的变化量；再通过测量电路，将电容

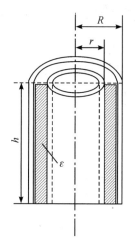

图 3-2　柱面电容式
传感器的结构

量的变化转化为电量进行输出，就可以达到测量的目的。因此，柱面电容式传感器可以分为两种类型：改变介电常数的变介电常数式电容传感器和改变内外柱面正对高度的变面积式电容传感器。

1）变面积式电容传感器

变面积式电容传感器通常分为线位移型变面积电容传感器和角位移型变面积电容传感器两大类。

（1）线位移型变面积电容传感器。常用的线位移型变面积电容传感器又可分为平面线位移型和柱面线位移型两种结构，如图 3-3 所示。

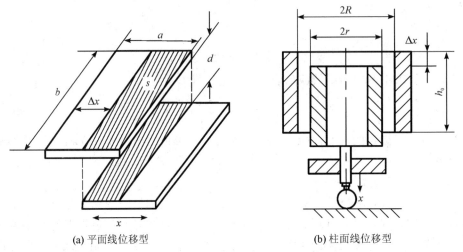

(a) 平面线位移型　　　　(b) 柱面线位移型

图 3-3　线位移型变面积电容传感器的结构

对于平板状结构（如图 3-3(a)所示），初始电容量 $C_0 = \dfrac{\varepsilon ab}{d}$。当被测量通过移动宽度为 b 的动极板，使得动极板相对定极板沿长度 a 方向水平移动 Δx 时，两极板的有效正对面积就会发生变化，引起电容量发生变化，其值为

$$C = \frac{\varepsilon(a - \Delta x)b}{d} = C_0 - \frac{\varepsilon \Delta x b}{d} \tag{3-3}$$

则电容的变化量为

$$\Delta C = C - C_0 = \frac{\varepsilon \Delta x b}{d} \tag{3-4}$$

由式(3-4)可知，电容的变化量 ΔC 与水平位移量 Δx 呈线性关系。这里定义平面线位移型变面积电容传感器的灵敏度 K 为单位的水平位移变化量所引起的电容的变化量，即

$$K = \frac{\Delta C}{\Delta x} = \frac{\dfrac{\varepsilon \Delta x b}{d}}{\Delta x} = \frac{\varepsilon b}{d} = \frac{C_0}{a} \tag{3-5}$$

可见，灵敏度 K 是一个常数，与初始电容量成正比。

对于柱面状结构（如图 3-3(b)所示），初始电容量 $C_0 = \dfrac{2\pi\varepsilon h_0}{\ln(R/r)}$。当被测量通过移动高度为 h_0 的动极板柱面，使得动极板柱面相对定极板柱面沿高度方向移动 Δx 时，两极板的有效正对高度就会发生变化，引起电容量发生变化，其值为

$$C = \frac{2\pi\varepsilon(h_0 - \Delta x)}{\ln\left(\dfrac{R}{r}\right)} = C_0 - \frac{2\pi\varepsilon \Delta x}{\ln\left(\dfrac{R}{r}\right)} \tag{3-6}$$

则电容的变化量为

$$\Delta C = C - C_0 = \frac{2\pi\varepsilon\Delta x}{\ln\left(\dfrac{R}{r}\right)} \tag{3-7}$$

由式(3-7)可知，电容的变化量 ΔC 与轴线位移量 Δx 呈线性关系。这里定义平面线位移型变面积电容传感器的灵敏度 K 为单位的轴线位移变化量所引起的电容的变化量，即

$$K = \frac{\Delta C}{\Delta x} = \frac{2\pi\varepsilon}{\ln\left(\dfrac{R}{r}\right)} = \frac{C_0}{h} \tag{3-8}$$

可见，灵敏度 K 是一个常数，与初始电容量成正比。

(2) 角位移型变面积电容传感器。角位移型变面积电容传感器的工作原理如图 3-4 所示，两块极板均为半月形，初始电容量 $C_0 = \dfrac{\varepsilon A}{d}$，其中 $A = \dfrac{\pi r^2}{2}$。当动极板有一个角位移 θ 时，它与定极板间的有效正对面积就会发生变化，引起电容量发生变化，其值为

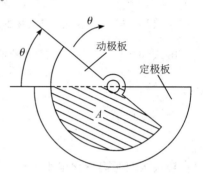

$$C = \frac{\varepsilon A}{d}\left(\frac{\pi - \theta}{\pi}\right) = C_0\left(1 - \frac{\theta}{\pi}\right) \tag{3-9}$$

则电容的变化量为

$$\Delta C = C - C_0 = C_0\frac{\theta}{\pi} \tag{3-10}$$

图 3-4　角位移型变面积电容传感器

由式(3-10)可知，电容的变化量 ΔC 与角位移量 θ 呈线性关系。这里定义角位移型变面积电容传感器的灵敏度 K 为单位的角位移变化量所引起的电容的变化量，即

$$K = \frac{\Delta C}{\theta} = \frac{C_0}{\pi} \tag{3-11}$$

可见，灵敏度 K 是一个常数，与初始电容量成正比。

综上所述，变面积式电容传感器的电容变化量与被测量(线位移、角位移)总是呈线性关系。

2) 变间隙式电容传感器

当平板电容式传感器的面积和介电常数固定不变，只改变极板间距离时，称为变间隙式电容传感器。其结构原理如图 3-5 所示，初始电容量 $C_0 = \dfrac{\varepsilon A}{d}$。当动极板因被测量的改变而引起移动，使得动极板与定极板之间的距离发生变化时，引起电容量发生变化。当动极板与定极板之间距离减小 x 时，其电容量为

电容式传感器工作原理——变间隙型

$$C_1 = \frac{\varepsilon A}{d - x} = \frac{\varepsilon A}{d}\frac{1}{1 - \dfrac{x}{d}} = \frac{C_0}{1 - \dfrac{x}{d}} \tag{3-12}$$

由式(3-12)可以看出，变间隙式电容传感器的输出存在非线性，平板电容器极板间距离的变化引起的电容的相应变化关系(电容量与极板间隙的非线性关系)如图 3-6 所示。

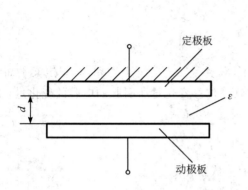

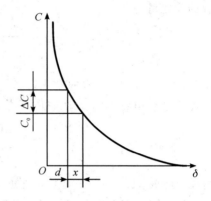

图 3-5 变间隙式电容传感器结构原理　　图 3-6 电容量与极板间隙的非线性关系

由式(3-12)可知,电容的相对变化量为

$$\frac{\Delta C_1}{C_0} = \frac{C_0 \dfrac{1}{1 - \dfrac{x}{d}} - C_0}{C_0} = \frac{\dfrac{x}{d}}{1 - \dfrac{x}{d}} \tag{3-13}$$

若极板间距离变化很小,即 $x \ll d$,则式(3-13)可按泰勒级数展开为

$$\frac{\Delta C_1}{C_0} = \frac{x}{d}\left[1 + \frac{x}{d} + \left(\frac{x}{d}\right)^2 + \left(\frac{x}{d}\right)^3 + \cdots\right] \tag{3-14}$$

忽略高次非线性项,可得

$$\frac{\Delta C_1}{C_0} \approx \frac{x}{d} \tag{3-15}$$

这里定义变间隙式电容传感器的灵敏度 K 为单位的极板距离变化量所引起的电容的相对变化量,即

$$K = \frac{\Delta C_1 / C_0}{d} = \frac{1}{d} \tag{3-16}$$

如果保留式(3-14)中的线性项 x/d 和二次项 $(x/d)^2$(即第一个非线性项,也是最大的非线性项),则

$$\frac{\Delta C_1}{C_0} = \frac{x}{d}\left[1 + \frac{x}{d}\right] = \frac{x}{d} + \left(\frac{x}{d}\right)^2 \tag{3-17}$$

式(3-17)中的二次项被认为是线性化近似处理时的误差项,则传感器的相对非线性误差为

$$\delta_1 = \frac{\left|(x/d)^2\right|}{\left|x/d\right|} \times 100\% = \left|\frac{x}{d}\right| \times 100\% \tag{3-18}$$

由式(3-15)、式(3-16)和式(3-18)可知,减小变间隙式电容传感器两极板间的初始间隙 d,可以提高传感器的灵敏度,但同时会使得线性度误差增大。灵敏度和线性度对初始间隙 d 的要求是相互矛盾的。初始间隙 d 过小,将会增加电容加工难度,且容易造成电容被击穿。变间隙式电容传感器只有在 $x \ll d$ 时,才有近似的线性输出。考虑到传感器的灵敏度 K,因此初始间隙 d 的取值不能过大,但为了保证线性度,变间隙式电容传感器只能够测量微小位移量。

在实际应用中，变间隙式电容传感器通常采用差动结构，如图 3 - 7 所示。当动极板向上移动时，动极板和上下两侧定极板之间的距离变化大小相等、方向相反。

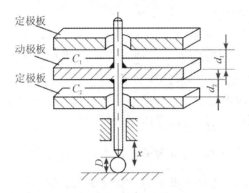

图 3 - 7 差动变间隙式电容传感器的结构

当动极板与定极板之间距离增大 x 时，其电容量为

$$C_2 = \frac{\varepsilon A}{d+x} = \frac{\varepsilon A}{d} \frac{1}{1+\frac{x}{d}} = \frac{C_0}{1+\frac{x}{d}} \qquad (3-19)$$

则电容的相对变化量为

$$\frac{\Delta C_2}{C_0} = \frac{C_0 \dfrac{1}{1+\dfrac{x}{d}} - C_0}{C_0} = \frac{-\dfrac{x}{d}}{1+\dfrac{x}{d}} \qquad (3-20)$$

若极板间距离变化很小，即 $x \ll d$，则式(3 - 20)可按泰勒级数展开为

$$\frac{\Delta C_2}{C_0} = -\frac{x}{d}\left[1 - \frac{x}{d} + \left(\frac{x}{d}\right)^2 - \left(\frac{x}{d}\right)^3 + \cdots\right] \qquad (3-21)$$

由式(3 - 14)和式(3 - 21)可知，差动变间隙式电容传感器的电容相对变化量为

$$\frac{\Delta C}{C_0} = \frac{\Delta C_1}{C_0} + \frac{\Delta C_2}{C_0} = 2\left[\frac{x}{d} + \left(\frac{x}{d}\right)^3 + \cdots\right] \qquad (3-22)$$

忽略高次非线性项，可得

$$\frac{\Delta C}{C_0} \approx \frac{2x}{d} \qquad (3-23)$$

灵敏度为

$$K = \frac{\Delta C/C_0}{d} = \frac{2}{d} \qquad (3-24)$$

如果保留式(3 - 22)中的线性项 x/d 和三次项 $(x/d)^3$（误差项），则传感器的相对非线性误差为

$$\delta = \frac{|2(x/d)^3|}{|2x/d|} \times 100\% = \left|\frac{x}{d}\right|^2 \times 100\% \qquad (3-25)$$

对比式(3 - 16)、式(3 - 18)、式(3 - 24)和式(3 - 25)可知，差动变间隙式电容传感器与变间隙式电容传感器相比，灵敏度提高了一倍，非线性误差因为转化为二次方关系而得到

明显改善。由于结构上的对称性，差动变间隙式电容传感器还能有效地补偿温度变化所造成的误差。

3）变介电常数式电容传感器

变介电常数式电容传感器是利用不同介质的介电常数各不相同，通过介质的改变使得介电常数发生变化，从而引起电容量的变化，实现对被测量的检测。变介电常数式电容传感器通常分为柱式变介电常数电容传感器和平板式变介电常数电容传感器两大类。

（1）柱式变介电常数电容传感器。柱式变介电常数电容传感器主要用于测量液位高低，其结构原理图如图3-8所示。设容器总高度为 H，外柱面内径为 D，内柱面外径为 d，被测介质的介电常数为 ε_1，空气的介电常数为 ε_0，容器的初始电容量 $C_0 = \dfrac{2\pi\varepsilon_0 H}{\ln(D/d)}$。当液面高度为 h 时，此时相当于两个电容器的并联，若忽略电容的边缘效应，则该电容器的总电容为

$$C = \frac{2\pi\varepsilon_1 h}{\ln\left(\dfrac{D}{d}\right)} + \frac{2\pi\varepsilon_0 (H-h)}{\ln\left(\dfrac{D}{d}\right)} = \frac{2\pi\varepsilon_0 H}{\ln\left(\dfrac{D}{d}\right)} + \frac{2\pi(\varepsilon_1 - \varepsilon_0) h}{\ln\left(\dfrac{D}{d}\right)} = C_0 + \frac{2\pi(\varepsilon_1 - \varepsilon_0) h}{\ln\left(\dfrac{D}{d}\right)}$$

$$(3-26)$$

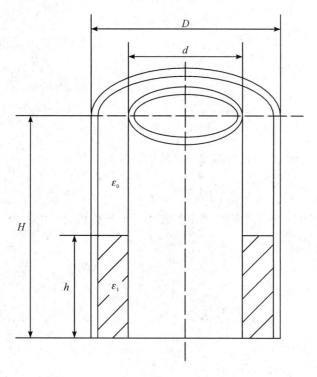

图 3-8　柱式变介电常数电容传感器结构原理图

电容式传感器工作
原理——变介电常数式

电容的变化量为

$$\Delta C = C - C_0 = \frac{2\pi(\varepsilon_1 - \varepsilon_0) h}{\ln\left(\dfrac{D}{d}\right)}$$

$$(3-27)$$

由式（3-27）可知，柱式变介电常数电容传感器的电容变化量与被测液位高度 h 呈线

性关系。

（2）平板式变介电常数电容传感器。平板式变介电常数电容传感器主要用于测量介质的插入深度、位移或厚度，其结构原理图如图 3-9 所示。设两平行极板的宽度为 b、长度为 l，极板间介质的介电常数为 ε_1，极板间距离为 d_1+d_2，插入介质部分的电容量为 C_A，未插入介质部分的电容量为 C_B，则其初始电容量 $C_0=\dfrac{\varepsilon_1 bl}{d_1+d_2}$。当厚度为 d_2、介电常数为 ε_2 的介质在电容中移动距离为 x 时，电容器中介质的介电常数的改变会使电容量发生变化，此时的总电容量为

$$C=C_A+C_B=\frac{bx}{\dfrac{d_1}{\varepsilon_1}+\dfrac{d_2}{\varepsilon_2}}+\frac{b(l-x)}{\dfrac{d_1+d_2}{\varepsilon_1}}=C_0\left(1+\frac{x}{l}\frac{1-\dfrac{\varepsilon_1}{\varepsilon_2}}{\dfrac{d_1}{d_2}+\dfrac{\varepsilon_1}{\varepsilon_2}}\right) \tag{3-28}$$

则电容的变化量为

$$\Delta C=C-C_0=\frac{x}{l}\frac{1-\dfrac{\varepsilon_1}{\varepsilon_2}}{\dfrac{d_1}{d_2}+\dfrac{\varepsilon_1}{\varepsilon_2}} \tag{3-29}$$

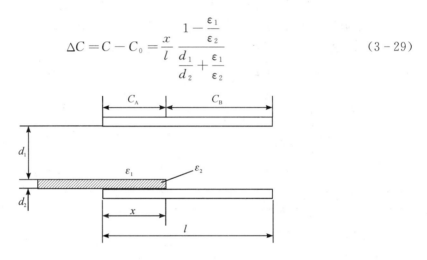

图 3-9　平板式变介电常数电容传感器结构原理图

由式（3-29）可知，平板式变介电常数电容传感器的电容变化量与被测介质移动距离 x 呈线性关系。

3.2　电容式传感器的等效电路和测量电路

3.2.1　电容式传感器的等效电路

前面对各类型电容式传感器的特性分析，都是在纯电容的条件下进行的。实际上，电容式传感器并不是一个纯电容，若电容式传感器工作在高温、高湿、高频激励条件下，则电容的附加损耗等影响不可忽视，这时电容式传感器的等效电路如图 3-10 所示。

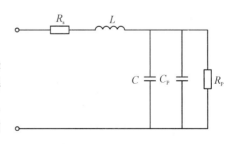

图 3-10　电容式传感器的等效电路

等效电路考虑了电容器的损耗和电感效应。C 为传感器电容量；R_P 为低频损耗并联电阻，它包括极板间漏电损耗和介质损耗；R_s 为高温、高湿、高频激励工作时的串联损耗电阻，它包括引线、极板间和金属支座等损耗电阻；L 包括电容式传感器本身的电感和引线电感；C_P 包括引线、所接测量电路及极板与外界所形成的总寄生电容。

在实际应用中，这些参量的作用因工作的具体情况不同而不同。在低频激励时，传感器电容的阻抗非常大，因此 L 的影响可以忽略；在高频激励时，传感器电容的阻抗变小，需要特别考虑 L 的影响。可见，每次改变激励频率或者更换传输引线时，都必须对测量系统重新进行标定。

3.2.2 电容式传感器的测量电路

电容式传感器的电容量及电容变化量都十分微小，目前还不能直接被显示、记录，也不便于传输，必须借助一定的测量电路，将检测出的微小的电容量及电容变化量转换成与其成正比的电压、电流或者频率信号，从而实现显示、记录和传输。

常见的用于电容式传感器的测量电路包括变压器电桥电路、调频电路、运算放大器式测量电路、双 T 型电桥电路和差动脉冲宽度调制电路。其中，调频电路、运算放大器式测量电路用于单个电容量变化的测量，变压器电桥电路、双 T 型电桥电路和差动脉冲宽度调制电路用于差动电容量变化的测量。

1. 变压器电桥电路

变压器电桥电路一般采用差动接法，如图 3-11 所示。C_1 和 C_2 是两个差动电容，也可以使其中一个为固定电容，另一个为电容式传感器。C_1 和 C_2 以差动形式接入电桥电路相邻两个桥臂，另外两个桥臂为变压器的次级线圈。

变压器电桥电路

当电桥电路输出端开路，即负载阻抗无穷大时，电桥电压的输出为

$$\dot{U}_\mathrm{o} = \frac{Z_2}{Z_1 + Z_2}\dot{U} - \frac{\dot{U}}{2} = \frac{Z_2 - Z_1}{Z_1 + Z_2}\frac{\dot{U}}{2}$$

$$(3-30)$$

式中的 Z_1 和 Z_2 为传感器两个差动电容 C_1 和 C_2 的复阻抗，其值为 $Z_1 = \dfrac{1}{\mathrm{j}\omega C_1}$，$Z_2 = \dfrac{1}{\mathrm{j}\omega C_2}$ 代入式 (3-30)，得到

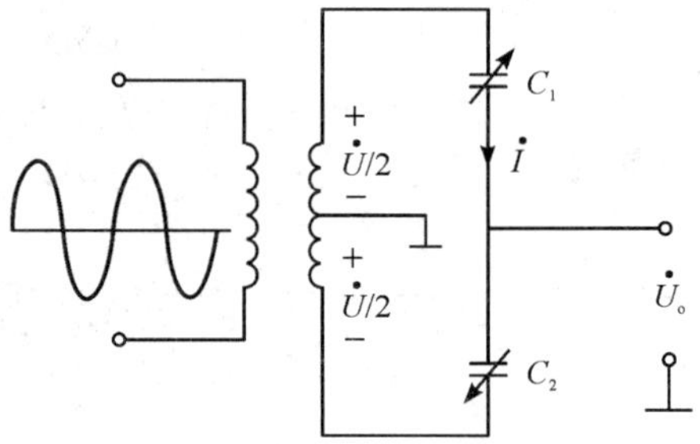

图 3-11　变压器电桥电路

$$\dot{U}_\mathrm{o} = \frac{C_1 - C_2}{C_1 + C_2}\frac{\dot{U}}{2}$$

$$(3-31)$$

变压器电桥电路的输出还应经过相敏检波电路才能分辨 $\dot{U}_\mathrm{o}$ 的相位，以此判断电容量变化的方向。这种传感器测量电路使用元器件少，桥路内阻小，因此应用较广泛。

2. 调频电路

调频电路原理框图如图 3-12 所示，电容式传感器作为振荡器谐振回路中的一部分。当传感器未工作时，LC 谐振回路的振荡频率为

$$f = \frac{1}{2\pi \sqrt{LC}} = \frac{1}{2\pi \sqrt{L(C_x + C_1 + C_c)}} \tag{3-32}$$

调频电路

式中：L 为谐振回路的电感；C 为谐振回路的总电容；C_x 为传感器电容的初始值；C_1 为谐振回路的固定电容；C_c 为传感器引线的分布电容。

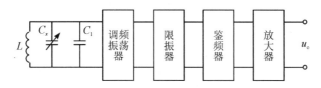

图 3-12　调频电路原理框图

当传感器工作时，被测量引起电容量发生变化，电容量变化导致振荡频率发生相应的变化，再通过鉴频器把频率的变化转换为振幅的变化，经放大后输出，即可进行显示和记录。

用调频电路作为电容式传感器的测量电路具有以下特点：

（1）抗干扰能力强，稳定性好；

（2）灵敏度高，可以测量 $0.01\ \mu\mathrm{m}$ 级的位移变化量；

（3）能获得高电平的直流信号，可达伏特数量级；

（4）由于输出为频率信号，易于用数字式仪器进行测量，并可以与计算机进行通信（发送、接收），达到遥测遥控的目的。

3. 运算放大器式测量电路

运算放大器式测量电路原理图如图 3-13 所示，电容式传感器跨接在高增益运算放大器的输入端与输出端之间，C_x 为传感器电容的初始值，C_0 为固定电容。

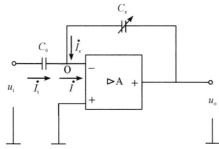

图 3-13　运算放大器式测量电路原理图　　运算放大器式测量电路

由于运算放大器的放大倍数非常大，图中 O 点为"虚地"，且运算放大器的输入阻抗非常高，因此 $\dot{I} = 0$，于是有

$$u_i = \frac{\dot{I}_i}{\mathrm{j}\omega C_0} \tag{3-33}$$

$$u_o = \frac{\dot{I}_x}{j\omega C_x} \qquad (3-34)$$

$$\dot{I}_i + \dot{I}_x = 0 \qquad (3-35)$$

由式(3-33)、式(3-34)和式(3-35)解得

$$u_o = -\frac{\dfrac{1}{j\omega C_x}}{\dfrac{1}{j\omega C_0}} u_i = -\frac{C_0}{C_x} u_i \qquad (3-36)$$

式中的"一"号表示输出电压 u_o 和电源电压 u_i 反相。

如果传感器是变间隙式电容传感器，则 $C_x = \varepsilon A/d$，代入式(3-36)，可得

$$u_o = -\frac{dC_0}{\varepsilon A} u_i \qquad (3-37)$$

由此可见，输出电压与电容极板间距离呈线性关系。

运算放大器式测量电路最大的特点是能克服变间隙式电容传感器的非线性。运算放大器式测量电路解决了单个变间隙式电容传感器的非线性问题，但要求运算放大器的开环放大倍数和输入阻抗都足够大，实际上该测量电路仍然存在一定的非线性。

4. 双 T 型电桥电路

双 T 型电桥电路如图 3-14 所示，它是利用电容器充放电原理组成的电路。其中，高频电源 u 提供幅值为 U 的方波；VD_1 和 VD_2 为两个特性完全相同的理想二极管；R_1 和 R_2 为固定电阻，且 $R_1 = R_2$；C_1 和 C_2 为传感器的两个差动电容；R_L 为负载电阻。

双 T 型电桥电路

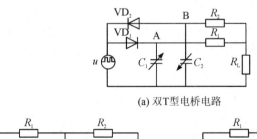

(a) 双T型电桥电路

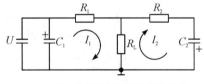

(b) u 处于正半周时的等效电路

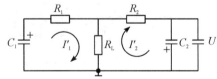

(c) u 处于负半周时的等效电路

图 3-14　双 T 型电桥电路

当电源电压 u 处于正半周时，VD_1 导通、VD_2 截止，等效电路如图3-14(b)所示。此时，C_1 被快速充电至电压 U，电源 U 经 R_1 以电流 I_1 向负载电阻 R_L 供电。如果电容 C_2 在上一个周期已充电，则 C_2 经电阻 R_2 和负载电阻 R_L 放电，放电电流为 I_2。所以，流经负载电阻 R_L 的电流 I_L 为 I_1 和 I_2 的代数和。

当电源电压 u 处于负半周时，VD_1 截止、VD_2 导通，等效电路如图 3-14(c)所示。此时，C_2 被快速充电至电压 U，电源 U 经 R_2 以电流 I'_2 向负载电阻 R_L 供电。如果电容 C_1 在正半周已充电，则 C_1 经电阻 R_1 和负载电阻 R_L 放电，放电电流为 I'_1。所以，流经负载电阻 R_L 的电流 I_L 为 I'_1 和 I'_2 的代数和。

由于 VD_1 和 VD_2 特性相同，$R_1=R_2=R$，且在初始状态时 $C_1=C_2$，则在电源电压的一个周期内流过负载 R_L 的电流 I_L 与 I'_L 的平均值大小相等、方向相反，即平均电流为零，在负载 R_L 上无信号输出。当传感器电容变化时，即 $C_1 \neq C_2$，此时充放电电流不再相等，则一个周期内负载电阻 R_L 的平均电流不再为零，其输出电压的平均值为

$$U_o = \frac{R(R+2R_L)}{(R+R_L)^2} R_L U f (C_1 - C_2) \tag{3-38}$$

式中的 f 为电源频率。当负载电阻 R_L 为已知时，令 $K = R_L R (R+2R_L)/(R+R_L)^2$ 为常数，则

$$U_o = K U f (C_1 - C_2) \tag{3-39}$$

由式(3-38)可知，输出电压 U_o 不仅与电源电压的幅值和频率有关，也与电路中的电容 C_1 和 C_2 的差值有关。当电源确定后，即电压的幅值 U 和频率 f 确定，输出电压 U_o 就是电容 C_1 和 C_2 的函数。

双 T 型电桥电路最大的特点是线路简单，不需要附加相敏检波电路和差动整流电路，便可以得到较高的直流输出电压。该电路适合于各种电容式传感器，特别适合用来测量高速机械运动。

5. 差动脉冲宽度调制电路

差动脉冲宽度调制电路如图 3-15 所示，它是利用对传感器电容的充放电使电路输出脉冲的宽度随传感器电容量的变化而变化，再通过低通滤波器得到相应被测量变化的直流信号。图 3-15 中，C_1 和 C_2 为差动式电容传感器的两个电容，R_1 和 R_2 为固定电阻，且 $R_1=R_2$，与 C_1 和 C_2 构成两个充放电回路；IC_1 和 IC_2 是两个电压比较器，U_r 为其参考电压；双稳态触发器采用负电平输入，其输出由电压比较器控制。若 IC_1 的输出为负电平，则 Q 端为低电平，$\overline{Q}$ 端为高电平；若 IC_2 的输出为负电平，则 $\overline{Q}$ 端为低电平，Q 端为高电平。

差动脉冲宽度调制电路

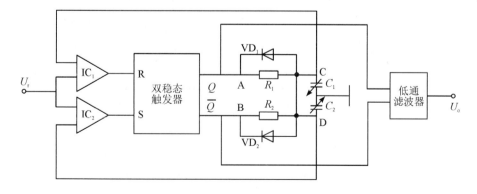

图 3-15　差动脉冲宽度调制电路

若接通电源后，双稳态触发器的 Q 端为高电平，$\overline{Q}$ 端为低电平，此时 A 点为高电位，B 点为低电位。这时，u_A 通过 R_1 对 C_1 充电，使得 C 点电位升高。充电过程可用下式描述：

$$u_C = u_A\left(1 - e^{-\frac{t}{\tau_1}}\right) \tag{3-40}$$

式中，$\tau_1 = R_1 C_1$ 为充电时间常数。如果 $t \ll \tau_1$，此时，$e^{-t/\tau_1} \approx 1 - t/\tau_1$，则有

$$u_C = \frac{u_A}{\tau_1} t \tag{3-41}$$

由此可见，C_1 越大，τ_1 也越大，则 u_C 对 t 的斜率越小，充电过程越慢。直到充电至 C 点电位高于参考电压 U_r 时，比较器 IC_1 翻转，使双稳态触发器也随之翻转，于是 Q 端变为低电平，$\overline{Q}$ 端变为高电平。此时，A 点为低电位，已被充电的电容 C_1 经 VD_1 迅速放电至零；同时，B 点为高电位，u_B 通过 R_2 对 C_2 充电，充电过程类似于式（3-40），但充电时间常数 $\tau_2 = R_2 C_2$，致使 D 点电位升高。直到充电至 D 点电位高于参考电压 U_r 时，比较器 IC_2 翻转，使双稳态触发器再次发生翻转，$\overline{Q}$ 端又变为低电平，Q 端恢复高电平，已被充电的电容 C_2 经 VD_2 迅速放电至零。如此重复上述过程，在 A、B 两点分别输出宽度受 C_1、C_2 调制的矩形脉冲。脉冲宽度调制波形（电路中各点电压波形）如图 3-16 所示。

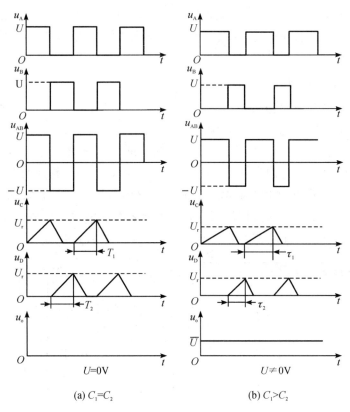

(a) $C_1 = C_2$ (b) $C_1 > C_2$

图 3-16 脉冲宽度调制波形

由式（3-40）可得

$$t = \tau_1 \ln \frac{u_A}{u_A - u_C} = R_1 C_1 \ln \frac{u_A}{u_A - u_C} \tag{3-42}$$

因此，对电容 C_1 和 C_2 分别充电至参考电压 U_r 时所需的时间分别为

$$T_1 = R_1 C_1 \ln \frac{u_A}{u_A - U_r} \tag{3-43}$$

$$T_2 = R_2 C_2 \ln \frac{u_B}{u_B - U_r} = R_2 C_2 \ln \frac{u_A}{u_A - U_r} \tag{3-44}$$

当 $C_1 = C_2$ 时，由于 $R_1 = R_2$，因此 $T_1 = T_2$，两个差动电容器的充放电过程完全一样。u_A 和 u_B 脉冲宽度相等，u_{AB} 为对称的方波，所以低通滤波器输出电压的平均值为零，即 $U_o = 0$。

当 $C_1 \neq C_2$ 时，假设 $C_1 > C_2$，则 C_1 充电过程的时间要延长，C_2 充电过程的时间要缩短，导致充电时间常数 $\tau_1 > \tau_2$，此时，u_A 和 u_B 脉冲宽度不再相等，u_{AB} 的方波不对称，一个周期（$T_1 + T_2$）时间内其电压平均值不为零，低通滤波器有输出电压。

3.3　电容式传感器的验证实验

3.3.1　实验概述

通过搭建差动变面积式电容传感器的位移检测系统，测量测微头移动距离，记录实验数据，并通过实验数据的处理，计算差动变面积式电容传感器的线性度和灵敏度，分析其性能指标。

实验名称：差动变面积式电容传感器的静态特性。

实验目的：

（1）掌握电容式传感器的结构及特点；

（2）了解差动变面积式电容传感器的静态特性；

（3）了解差动变面积式电容传感器的动态特性。

实验内容：

（1）了解传感器与检测技术试验台（求是教仪）的结构和布局；

（2）掌握搭建电容式传感器位移检测系统的方法，并进行测量实践；

（3）掌握电容式传感器的静态特性；

（4）掌握实验数据处理及性能指标计算方法。

实验设备：传感器与检测技术试验台（求是教仪），CGQ-DB-01 实验模块，CGQ-CD-02 实验模块，CGQ-DR-03 实验模块，测微头，直流电压表，±15VDC 电压源。

3.3.2　实验实施

具体实验实施步骤如下：

（1）按照图 3-17 所示，将测微头安装在 CGQ-DB-01 实验模块的支架上，并用手拧

紧螺丝，固定好测微头。

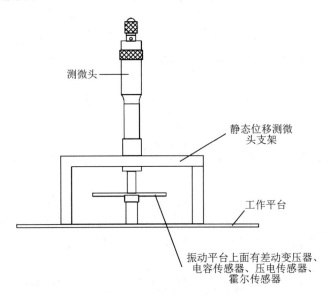

图 3-17 测微头安装示意图

（2）CGQ-CD-02 差动放大器 II 实验模块电路调零。将面板上 CGQ-02 直流电源模块中的 ±15 V、GND 正确接入 CGQ-CD-02 差动放大器 II 实验模块的 ±15 V、GND，检查无误后，合上电源开关。将 CGQ-CD-02 差动放大器 II 实验模块调节增益电位器 RW_1 调节到中间位置，并将输入端 U_{i1}、U_{i2} 与地短接，将输出端 U_o、GND 与面板上直流电压表正负端相连。调节 CGQ-CD-01 差动放大器实验模块上调零电位器 RW_2，使电压表显示为零（200 mV 挡位），然后关闭电源。

（3）搭建电容式传感器测量电路。

① 将 CGQ-DB-01 实验模块上的电容式传感器连线接入 CGQ-DR-03 电容式传感器实验模块。电容式传感器位移实验接线图如图 3-18 所示。将 CGQ-DR-03 电容式传感器实验模块上的 ±15 V 和 GND 分别与 CGQ-02 模块上的恒定电压源 ±15 V 和地相连接。

② 将 CGQ-DR-03 电容式传感器实验模块的输出端 U_o 和地线与 CGQ-CD-02 差动放大器 II 实验模块的输入 U_{i1} 和 U_{i2} 相接；CGQ-CD-02 差动放大器 II 实验模块的输出接 CGQ-01 模块的直流电压表；CGQ-CD-02 差动放大器 II 实验模块的 ±15 V 和 GND 分别与 CGQ-02 模块上的恒定电压源 ±15 V 和地相连接。

（4）记录实验数据。

① 旋转测微头，使直流电压表的输出为零，并记录此时测微头的数值。以此为基准（0 mm）上下移位（假设某方向为正移位，则另一方向为负移位）。

② 向上旋转测微头，每隔 0.2 mm 读取且记录直流电压表的读数，并填入表 3-1 中，直至电容动片与上静片覆盖面积最大为止。

③ 向下旋转测微头，每隔 0.2 mm 读取且记录直流电压表的读数，并填入表 3-2 中，直至电容动片与下静片覆盖面积最大为止。

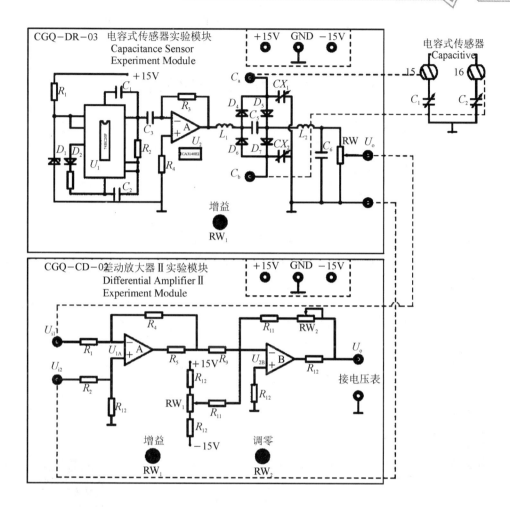

图 3－18　电容式传感器位移实验接线图

表 3－1　电容式传感器位移与输出电压值数据表(正方向)

x /mm	3	2.8	2.6	2.4	2.2	2.0	1.8	1.6	1.4	1.2	1.0	0.8	0.6	0.4	0.2	0
$U_{\text{p-p}}$ /mV																

表 3－2　电容式传感器位移与输出电压值数据表(负方向)

x /mm	−3	−2.8	−2.6	−2.4	−2.2	−2.0	−1.8	−1.6	−1.4	−1.2	−1.0	−0.8	−0.6	−0.4	−0.2
$U_{\text{p-p}}$ /mV															

（5）根据表3-1和表3-2数据，计算差动变面积式电容传感器的系统灵敏度和非线性误差。

3.4　电容式传感器的应用发展

电容式传感器具有结构简单、耐高温、耐辐射、分辨率高、动态响应好等优点，广泛应用于液位和物位、压力、加速度、直线位移、角度和角位移、厚度、振动和振幅、转速、温度、湿度及成分等参数的测量。

3.4.1　电容式液位传感器

由式（3-27）可知，电容器的电容量与被测液位高度呈线性关系，且两种介质的介电常数相差越大，容器的外柱面内径与内柱面外径相差越小，传感器的电容变化量就越大，灵敏度就越高。

由于被测对象的性质不一样，不同介质的导电性能不相同，因此电容式液位传感器在不导电液体和导电液体的液位测量过程中，其结构也会有差别，如图3-19所示。

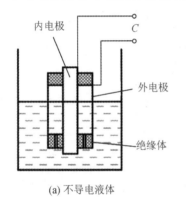

（a）不导电液体　　　　（b）导电液体

图3-19　电容式液位传感器

电容式传感器的应用发展

图3-19（a）所示为用于测量非导电液体的同轴双层电极电容式液位传感器。内电极和与之绝缘的同轴金属套组成电容的两极，外电极上开有很多流通孔使液体流入极板间。

图3-19（b）所示为用于测量导电液体的电容式液位传感器。棒状电极（不锈钢金属管）外面包裹聚四氟乙烯套管，不锈钢金属管的下半部分与导电液体之间构成电容，两者之间的介质就是聚四氟乙烯薄层。当被测液体的液面上升时，引起棒状电极与导电液体之间有效高度增大。由于聚四氟乙烯的介电常数是空气的2倍，因此电容变大。

电容式液位传感器广泛应用于工业测量中。

3.4.2　电容式压力传感器

图3-20是典型的差动电容式压力传感器结构图。其核心部分为一个弹性膜片（动极板）和两个在凹形玻璃上电镀成的定极板组成的差动电容器，差动结构使其灵敏度更高，非线性误差得到明显改善。

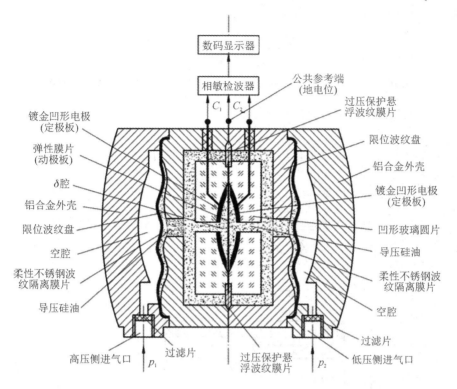

图 3-20 差动电容式压力传感器结构图

当被测压力或压力差作用于膜片并使之产生位移时,形成的两个电容器的电容量一个增大,一个减小。该电容值的变化经测量电路转换成与压力或压力差相对应的电流或电压的变化。

在弹性膜片的左右两侧充满导压硅油。导压硅油是一种高黏度、高温度稳定性、低挥发性的液体,可在高压下保持体积不变。当左右两侧分别承受压力 p_1 和 p_2 时,导压硅油将压差 $\Delta p = p_1 - p_2$ 传递到膜片上。当左右两侧压力相等时,即 $\Delta p = 0$,弹性膜片两侧的两个电容器的电容量完全相等,即 $C_1 = C_2$;当左右两侧压力不相等时,设 $\Delta p > 0$,膜片变形,动极板由初始位置向右偏移 $\Delta \delta$,使得 C_1 减小,C_2 增大,即 $C_1 < C_2$。它们的电容量可分别近似表示为

$$C_1 = \frac{\varepsilon A}{\delta + \Delta \delta} \tag{3-45}$$

$$C_2 = \frac{\varepsilon A}{\delta - \Delta \delta} \tag{3-46}$$

式中:A 为两极板正对面积;ε 为介电常数。

因此,可得出

$$\frac{\Delta \delta}{\delta} = \frac{C_2 - C_1}{C_2 + C_1} \tag{3-47}$$

由材料力学知识可得

$$\frac{\Delta \delta}{\delta} = K \Delta p \tag{3-48}$$

式中，K 为与结构有关的常数。因此，可得

$$\frac{C_2 - C_1}{C_2 + C_1} = K(p_1 - p_2) = K\Delta p \qquad (3-49)$$

式(3-49)表明，$\dfrac{C_2 - C_1}{C_2 + C_1}$ 与差压 Δp 成正比，且与介电常数无关，从而实现了差压—电容的转换；再通过测量电路将电容的变化量转换为电量进行输出，从而实现差压—电量的线性转换。

差动电容式压力传感器结构简单，灵敏度高，响应速度快，能测量微小差压。

3.4.3 电容式加速度传感器

图 3-21 是差动电容式加速度传感器结构图。它主要由两个定极板（与外壳绝缘）和一个质量块（中间的质量块采用弹簧片来进行支撑）组成，它的两个端面经过磨平抛光后作为动极板。

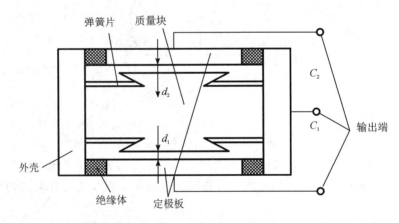

图 3-21　差动电容式加速度传感器结构图

当传感器壳体随被测对象在垂直方向上做直线加速运动时，质量块由于惯性保持相对静止，而两个定电极将相对质量块在垂直方向上产生位移，将导致定极板和动极板之间的距离发生变化。此位移使两个差动电容的间隙都发生变化，一个增大，一个减小，从而使 C_1 和 C_2 产生大小相等、符号相反的电容变化量。

由式(3-23)可知，$\dfrac{\Delta C}{C_0} \approx \dfrac{2x}{d}$。根据位移和加速度的关系，可得出

$$s = x = \frac{1}{2}at^2 \qquad (3-50)$$

式中：s 为位移；a 为加速度；t 为运动时间。将式(3-50)代入式(3-23)，可得

$$\frac{\Delta C}{C_0} \approx \frac{2x}{d} = \frac{at^2}{d} \qquad (3-51)$$

由此可见，电容的变化量与被测加速度成正比；再通过测量电路将电容的变化量转换为电量进行输出，输出电压与被测加速度成正比。

差动电容式加速度传感器的特点是频率响应快，量程范围大。

3.4.4　电容式位移传感器

图 3 - 22 为一种圆筒型差动电容式位移传感器结构图，其定极板与外壳绝缘，动极板与测杆相连并彼此绝缘。测量时，动极板随被测物发生轴向移动，从而改变动极板与两个定极板之间的有效正对面积，使电容发生变化，电容的变化量与位移成正比。开口槽弹簧片用于传感器的导向与支撑，无机械摩擦，灵敏度高，但行程小，主要用于接触式测量。

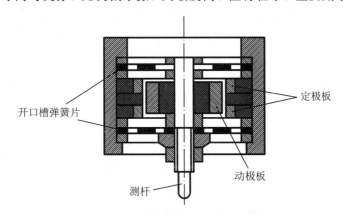

图 3 - 22　圆筒型差动电容式位移传感器结构图

电容式位移传感器还可以用于测量振动幅度以及转轴的回转精度和轴心的偏摆等，属于动态非接触式测量，如图 3 - 23 所示。图 3 - 23(a)所示是一种单电极的电容式振动位移传感器。电容式传感器作为一个极板，被测物表面作为另一个极板，构成电容器的两极。当被测物因振动发生位移时，将导致电容器的两个极板间距离发生变化，从而改变电容的大小，再经测量电路实现测量。图 3 - 23(b)所示是一种单电极的电容式轴线位移传感器。在旋转轴外侧相互垂直的位置放置两个电容式传感器，作为定极板，被测旋转轴作为电容式传感器的动极板。测量时，首先调整好定极板和动极板之间的原始间距，当轴旋转时，若产生径向位移和摆动，定极板和动极板之间的距离就会发生变化，传感器的电容量也相应地发生变化，再经过测量转换电路即可测得转轴的回转精度和轴心的偏摆。

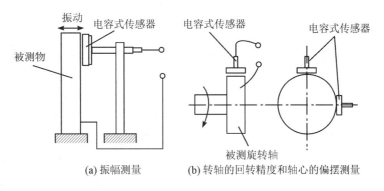

(a)振幅测量　　　　(b)转轴的回转精度和轴心的偏摆测量

图 3 - 23　电容式振动位移传感器和电容式轴线位移传感器

3.4.5 电容式指纹传感器

指纹特征是人类所特有的，并且由于遗传特性的差异，每一个人的指纹特征都不尽相同。每个人的指纹甚至每个指纹的每一条纹线都是独立的且唯一的，指纹的这些特征使得其成为个人身份认定和识别的最直接、最便捷的途径。

指纹识别目前最常用的是电容式指纹传感器，也被称为第二代指纹识别系统。它的优点是体积小，成本低，成像精度高，而且耗电量很小，因此非常适用于消费类电子产品中。

电容式指纹传感器的工作原理如图 3-24 所示，它包含大约数万个金属导体阵列，外面是一层绝缘物质。当用户的手指放在电容式指纹传感器表面时，金属导体阵列—绝缘物质—皮肤就构成了相应的电容器阵列。它们的电容值随着指纹纹路的脊和沟与金属导体之间的距离不同而变化，进而被传感器检测到并转换成数字信号。这些数字信号可用于建立指纹图像、进行指纹比对等操作。

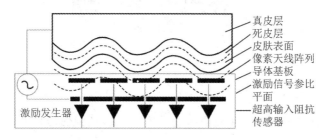

图 3-24　电容式指纹传感器的工作原理

电容式指纹传感器具有高精度、快速响应、低误识率等优点，被广泛应用在安全领域及智能手机、笔记本电脑等设备中。

3.5　指纹识别的创新实践

3.5.1　实践概述

利用 Arduino Uno 开源开发板及电容式指纹模块，通过硬件连接、软件编程和整体调试，制作基于 Arduino 的指纹识别装置，实现电阻式传感器的工程创新应用。

我们可以在智能手机的正面、背面或侧面找到电容式指纹传感器，它一般集成在Home 键或电源键等实体按键上。电容式指纹传感器不是创建传统的指纹图像，而是使用微型电容器电路阵列来收集数据。它的优势在于，很难用指纹图像、假肢等来欺骗它，因为不同的材料会在电容器上产生略有不同的电荷变化，安全性更高。本实践任务是利用Arduino Uno 开源开发板、电容式指纹模块，实现指纹识别功能。要求：采集用户指纹，并与指纹库中已有指纹进行对比，若为已存储指纹，输出"1"；若并非指纹库中已存储指纹，输出"0"。

3.5.2 硬件连接

硬件清单：Arduino Uno 开源开发板，电容式指纹模块，面包板，杜邦线若干。

Capacitive Fingerprint Reader 是一款专用于二次开发集成应用的电容式指纹开发模块，具有高速度、快识别、高稳定性等优势。Capacitive Fingerprint Reader 电容式指纹模块是以 STM32F105R8 高速数字处理器为核心，结合高安全性商用指纹算法，配高级半导体指纹传感器，具有指纹录入、图像处理、特征值提取、模板生成、模板存储、指纹比对和搜索等功能的智能型集成模块，专为科研单位、指纹产品生产企业、应用集成厂商提供标准二次开发指纹组件，快速、方便集成应用。Capacitive Fingerprint Reader 电容式指纹模块引脚定义如表 3-3 所示。

表 3-3 Capacitive Fingerprint Reader 电容式指纹模块引脚定义

引脚	定 义
VCC	电源正极
GND	电源地
TXD	指纹模块串口发送，接 PC 或单片机串口 RXD
RXD	指纹模块串口接收，接 PC 或单片机串口 TXD
WAKE	指纹头唤醒(可不接)
RST	指纹模块复位(可不接)

通过扫描"指纹识别硬件连接"二维码，获得指纹识别硬件连接 AR 体验。

3.5.3 软件编程

检查硬件电路，若电路连接正确无误则通电进行测试，然后进行程序烧录。通过扫描"指纹识别控制程序"二维码，获得指纹识别控制程序，并通过 Arduino IDE 烧录至 Arduino Uno 中。

指纹识别
控制程序

课后思考

1. 根据工作原理可将电容式传感器分为哪几种类型？各有何特点？

2. 试分析变间隙电容式传感器的非线性，并说明其改善方法。

3. 如图 3-8 所示的电容式液位传感器，两个同心圆柱状极板的直径 $d=8$ mm，$D=40$ mm。将其放置于圆柱形存储罐中，存储罐直径为 50 cm，高为 1.2 m。被存储液体的相对介电常数 $\varepsilon_r=2.1$。计算传感器的最小电容量和最大电容量以及灵敏度(pF/cm^3)。

4. 有一台变间隙型非接触式电容测微仪，其传感器的圆形极板半径 $r=4$ mm，设与被测工件的初始间隙 $d=0.3$ mm。试求：

(1) 工作时，如果传感器与被测工件的间隙变化量 $x=\pm10$ μm，则电容变化量为多少？

(2) 如果测量电路的灵敏度 $S_1=100$ mV/pF，则在 $x=\pm2$ μm 时的输出电压为多少？

5．试分析差动电容式测厚传感器系统的工作原理。

6．有一个以空气为介质的变面积式电容传感器，如图 3 - 3(a)所示，其中 $a＝8$ mm，$b＝12$ mm，两极板间距离为 1 mm。一块极板在原始位置上平移了 5 mm 之后，求传感器的位移灵敏度 K。

7．为什么高频工作时，电容式传感器连接电缆的长度不能随意变化？

任务五　基于压电式传感器进行声音识别

任务导入

声音识别技术的快速发展和高效应用软件的开发，使其在智能家居、语音交互机器人、智能机器人、航空航天和军事等领域得到广泛应用。通过声音指令，我们可以控制各种设备和执行相应任务，提高工作效率。声音识别技术的未来发展也将呈现更广阔的空间。

目前，常用的声音识别传感器包括压电式、电容式、磁电式三种类型。压电式声音识别传感器的优势在于灵敏度高、声音质量好、响应速度快、抗干扰能力强等。由于它能够更加准确地捕捉语音信号并进行实时识别，在语音识别、语音控制、噪声检测、人机交互等领域有着广泛应用。

头脑风暴

声音识别——
任务导入

日常生活和工业生产中，通过声音识别技术提升效率的应用实例有哪些？

3.6　压电式传感器的工作原理

3.6.1　压电式传感器概述

压电式传感器是一种典型的有源(自发电型)传感器，以某些电介质的压电效应为基础，将被测量转换成压电器件的表面电荷量，以实现非电量的电测目的。压电式传感器是一种力敏元件，可以对各种动态力、机械冲击和振

压电效应

动进行测量，在声学、医学、力学、石油勘探、导航方面都得到广泛应用。压电式传感器的优点是体积小、质量轻、结构简单、可靠性高、响应频带宽、灵敏度高、信噪比高大等；其缺点是无静态输出，要求有很高的输出阻抗，需要用低电容、低噪声的电缆等。

3.6.2　压电效应

某些电介质物质，在沿着一定方向上受到外力的作用而变形时，内部会产生极化现象，同时在它的相应表面上会产生极性相反的电荷；在外力撤销后，又重新回到不带电的状态；当作用力改变方向时，电荷的极性也随之改变。这种将机械能转化为电能的现象称为正压

电效应(又称为顺压电效应)。压电效应所产生的电荷量与施加的外力大小成正比,常用压电方程来描述:

$$q = dF \tag{3-52}$$

相反地,在电介质物质的极化方向上施加电场,会产生机械变形;在外加电场撤销后,电介质的变形也随之消失。这种将电能转化为机械能的现象称为逆压电效应(又称为电致伸缩效应)。正压电效应和逆压电效应统称为压电效应,即压电效应是可逆的。

具有压电效应的电介质物质称为压电材料,压电材料是实现机械能与电能相互转换的功能材料。自然界中大多数晶体都具有压电效应,但压电效应的强弱不同。目前,常见的压电材料可分为三类,即压电单晶体、多晶体压电陶瓷和新型压电材料。

压电单晶体有石英(包括天然石英和人造石英)、水溶性压电晶体(包括酒石酸钾钠、酒石酸乙烯二铵、酒石酸二钾、硫酸钾等);多晶体压电陶瓷有钛酸钡压电陶瓷、锆钛酸铅系压电陶瓷、铌酸盐系压电陶瓷、铌镁酸铅压电陶瓷等。新型压电材料主要有压电半导体和高分子压电材料两种。

1. 石英晶体的压电效应

石英晶体是最常用的压电晶体之一。图 3-25 所示为天然结构的石英晶体,具有规则的几何形状,理想外形是一个正六面体。石英晶体是各向异性材料,不同晶向具有各异的物理特性。石英晶体的结构可用三条相互垂直的晶轴来表示,如图 3-25(b)所示。

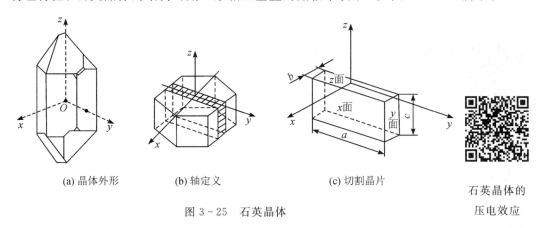

(a) 晶体外形   (b) 轴定义   (c) 切割晶片   石英晶体的压电效应

图 3-25 石英晶体

通过锥形顶端且垂直于晶体截面的轴线为 z 轴,又称为光轴或 3 轴。沿此方向受力不产生压电效应。

经过六面体的棱线且垂直于 z 轴的为 x 轴,又称为电轴或 1 轴。沿此方向受力产生的压电效应称为纵向压电效应。

垂直于六面体的棱面且与 x 轴和 z 轴同时垂直的为 y 轴,又称为机械轴或 2 轴。沿此方向受力产生的压电效应称为横向压电效应。

1) 电荷极性与受力方向的关系

从石英晶体上沿 y 轴切下一块平行六面体晶块,使它的晶面分别平行 x、y、z 轴,如图 3-25(c)所示。垂直于 x 轴的表面称为 x 面,垂直于 y 轴的表面称为 y 面,垂直于 z 轴

的表面称为 z 面。

（1）在 x 轴方向施加作用力 F_x 时，在 x 面产生电荷，其大小为

$$q_{xx} = d_{11}F_x \qquad (3-53)$$

式中，d_{11} 为 x 轴方向受力的压电系数，$d_{11}=2.3 \times 10^{-12}$ C/N。电荷 q_{xx} 的符号由 F_x（压力或拉力）决定。从式（3-53）可知，沿 x 轴方向的力作用于晶体时所产生电荷量 q_{xx} 的大小与晶体切片的几何尺寸无关。

（2）在 y 轴方向施加作用力 F_y 时，仍然在 x 面产生电荷，其大小为

$$q_{xy} = d_{12}\frac{a}{b}F_y \qquad (3-54)$$

式中：d_{12} 为 y 轴方向受力的压电系数，根据石英晶体的对称性，$d_{12} = -d_{11}$；a 和 b 为晶体切片的长度和厚度；电荷 q_{xy} 的符号由 F_y（压力或拉力）决定。从式（3-54）可知，沿 y 轴方向的力作用于晶体时所产生电荷量 q_{xy} 的大小与晶体切片的几何尺寸有关。在相同的作用力下，晶体切片的长度越长、厚度越薄，产生的电荷量越多，压电效应越明显。负号表明，沿 y 轴的压力（或拉力）所引起的电荷极性与沿 x 轴的压力（或拉力）所引起的电荷极性是相反的。

（3）在 z 轴方向施加作用力时，不产生压电效应，没有电荷产生。

综上所述，石英晶体切片受力发生压电效应产生的电荷极性与受力方向的关系如图 3-26 所示。

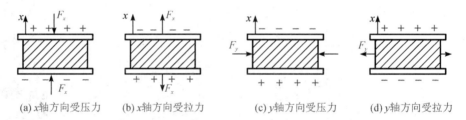

（a）x 轴方向受压力　　（b）x 轴方向受拉力　　（c）y 轴方向受压力　　（d）y 轴方向受拉力

图 3-26　石英晶体切片上电荷极性与受力方向的关系

2）压电效应机理

石英晶体的化学式为 SiO_2，它的压电效应特性与其内部的分子结构有关，如图 3-27 所示。在每一个晶体单元中，硅离子和氧离子在垂直于 z 轴的 z 平面上的投影，等效为一个正六边形排列。图 3-27 中，⊕代表硅离子 Si^{4+}，⊖代表氧离子 O^{2-}。

（1）当石英晶体未受外力作用时，正负离子正好分布于正六边形的顶点上，形成三个互成 $120°$ 夹角的电偶极矩 $\boldsymbol{P}_1$、$\boldsymbol{P}_2$、$\boldsymbol{P}_3$，如图 3-27(a)所示。电偶极矩的值定义为电荷 q 与距离 l 的乘积，即 $P_1 = ql$，其方向是从负电荷指向正电荷，是矢量。此时，正负电荷重心重合，电偶极矩的矢量和等于零，即 $\boldsymbol{P}_1 + \boldsymbol{P}_2 + \boldsymbol{P}_3 = 0$，所以晶体表面不产生电荷，整个晶体呈电中性。

（2）当石英晶体受到沿 x 轴方向的压力作用时，晶体沿 x 轴方向将产生压缩变形，正负离子的相对位置也随之发生改变，如图 3-27(b)所示。此时，正负电荷重心不再重合，电偶极矩在沿 x 轴方向的分量 $\boldsymbol{P}_1$ 的减小和 $\boldsymbol{P}_2$、$\boldsymbol{P}_3$ 的增加而不等于零，即 $(\boldsymbol{P}_1 + \boldsymbol{P}_2 + \boldsymbol{P}_3)_x > 0$，

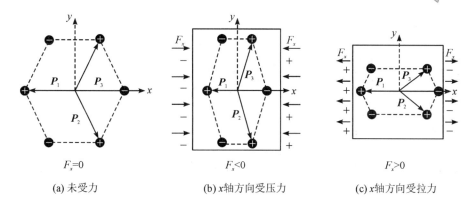

(a) 未受力　　　　　　　(b) x 轴方向受压力　　　　　(c) x 轴方向受拉力

图 3-27　石英晶体的压电效应机理

在 x 轴正方向出现正电荷。电偶极矩在沿 y 轴方向上的分量由于大小相等、方向相反，仍为零，不出现电荷。由于电偶极矩 P_1、P_2、P_3 在 z 轴方向分量为零，不受外力作用影响，因此在 z 轴方向上也不出现电荷。

（3）当石英晶体受到沿 x 轴方向的拉力作用时，晶体沿 x 轴方向将产生拉伸变形，正负离子的相对位置也随之发生改变，如图 3-27(c) 所示。此时，正负电荷重心不再重合，电偶极矩在沿 x 轴方向的分量 P_1 的增大和 P_2、P_3 的减小而不等于零，即 $(P_1+P_2+P_3)_x<0$，在 x 轴正方向出现负电荷。与上述情况相同，在 y 轴和 z 轴方向均不出现电荷。

（4）当石英晶体受到沿 y 轴方向的压力作用时，与受到沿 x 轴方向的拉力情况一致；当石英晶体受到沿 y 轴方向的拉力作用时，与受到沿 x 轴方向的压力情况一致。

（5）当石英晶体受到沿 z 轴方向的作用力时，无论是拉力还是压力作用，晶体在 x 轴方向和 y 轴方向产生的变形完全相同，所以正负电荷重心保持重合，电偶极矩矢量和等于零。这表明，沿 z 轴方向施加作用力，晶体不产生压电效应。

2. 压电陶瓷的压电效应

压电陶瓷是人工制造的多晶体材料，其压电效应的机理与石英晶体不同。压电陶瓷在没有被极化之前不具有压电现象，在被极化后才有压电效应，并具有非常高的压电常数，是石英晶体的几百倍，因此灵敏度高，但稳定性、机械强度等不如石英晶体。压电陶瓷内部的晶粒具有类似铁磁材料磁畴结构的电畴结构，即材料分子自发形成分子团。分子团具有一定的极化方向，从而存在一定的电场，但是分子团杂乱无章，无规则排列。

压电陶瓷的
压电效应

在无外电场作用时，电畴在晶体中无规则排列，它们各自的极化效应被相互抵消，压电陶瓷内极化强度为零。因此，在原始状态压电陶瓷呈现中性，不具有压电性质，如图 3-28(a) 所示。

为了使压电陶瓷具有压电效应，必须对其进行极化处理。极化处理就是在一定温度下对压电陶瓷施加强直流强电场，使电畴的极化方向发生转动，趋向于按外电场的方向排列，从而使材料得到极化。这个方向就是压电陶瓷的极化方向。经过 $2\sim3$ 个小时后，压电陶瓷就具备压电性能了。外电场越强，就有越多的电畴转向外电场方向。让外电场强度大到使材料的极化达到饱和的程度，即所有电畴转化方向都整齐地与外电场方向一致时，若去掉

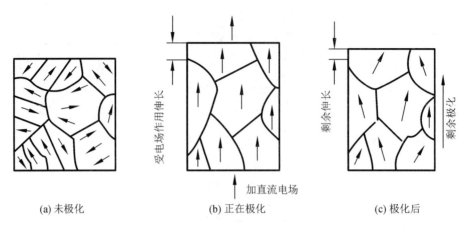

图 3-28 压电陶瓷的极化

外电场，电畴的极化方向基本保持不变，其内部仍会存在很强的剩余极化强度，压电陶瓷就具有了压电特性。

(1) 当压电陶瓷未受外力作用时(如图 3-29(a)所示)，被极化后的压电陶瓷一端出现正束缚电荷，另一端出现负束缚电荷。由于束缚电荷的作用，在陶瓷片的电极面上吸附了一层来自外界的自由电荷。这些自由电荷与陶瓷片内的束缚电荷符号相反而数量相等，它起着屏蔽和抵消陶瓷片内极化强度对外界的作用。

(2) 当压电陶瓷受到与极化方向平行的压力时(如图 3-29(b)所示)，压电陶瓷将产生压缩形变，其内部的正负束缚电荷之间的距离变小，极化强度也变小。因此，原来吸附在电极上的自由电荷，有一部分被释放，出现放电现象。在压力撤销后，压电陶瓷恢复原状，其内部的正负电荷之间的距离变大，极化强度也变大，因此电极上又吸附一部分自由电荷而出现充电现象。

(3) 当压电陶瓷受到与极化方向平行的电场时(如图 3-29(c)所示)，若外加电场方向与极化方向相同，电场的作用使极化强度增大。这时，压电陶瓷内部正、负束缚电荷之间距离也增大，也就是说，压电陶瓷沿极化方向产生伸长形变。同理，若外加电场方向与极化方向相反，则压电陶瓷沿极化方向产生缩短形变。

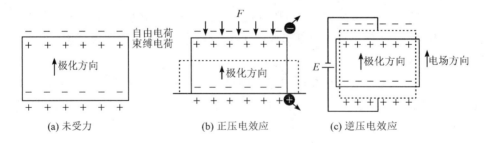

图 3-29 压电陶瓷的压电效应机理

由此可见，压电陶瓷所具有的压电效应，是由于压电陶瓷内部存在自发极化。这些自发极化经过极化工序处理而被迫取向排列后，压电陶瓷压电即存在剩余极化强度。如果外界的作用(如压力或电场的作用)能使此极化强度发生变化，压电陶瓷就会出现压电效应。

此外，还可以看出，压电陶瓷内的极化电荷是束缚电荷，而不是自由电荷，这些束缚电荷不能自由移动。所以，在压电陶瓷中产生的放电或充电现象，是通过压电陶瓷内部极化强度的变化，引起电极面上自由电荷的释放或补充的结果。

压电陶瓷的极化方向通常取 z 轴方向，这是它的对称轴。当压电陶瓷在极化面上受到沿 z 轴方向均匀分布的 F_z 的作用时，它的两个极化面上分别会出现正、负电荷。其电荷量 q 与作用力 F_z 成正比，且满足：

$$q = d_{33}F_z \tag{3-55}$$

式中的 d_{33} 为压电陶瓷的压电系数。压电陶瓷的压电系数比石英晶体的大很多，所以采用压电陶瓷制作的压电式传感器灵敏度较高。极化处理后的压电陶瓷材料的剩余极化强度和特性与温度有关，它的参数随时间变化，从而使压电特性减弱。

3.7　压电式传感器的等效电路和测量电路

3.7.1　压电式传感器的等效电路

压电元件是压电式传感器的敏感元件。根据压电元件的工作原理，当压电晶体受到外力作用时，在它的两个电极面上会产生电量相等、极性相反的电荷，因此，压电元件可以等效成一个电荷发生器。而当压电元件电极表面聚集电荷时，它又相当于一个以压电材料为电介质的电容器，如图 3-30(a) 所示。其电容量为

压电式传感器的等效电路

$$C_a = \frac{\varepsilon A}{d} = \frac{\varepsilon_0 \varepsilon_r A}{d} \tag{3-56}$$

式中：A 为压电晶体的面积；d 为压电晶体的厚度；ε_r 为压电晶体的相对介电常数；ε_0 为真空介电常数。

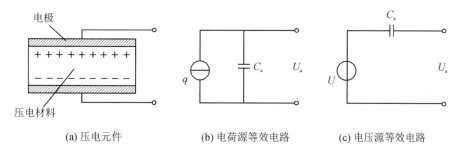

(a) 压电元件　　　　　(b) 电荷源等效电路　　　　　(c) 电压源等效电路

图 3-30　压电式传感器等效电路

基于上述分析，压电式传感器可以等效成一个与电容相并联的电荷源，如图 3-30(b) 所示。在开路状态下，输出电荷为

$$q = C_a U_a \tag{3-57}$$

压电式传感器也可以等效成一个与电容相串联的电压源，如图 3-30(c) 所示。在开路状态下，电容器上的电压为

$$U_a = \frac{q}{C_a} \qquad\qquad (3-58)$$

图 3-30 所示的等效电路是在压电式传感器的内部信号电荷无"漏损",外电路负载无穷大时,即空载时得到的两种简化模型。理想情况下,压电传感器所产生的电荷及其形成的电压能长期保持,否则电路将以一定的时间常数按指数规律放电。事实上,压电式传感器内部不可能没有泄漏,外电路负载也不可能无穷大,只有外力以较高频率不断地作用,传感器的电荷才得以补充,因此压电晶体不适合静态测量。

在实际使用中,压电式传感器总是通过导线与测量仪器或测量电路相连接,因此还须考虑连接导线的等效电容 C_c、前置放大器的输入电阻 R_i、前置放大器的输入电容 C_i 以及传感器的泄漏电阻 R_a 等。这样,可以得到压电式传感器的完整等效电路,如图 3-31 所示。

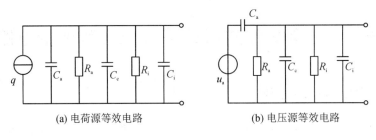

(a) 电荷源等效电路 (b) 电压源等效电路

图 3-31 压电式传感器的完整等效电路

3.7.2 压电式传感器的测量电路

压电式传感器本身的内阻很高,但输出能量比较小,因此它的测量电路通常需要接入一个具有高输入阻抗的前置放大器。该前置放大器有两个作用:一是放大压电式传感器输出的微弱信号;二是把压电式传感器的高输出阻抗变换为低输出阻抗。

压电式传感器的
测量电路

根据压电式传感器的等效电路,其输出可以是电压信号,也可以是电荷信号。相应地,前置放大器也有两种形式:一种是电压放大器,其输出电压与输入电压(即压电元件的输出电压)成正比;另一种是电荷放大器,其输出电压与输入电荷(即压电元件的输出电荷)成正比。

1. 电压放大器

压电式传感器与电压放大器连接的等效电路如图 3-32 所示。

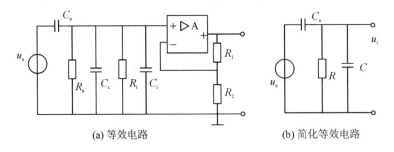

(a) 等效电路 (b) 简化等效电路

图 3-32 压电式传感器与电压放大器连接的等效电路

将图中 R_a、R_i 并联成等效电阻，C_c、C_i 并联成等效电容，则有

$$R = \frac{R_a R_i}{R_a + R_i} \tag{3-59}$$

$$C = C_c + C_i \tag{3-60}$$

如果压电元件受正弦力 $F = F_m \sin\omega t$ 的作用，则根据压电效应，所产生的电荷为

$$q = dF = dF_m \sin\omega t \tag{3-61}$$

对应的电压为

$$U_a = \frac{q}{C_a} = \frac{dF_m \sin\omega t}{C_a} = U_{am} \sin\omega t \tag{3-62}$$

式中：d 为压电系数；U_{am} 为压电元件输出电压的幅值，$U_{am} = \dfrac{dF_m}{C_a}$。

等效电路中，R、C 并联的总阻抗为

$$Z_{RC} = \frac{\dfrac{1}{j\omega C} R}{\dfrac{1}{j\omega C} + R} = \frac{R}{1 + j\omega RC} \tag{3-63}$$

之后又与 C_a 串联的总阻抗为

$$Z = Z_{RC} + \frac{1}{j\omega C_a} = \frac{R}{1 + j\omega RC} + \frac{1}{j\omega C_a} \tag{3-64}$$

因此，电压放大器输入端的电压的复数形式为

$$\dot{U}_i = U_a \frac{Z_{RC}}{Z} = dF_m \sin\omega t \frac{j\omega R}{1 + j\omega R(C_a + C)} = dF_m \sin\omega t \frac{j\omega R}{1 + j\omega R(C_a + C_c + C_i)} \tag{3-65}$$

其幅值 U_{im} 为

$$U_{im} = \frac{dF_m \omega R}{\sqrt{1 + \omega^2 R^2 (C_a + C_c + C_i)^2}} \tag{3-66}$$

输入电压和作用力之间的相位差为

$$\varphi = \frac{\pi}{2} - \arctan[\omega R(C_a + C_c + C_i)] \tag{3-67}$$

在理想情况下，传感器的泄漏电阻 R_a 与前置放大器的输入电阻 R_i 都为无限大。因此，令 $\tau = R(C_a + C_c + C_i)$，$\tau$ 为测量回路的时间常数，当 $\omega\tau \gg 1$，那么由式(3-66)可知，理想情况下放大器的输入电压幅值为

$$U_{im} = \frac{dF_m}{C_a + C_c + C_i} \tag{3-68}$$

式(3-68)表明，理想情况下，前置放大器输入电压的幅值 U_{im} 与频率无关。这说明，压电式传感器具有较好的高频响应特性。与此同时，式(3-68)中，C_c 为连接导线的等效电容，则当连接导线长度改变时，C_c 将改变，而前置放大器输入电压 U_{im} 也随之变化。这说明，压电式传感器采用电压放大器电路进行测量时，连接导线长度需固定，否则会引入测量误差。

进一步定义电压放大器的电压灵敏度 K_u 为

$$K_u = \frac{U_{im}}{F_m} = \frac{d}{C_c + C_i + C_a} \tag{3-69}$$

式(3-69)表明，电压灵敏度与电路电容成反比，即减小电路电容可以提高灵敏度。但是，减小电路电容的同时会减小时间常数 τ。因此，需要增大前置放大器的输入电阻 R_i，以满足条件。

2. 电荷放大器

电荷放大器是一个具有深度负反馈的高增益放大器，压电式传感器与电荷放大器连接的等效电路如图 3-33 所示。其中，C_f 为反馈电容，A 为运算放大器的增益。由于负反馈电容工作于直流时相当于开路，对电缆噪声敏感，并且放大器的零点漂移也较大，因此一般在反馈电容两端并联一个电阻 R_f 用于稳定直流工作点，减小零点漂移。当工作频率足够高时，R_f 可忽略。

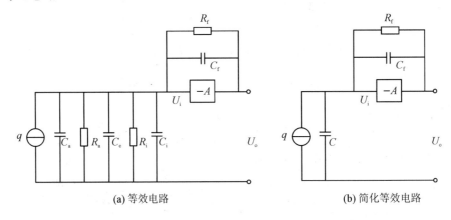

    (a) 等效电路   (b) 简化等效电路

图 3-33　压电式传感器与电荷放大器连接的等效电路

由于运算放大器的输入阻抗极高，放大器输入端几乎没有分流，因此可以忽略压电式传感器的泄漏电阻 R_a 和前置放大器的输入电阻 R_i 两个并联电阻的影响。与此同时，将压电式传感器的等效电容 C_a、连接导线的等效电容 C_c、放大器输入电容 C_i 合并为电容 C 后，电荷放大器的简化等效电路如图 3-33(b)所示。放大器的输入电荷 q_i 与反馈电荷 q_f 的关系为

$$q_i = q - q_f \tag{3-70}$$

式中，反馈电荷 q_f 可表示为

$$q_f = (U_i - U_o)C_f = \left(-\frac{U_o}{A} - U_o\right)C_f = -(1+A)\frac{U_o}{A}C_f \tag{3-71}$$

放大器的输入电荷 q_i 可表示为

$$q_i = U_i C = U_i(C_c + C_i + C_a) = -\frac{U_o}{A}(C_c + C_i + C_a) \tag{3-72}$$

将式(3-71)和式(3-72)代入式(3-70)，可得放大器的输出电压为

$$U_o = -\frac{Aq}{C_c + C_i + C_a + (1+A)C_f} \tag{3-73}$$

若 $(1+A)C_f \gg C_c + C_i + C_a$，则

$$U_\circ = -\frac{q}{C_f}\tag{3-74}$$

进一步定义电荷放大器的电荷灵敏度 K_q 为

$$K_q = \frac{U_\circ}{q} = -\frac{1}{C_f}\tag{3-75}$$

由此可见，电荷放大器的输出电压 $U_\circ$ 正比于输入电荷量 q，实现了被测量—输出电压的线性转换。与电压放大器不同，电荷放大器的输出电压 $U_\circ$ 只取决于输入电荷 q 与反馈电容 C_f，与连接导线的等效电容 C_c 和放大器输入电容 C_i 无关，更换连接导线不会影响传感器的测量精度。上述结论是在运算放大器的开环放大倍数 A 足够大的前提下得到的，若 A 不是很大时，会产生误差，对测量精度有影响。

3.7.3　压电元件的连接

单片压电元件在工作时产生的电荷量很小，为了提高压电式传感器的输出灵敏度，在实际应用中，通常采用两片或两片以上同型号的压电元件黏结在一起使用。由于压电元件所产生的电荷是具有极性的，因此连接方法也有两种，如图 3-34 所示。从受力角度分析，元件是串接的，因而每片压电元件受到的作用力相同，产生的变形和电荷数量大小都与单片时相同。

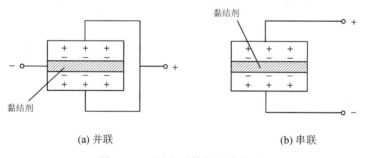

(a) 并联　　　　　　　　　　　　(b) 串联

图 3-34　压电元件的连接方法

图 3-34(a) 是将两个压电元件的负端黏结在一起，中间插入金属电极作为压电元件连接件的负极，将两侧正端连接起来作为连接件的正极，这种连接方法称为并联法。并联法类似将两个电容进行并联。与单片时相比，在外力的作用下，正负电极上的电荷量增加了一倍，电容量也增加了一倍，输出电压与单片时相同，即

$$q' = 2q,\ C' = 2C,\ U' = U\tag{3-76}$$

并联法输出电荷量大，本身电容量大，时间常数大，常用于测量缓慢变化的信号且以电荷作为输出信号的场合。

图 3-34(b) 是将两个压电元件的不同极性黏结在一起，这种连接方法称为串联法。串联法类似将两个电容进行串联，将两个压电元件中间黏结处所产生的正负电荷进行中和。在外力的作用下，上、下极板的电荷量与单片时相同，电容量为单片时的一半，输出电压增加了一倍，即

$$q' = q,\ C' = \frac{1}{2}C,\ U' = 2U\tag{3-77}$$

串联法输出电压大，本身电容量小，适用于以电压作为输出信号的场合，并要求测量

电路有较高的输入阻抗。

3.8 压电式传感器的验证实验

3.8.1 实验概述

通过搭建压电式传感器的振动检测系统，测量振动源的振动幅值和频率，记录实验数据，并通过观察比较示波器的波形变化，分析压电式传感器的性能特点。

实验名称：压电式传感器测量振动实验。

实验目的：

(1) 了解压电式传感器的结构；

(2) 掌握压电式传感器的工作原理；

(3) 了解压电式传感器的性能特点。

实验内容：

(1) 了解传感器与检测技术试验台(求是教仪)的结构和布局；

(2) 掌握搭建压电式传感器振动检测系统的方法，并进行测量实践；

(3) 掌握压电式传感器的性能特点。

实验设备：传感器与检测技术试验台(求是教仪)，CGQ‑DB‑01 实验模块，CGQ‑YD‑04 实验模块，CGQ‑YJD‑07 实验模块，振荡源，直流电压表，±15 VDC 电压源。

3.8.2 实验实施

具体实验实施步骤如下：

(1) 将压电式传感器放置在 CGQ‑DB‑01 模块的振动源上，并将压电式传感器的输出两端接入 CGQ‑YD‑04 压电式传感器实验模块的两输入端 U_i 和地。

(2) 将 CGQ‑02 振荡源模块中的低频振荡器输出信号接入 CGQ‑DB‑01 模块的振动源插孔。

(3) 按照图 3‑35 所示，将 CGQ‑YD‑04 压电式传感器实验模块输出端 U_o 接入 CGQ‑YJD‑07 移相、检波及低通实验模块的低通滤波器输入端 U_{i3}，低通滤波器输出 U_{o3} 与示波器 CH_2 通道相连。

(4) CGQ‑YD‑04 压电式传感器实验模块与 CGQ‑YJD‑07 移相、检波及低通实验模块的 ±15 V、GND 接入直流电源模块的 ±15 V、GND。注意，所有地线共地。

(5) 合上电源开关，调节低频振荡器的频率与幅度旋钮使振动台振动，观察示波器波形，用示波器读出峰峰值并填入表 3‑4 中。

(6) 改变低频振荡器频率，观察输出波形变化。

(7) 将示波器 CH_1 通道与振动源输入相连，用示波器的两个通道同时观察低通滤波器输入端和输出端波形。

(8) 根据实验结果，分析振动源的自振频率。

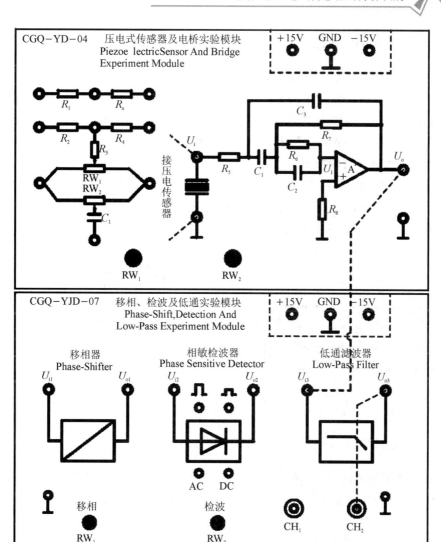

图 3-35　压电式传感器测量振动实验接线图

表 3-4　压电式传感器测量振动峰峰值数据表

f/Hz	5	6	7	8	9	10	11	12	13	14	15	16	17	18	19	20
$U_{\text{p-p}}/\text{mV}$																

3.9　压电式传感器的应用发展

　　压电式传感器主要用于与力相关的动态参数测试，如力、压力、速度、加速度、机械冲击、振动等非电量的测量，可做成力传感器、压力传感器、压电式传感器的振动传感器等。目前，压电式传感器在工业、军事和民用等各个领域均已得　应用发展
到广泛的应用。

3.9.1　压电式测力传感器

压电式单向测力传感器的结构如图 3-36 所示，它主要由压电晶片、上盖、绝缘套、基座等部分组成。上盖为传力元件，当受到外力作用时，产生弹性形变，将力传递到压电晶片上，利用压电晶片的压电效应，实现力—电转换。绝缘套大多由聚四氟乙烯材料做成，起绝缘和定位作用。基座内外底面对其中心线的垂直度、上盖及压电晶片上下表面的平行度与表面粗糙度都有十分严格的要求。

压电式单向测力传感器体积小，质量轻（整个传感器重为 10 g），固有频率高（50～60 kHz），非线性误差小（小于±1%），最大可测 5000 N 的动态力，分辨率可达 0.001 N，主要用于机床动态切削力的测量。刀具切削力测量示意图如图 3-37 所示。

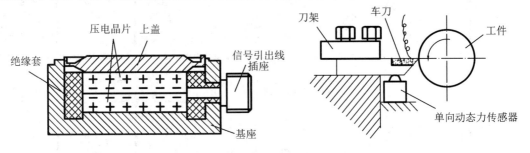

图 3-36　压电式单向测力传感器的结构　　　图 3-37　刀具切削力测量示意图

3.9.2　压电式加速度传感器

压电式加速度传感器的结构如图 3-38 所示，它主要由基座、引出电极、压电晶片、质量块、弹簧、壳体和固定螺孔组成。压电元件一般由两块压电晶片并联组成，输出信号的一极从两块压电晶片中间的金属薄片上直接引出，另一极从传感器基座上引出。因为在压电晶片上放置了一个比重较大的质量块。为了消除质量块与压电元件之间，以及压电元件自

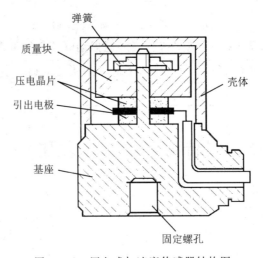

图 3-38　压电式加速度传感器结构图

身之间由于接触不良造成的非线性误差，保证传感器在交变力的作用下能正常工作，需要通过弹簧或螺栓、螺母将压电元件施加预应力。整个部件装在一个厚基座的金属壳体中，并由螺栓将其与被测物固定在一起。

测量时，当压电式加速度传感器与被测物一起受到冲击振动时，压电晶片和质量块受到与加速度方向相反的惯性力作用。根据牛顿第二定律，此惯性力是加速度的函数，即 $F=ma$。这样，质量块就有一个正比于加速度的交变力作用于压电晶片上。由于压电晶片的压电效应，在它的两个表面上产生交变电荷 q，在传感器选定后，m 为常数，则传感器输出电荷为

$$q=d_{11}F=d_{11}ma \qquad (3-78)$$

式（3-78）表明，传感器的输出电荷与作用力成正比，即与被测加速度成正比，从而可以测出加速度。

3.9.3　压电式声音传感器

压电式声音传感器的结构如图 3-39 所示，它主要由压电晶片、基座、吸收块、金属壳、导线、接线片、接线座、绝缘柱、上盖、接地铜环、保护膜、导电螺杆组成。压电式声音传感器多为圆形板，两面镀有银层作为导电的极板，底面接地，顶面接至引出线。吸收块的作用是降低压电晶片的机械品质，吸收声能量。如果没有吸收块，当电脉冲信号停止时，压电晶片会继续振荡，使声波的脉冲宽度增加，分辨率变差。

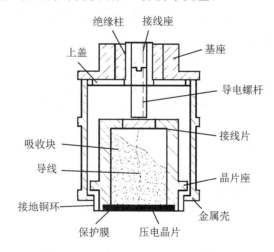

图 3-39　压电式声音传感器的结构

在压电式声音传感器中，通过对压电晶片上施加交变电压，产生正压电效应使得晶片发生交替的压缩和拉伸形变，由此产生声波。当声波作用到压电晶片上，使压电晶片振动，利用逆压电效应产生与之对应的电荷。

3.9.4　新型压电材料的应用

1. 压电式玻璃破碎报警器

压电式玻璃破碎报警器的结构如图 3-40 所示，其压电材料为聚偏二氟乙烯（PVDF）

材料制成的薄膜，厚度约为 0.2 mm，大小为 10 mm×20 mm。压电材料的制作流程是先在其正反两面各喷涂透明的二氧化锡导电电极（也可以用热印制技术制作铝薄膜电极），再用超声波焊接上两根柔软的电极引线，最后用保护膜覆盖。

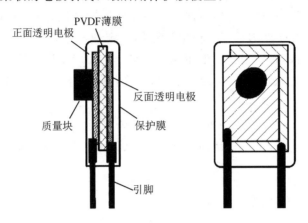

图 3-40　压电式玻璃破碎报警器

使用时，将压电式玻璃破碎报警器用瞬干胶粘贴在玻璃上，然后通过引线和报警电路相连。在玻璃被暴力打碎的瞬间，会产生几千赫兹至超声波频率的振动，压电薄膜感受到该剧烈振动信号时，表面会产生电荷；信号经放大、滤波处理后，在两个输出引脚之间产生窄脉冲报警信号，传送至报警装置，发出报警。由于压电式玻璃破碎报警器很小且透明，不易察觉，因此广泛应用于文物保管、贵重物品柜台保管及展览橱窗保护等场合。

2. 压电式交通检测系统

将高分子压电材料做成高分子压电电缆，其结构如图 3-41 所示，它主要由芯线、绝缘层、屏蔽层和保护层组成。铜芯线作为内电极，铜网屏蔽层作为外电极，管状 PVDF 高分子压电材料作为绝缘层，最外层的橡胶保护层作为承压弹性元件。当管状高分子压电材料受压时，其内外表面产生电荷，可达到测量的目的。

将高分子压电电缆埋在公路路面下，可以进行交通检测，如车速检测即闯红灯抓拍等。图 3-42 所示为高分子压电电缆测速原理图。将两根相距 2 m 的高分子压电电缆平行埋在公路路面下约 50 mm 处。车辆通过时碾压高分子压电电缆可使压电式传感器输出相应的信号，通过信号处理即对存储在计算机中的档案资料进行对比分析，可以得出车辆的轮数、

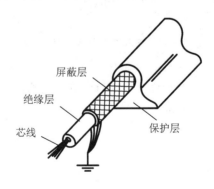

图 3-41　高分子压电电缆的结构

轮距、轴数、轴距、车速等信息，为汽车车型的判断、交通流量、闯红灯、测量车速、判定载荷以及停车监控等提供数据。

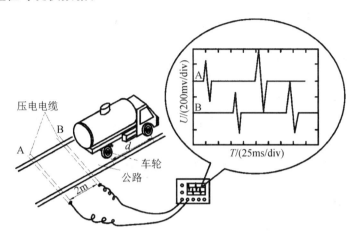

图 3-42　高分子压电电缆测速原理图

3. 压电式周界报警系统

高分子压电电缆周界报警系统如图 3-43 所示。在警戒区域的周围埋设多根单芯高分子压电电缆，屏蔽层接入地。当入侵者踩到电缆上面的柔性地面时，压电电缆受到挤压，产生压电效应，从而电缆有输出信号，引起报警。与此同时，通过编码电路，还能够判断入侵者的大致方位。压电电缆长度可达数百米，可警戒较大的区域，受环境等外界因素的干扰小，费用较其他周界报警系统便宜。

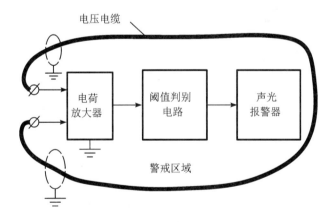

图 3-43　高分子压电电缆周界报警系统

3.10　声音识别的创新实践

3.10.1　实践概述

利用 Arduino Uno 开源开发板、压电式语音识别模块以及蜂鸣器模块，通过硬件连接、软件编程和整体调试，制作基于 Arduino 的语音识别装置，实现压电式传感器的工程创新应用。

语音识别传感器，作为人类与机器之间一种最直观的双向通信设备，受到了越来越广泛的关注。语音识别传感器与智能家居相结合，可以实现开启、关闭、音量调节等简单的任务。如果你想听音乐，不用走到音响前找按钮，也不用找遥控器，只要喊一声"开始播放音乐吧!"远在客厅的音响就能自动开启；再说出歌曲的名字，音响就能在几秒内找到这首歌并自动播放。如果你想不起来歌曲的名字，只要哼几句歌曲的旋律，音响就能辨别是哪首歌，然后播放给你听。本实践任务是利用 Arduino Uno 开源开发板、压电式语音识别模块及蜂鸣器模块，实现语音识别功能。要求：通过语音识别传感器，记录声音指令，如前进、后退等。当再次对语音识别传感器发出指令时，可与指令库中的指令进行对比，若一致，则通过蜂鸣器发出报警；若不一致，则蜂鸣器不发出声音。

3.10.2 硬件连接

硬件清单：Arduino Uno 开源开发板，压电式语音识别模块，蜂鸣器模块，面包板，杜邦线若干。

1. 压电式语音识别模块

压电式语音识别模块是一款简单易用、小巧轻便、性价比较高的传感器，它主要由一个小型驻极体麦克风和运算放大器构成。压电式语言识别模块可以将捕获的微小电压变化放大 100 倍左右，并能够被微控制器轻松识别，进行 A/D 转换，输出模拟电压值；通过采集模拟电压值就可以读出声音的幅值，并判断声音的大小。压电式语言识别模块引脚定义如表 3-5 所示。

表 3-5　压电式语音识别模块引脚定义

引脚	定　义
+	电源正极 VCC
−	电源地 GND
S	信号输出

2. 蜂鸣器模块

蜂鸣器是一种一体化结构的电子讯响器，它采用直流电源供电，只需要将有源蜂鸣器直接接到 5 V 额定电源上，就能够连续发出蜂鸣声。蜂鸣器模块广泛应用于计算机、打印机、复印机、报警器、电子玩具、汽车电子设备、电话机、定时器等电子产品中作发声器件。蜂鸣器模块引脚定义如表 3-6 所示。

表 3-6　蜂鸣器模块引脚定义

引脚	定　义
+	电源正极 VCC
−	电源地 GND
S	信号输出

通过扫描"语音识别硬件连接"二维码,获得语音识别硬件连接 AR 体验。

3.10.3　软件编程

检查硬件电路,若电路连接正确无误则通电进行测试,然后进行程序烧录。通过扫描"语音识别控制程序"二维码,获得语音识别控制程序,并通过 Arduino IDE 烧录至 Arduino Uno 中。

语音识别
控制程序

　课后思考

1. 什么是压电效应? 常见的压电材料有哪些?

2. 试分析石英晶体压电效应的机理。

3. 试分析压电陶瓷压电效应的机理。

4. 试说明为什么不能用压电式传感器测量静态信号?

5. 试分析压电式传感器的等效电路。

6. 试分析电荷放大器和电压放大器两种压电式传感器测量电路的输出特性。

7. 将一个压电式传感器与一台灵敏度 S_V 可调的电荷放大器连接,然后接到灵敏度 $S_X = 20$ mm/V 的光线示波器上进行记录。已知压电式压力传感器的灵敏度 $S_P = 5$ pc/Pa,该测试系统的总灵敏度 $S = 0.5$ mm/Pa,试问:

(1) 电荷放大器的灵敏度 S_V 应调为何值(V/pc)?

(2) 用该系统测量 40 Pa 的压力变化时,光线示波器上光点的移动距离是多少?

项目四 基于超声波/电感式传感器的距离检测

	任务六 应用超声波传感器进行测距	(1) 掌握超声波的概念与特性； (2) 熟练掌握超声波传感器的工作原理； (3) 理解超声波传感器的应用
知识目标	任务七 应用电感式传感器实现物料分选	(1) 熟练掌握自感式传感器的工作原理； (2) 掌握自感式传感器的测量电路的组成； (3) 理解自感式传感器的应用； (4) 熟练掌握差动变压器式传感器的工作原理； (5) 掌握差动变压器式传感器的测量电路的组成； (6) 理解差动变压器式传感器的应用； (7) 熟练掌握电涡流式传感器的原理； (8) 理解电涡流式传感器的应用
能力目标	任务六 应用超声波传感器进行测距	(1) 能够解释超声波传感器的工作原理； (2) 能够结合生活生产实际举例说明超声波传感器的应用； (3) 能够制作基于 Arduino 的倒车雷达装置
	任务七 应用电感式传感器实现物料分选	(1) 能够解释自感式传感器、差动变压器式传感器和电涡流式传感器的工作原理； (2) 能够分析自感式传感器、差动变压器式传感器的测量电路； (3) 能够结合生活生产实际举例说明自感式传感器、差动变压器式传感器和电涡流式传感器的应用； (4) 能够制作基于 Arduino 的物料分选装置
素质目标		(1) 培养学生分析问题、解决问题的能力； (2) 培养学生表达能力和团队协作能力； (3) 培养学生自主学习、终身学习的能力； (4) 培养学生工程应用能力
思政目标		(1) 通过制作倒车雷达、物料分选装置，提升学生工程应用的创新思维； (2) 通过实验数据分析处理，培养学生求真务实的精神

任务六　应用超声波传感器进行测距

有一种动物专门在夜间活动和觅食，它就是蝙蝠。蝙蝠能发出超声波，并根据回声来确定障碍物和猎物的位置，科学家把这种现象叫作"回声定位"。在日常生活中，超声波被广泛应用于汽车倒车雷达、自动清扫机器人的避障等。在工业生产中，超声波被广泛应用于无损探伤、AGV 小车避障以及对高温、有毒液体的液位进行测量等。

超声波测距仪
——任务导入

蝙蝠是如何通过超声波来判断与障碍物之间的距离的？

4.1　超声波传感器的工作原理

4.1.1　超声波的基本概念及特性

超声波的基本
概念及特性

1. 超声波的概念

声波是物体机械振动下的传播形式。按照振动频率的不同，声波可以分为次声波、可闻声波和超声波。其中，频率低于 20 Hz 的声波称为次声波；频率在20 Hz～20 kHz 之间的声波称为可闻声波；频率高于 20 kHz 的声波称为超声波。各类声波的频率界限如图 4-1 所示。

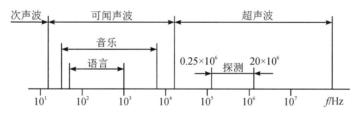

图 4-1　各类声波的频率界限

2. 超声波的波形

根据声源在介质中施力方向与波在介质中传播方向的不同，超声波可分为纵波、横波和表面波。

（1）纵波：质点振动方向与波的传播方向一致。纵波能在固体、液体、气体介质中传播。

（2）横波：质点振动方向垂直于波的传播方向。横波只能在固体介质中传播。

（3）表面波：质点的振动介于纵波和横波之间。沿着介质表面传播，表面波的振幅随深度增加而迅速衰减。表面波只能沿着固体表面传播。

3. 超声波的特性

（1）超声波的传播速度。超声波的传播速度与介质密度和弹性特性有关，在不同的介质中传播时，其传播速度不同。超声波在气体和液体中传播时由于不存在剪切应力，因而仅有纵波的传播。在固体中，纵波、横波和表面波三者的声速存在一定关系：通常可认为横波声速为纵波声速的一半，表面波声速约为横波声速的 90%。气体中，纵波声速为 344 m/s，液体中纵波声速为 900～1900 m/s。几种常用材料的声速与密度、声阻抗的关系如表 4-1 所示，其中，环境温度为 0℃。

表 4-1   几种常用材料的声速与密度、声阻抗的关系

材料	密度 $\rho/(10^3\ kg \cdot m^{-1})$	声阻抗 $Z/(MPa \cdot s \cdot m^{-1})$	纵波声速 $c_L/(km \cdot s^{-1})$	横波声速 $c_S/(km \cdot s^{-1})$
钢	7.7	460	5.9	3.2
铜	8.9	420	4.7	2.2
铝	2.7	170	6.3	3.1
有机玻璃	1.18	32	2.7	1.20
甘油	1.27	24	1.9	—
水（20℃）	1.0	14.8	1.48	—
机油	0.9	12.8	1.4	—
空气	0.0012	4×10^{-3}	0.34	—

（2）超声波的反射和折射。超声波从一种介质传播到另一种介质时，在两种介质的分界面上会发生明显的反射和折射现象，如图 4-2 所示。

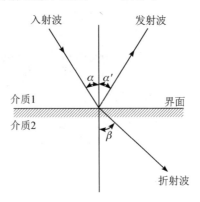

图 4-2   超声波的反射和折射

超声波的反射和折射满足波的反射定律和折射定律，即

$$\frac{\sin\alpha}{\sin\alpha'} = \frac{c_1}{c_1'} \tag{4-1}$$

$$\frac{\sin\alpha}{\sin\beta} = \frac{c_1}{c_2} \tag{4-2}$$

式中：α、α'、β 分别为超声波的入射角、反射角和折射角；c_1、c_1'、c_2 分别为超声波的入射波速度、反射波速度和折射波速度。当入射波和反射波的波形、波速相等时，入射角 α 等于反射角 α'。

（3）超声波的衰减。超声波在介质中传播时，随着传播距离的增加，能量逐渐衰减。其声压和声强的衰减规律满足以下函数关系：

$$P_x = P_0 e^{-ax} \tag{4-3}$$

$$I_x = I_0 e^{-2ax} \tag{4-4}$$

式中：P_x、I_x 为距声源 x 处的超声波声压和声强；P_0、I_0 为声源处的超声波声压和声强；x 为距声源处的距离；α 为衰减系数。

超声波在介质中传播时，能量的衰减取决于超声波的扩散、散射和吸收。在理想介质中，超声波的衰减仅来自超声波的扩散，即随超声波传播距离的增加而引起声能的减弱。散射衰减是指超声波在介质中传播时，固体介质中的颗粒界面或流体介质中的悬浮粒子使超声波产生散射，其中一部分声能不再沿原来传播方向运动而形成散射。散射衰减与散射粒子的形状、尺寸、数量，介质的性质和散射粒子的性质有关。吸收衰减是指由于介质黏滞性，使超声波在介质中传播时造成质点间的内摩擦，从而使一部分声能转换为热能，并通过热传导进行热交换，导致声能的损耗。

4.1.2 压电式超声波传感器的工作原理

超声波传感器是利用超声波在超声场中的物理特性和各种效应制成的装置。按工作原理，超声波传感器可分为压电式超声波传感器和磁致伸缩式超声波传感器等，其中以压电式超声波传感器最为常用。下面以压电式超声波传感器为例，介绍其工作原理。

超声波传感器的
工作原理

压电式超声波传感器是利用压电材料的压电效应原理来工作的，常用的压电材料主要有压电晶体和压电陶瓷。压电式超声波传感器由发射器和接收器两部分组成。发射器利用"逆压电效应"，将电能转换成机械振荡而产生超声波，当超声波经被测物体反射回接收器时，接收器利用"压电效应"，将声能转换成电能后进行记录或显示。

压电式超声波传感器结构原理图如图 4-3 所示，它主要由外壳、金属丝网罩、锥形共振盘、压电晶片、引脚、阻抗匹配器等组成。其中，压电晶片是敏感元件，实现超声波的发射和接收；阻抗匹配器将高阻抗信号转化为低阻抗信号，以便信号的传输和处理；锥形共振盘通过调整形状和尺寸提高传感器的灵敏度和频率响应特性；金属丝网罩屏蔽外界电磁干扰；外壳起保护作用。

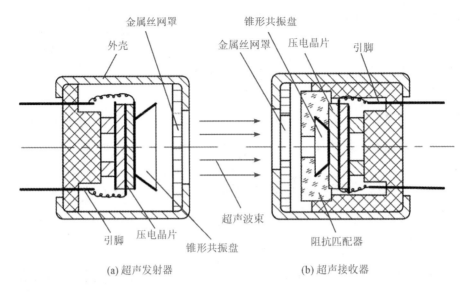

图 4-3 压电式超声波传感器结构原理图

4.2 超声波传感器的验证实验

4.2.1 实验概述

通过搭建超声波传感器的距离检测系统,测量目标物相对于超声波传感器的距离,记录实验数据,并通过实验数据的处理,计算超声波传感器的线性度和灵敏度,分析其性能指标。

实验名称:超声波传感器测量距离实验。

实验目的:

(1) 了解超声波传感器的原理;

(2) 掌握超声波传感器距离检测系统的组成;

(3) 掌握超声波传感器测量距离的性能指标。

实验内容:

(1) 了解传感器与检测技术试验台(求是教仪)的结构和布局;

(2) 掌握搭建完整的超声波传感器距离检测系统的方法,并进行测量实践;

(3) 会记录并处理实验数据。

实验设备:传感器与检测技术试验台(求是教仪),QMX-02 超声波测距模型,超声波发射器/接收器,反射板,导轨,5 V/2 A 电源适配器。

4.2.2 实验实施

具体实验实施步骤如下:

（1）按照图4-4所示，将超声波发射器/接收器引出线接至超声波传感器实验模块，引脚线标有T标志的表示发射，接在"发射电路"的蓝色防转座子的两端；引脚线标有R标志的表示接收，接在"接收电路"的两端，其中R+接到蓝色防转座子，R-接到黑色防转座子。

（2）按下启/停键，启动超声波传感器的距离测试，这时可以听到超声波传感器发出的"嘀嗒"声音。

（3）将反射极正对超声波发射器/接收器，并逐渐远离超声波发射器/接收器，从20 cm至100 cm，每隔10 cm将超声波传感器实验模块显示的距离值记录在表4-2中。

表4-2　超声波传感器测距实验数据记录表

位移/cm	20	30	40	50	60	70	80	90	100
显示/cm									

（4）根据所记录的实验数据，计算超声波传感器测量距离的线性度和灵敏度。

（5）实验结束，关闭电源，拆除接线，整理好仪器。

注意：测量时超声波传感器要对准反射板中心位置，否则测量数据不准确。

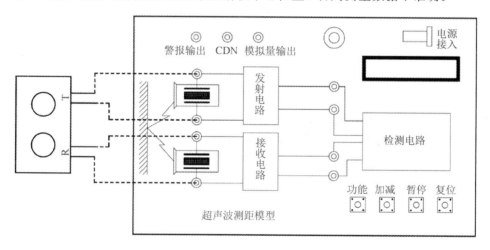

图4-4　超声波传感器测距实验接线图

4.3　超声波传感器的应用发展

　　超声波传感器广泛应用于冶金、船舶、机械、医疗等各个工业部门的超声探伤、超声清洗、超声焊接、超声检测和超声医疗等方面，并取得了良好的社会效益和经济效益。

超声波传感器的
应用发展

4.3.1　超声波测厚度

　　超声波测量厚度常采用脉冲回波法，图4-5所示为其工作原理框图。在用脉冲回波法测量试件厚度时，超声波传感器与被测试件某一表面相接触。由主控制器产生一定频率的脉冲信号，送往发射电路，经电流放大后加在超声波传感器上，从而激励超声波传感器产生重复的超声波脉冲。超声波传到被测试件另一表面后反射回来，被同一传感器接收。若已知超声波在被测试件中的传播速度 v，并且脉冲波从发射到接收的时间间隔 Δt 可以测量，则可求出被测试件厚度为

$$d = \frac{v\Delta t}{2} \tag{4-5}$$

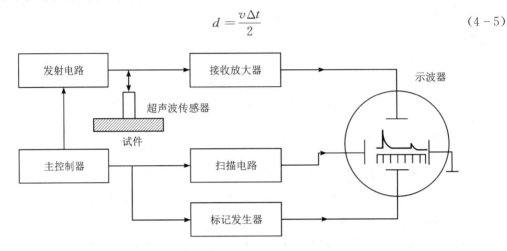

图 4-5　脉冲回波法测厚度工作原理框图

时间间隔 Δt 可采用如图 4-5 所示的方法进行测量。将发射脉冲和反射回波脉冲加至示波器垂直偏转板上，标记发生器输出已知时间间隔的脉冲也加至示波器垂直偏转板上。线性扫描电压加在水平偏转板上。这样，可以直接从示波器显示屏上观测发射脉冲和回波反射脉冲，并由波峰间隔及时基求出时间间隔 Δt。当然，也可采用稳频晶振产生的时间标准信号来测量时间间隔 Δt，从而做成厚度数字显示仪表。

用超声波传感器测量厚度，具有测量精度高、操作安全简单、易于读数、能实现连续自动检测、测试仪器轻便等众多优点。但是，对于声衰减很大的材料以及表面凹凸不平或形状极不规则的零件，利用超声波实现厚度测量比较困难。在一般使用条件下，超声波传感器测量范围为 0.1～10 mm，信号频率为 5 MHz。

4.3.2　超声波测物位

超声波物位传感器是利用超声波在两种介质的分界面上的反射特性而制成的。如果已知从发射超声波脉冲开始，到接收反射波为止的时间间隔，就可以求出分界面的位置。利用这种方法可以对固体/液体的高度或表面所在位置进行测量。超声波传感器检测物位的工作原理如图 4-6 所示。

根据发射和接收换能器的功能，超声波物位传感器可分为单换能器和双换能器两种。单换能器在发射和接收超声波时使用同一个换能器，如图 4-6(a) 和(c) 所示；双换能器在发射和接收超声波时使用不同换能器，如图 4-6(b) 和(d) 所示。超声波传感器的发射器和接收器可放置于液体介质中，让超声波在液体介质中传播，如图 4-6(a) 和(b) 所示。由于超声波在液体中衰减比较小，因此即使发射的超声波脉冲幅度较小也可以传播。超声波传感器的发射器和接收器也可放置在液面上方，让超声波在空气中传播，如图 4-6(c) 和(d) 所示。这种方式便于安装和维修，但是超声波在空气中的衰减比较厉害。

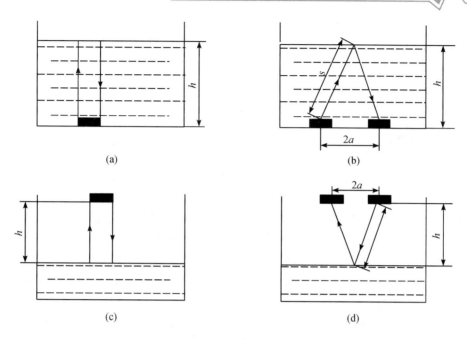

图 4-6　超声波传感器检测物位的工作原理

对于单换能器而言，超声波从发射器（换能器）到液面，又从液面反射回换能器的时间间隔为

$$t = \frac{2h}{c} \tag{4-6}$$

则

$$h = \frac{ct}{2} \tag{4-7}$$

式中：h 为换能器距液面的距离；c 为超声波在介质中传播的速度。

对于双换能器而言，超声波从发射到被接收所走过的距离为 $2s$，而

$$s = \frac{ct}{2} \tag{4-8}$$

因此，液位高度为

$$h = \sqrt{s^2 - a^2} \tag{4-9}$$

式中：s 为超声波从发射换能器到接收换能器的距离；a 为两个换能器之间距离的一半。

从式（4-7）和式（4-9）可以看出，只要测得超声波脉冲从发射到接收的时间间隔，便可以求得待测的物位。

超声波物位传感器具有精度高、使用寿命长、安装方便、不受被测介质影响、可实现危险场所的非接触连续测量等优点；其缺点是若液体中有气泡或液面发生波动，便会产生较大的误差。在一般使用条件下，超声波物位传感器测量范围为 $10^{-2} \sim 10^4$ m，测量误差为 $\pm 0.1\%$。

随着机器人、智能居家的不断发展和广泛应用，测距成为保证精确定位的关键技术。与其他测距方法相比，超声波测距受环境噪声干扰低、功耗低，且不受目标物体透明度和颜色的影响，使它在小于 1 m 的近距离测距中，成为极具竞争力的选择。2020 年 6 月，茂

丞科技有限公司(J-Metrics)发布了中国首款自主研发的芯片级超声波传感器产品，封装尺寸仅为 5.2 mm×5.2 mm×1.05 mm，在 10～50 cm 测量范围内，测距精度可达 0.8 mm。人工智能、虚拟现实技术等迅速崛起，为工匠精神插上了创新"翅膀"。高水平、高性能传感器的研制，离不开新一代的能工巧匠。当代大学生应传承工匠精神，通过对质量、标准的执着追求，不断提升我国自主研发传感器的品质。

4.3.3 超声波测流量

超声波流量传感器又称为超声波流量计，其测量方法包括传播速度变化法、波速移动法、多普勒效应法、流动听声法等，但目前应用最为广泛的主要是超声波传播速度变化法。超声波传播速度变化法是根据超声波在静止流体和流动流体中的传播速度不同的特点，可以求出流体的流速；再根据管道流体的截面积，计算出流体的流量。

图 4-7 所示为超声波测流体流量的工作原理。其中，v 为被测流体的平均流速；c 为超声波在静止流体中的传播速度；θ 为超声波传播方向与流体流动方向的夹角(其值必须不等于 90°)，A、B 为两个完全相同的超声波换能器，安装在管壁外侧，通过开关的控制，交替地作为超声波发射器和接收器；L 为 A、B 之间的距离。超声波传播速度变化法又可以分为以下几种方法来测流量。

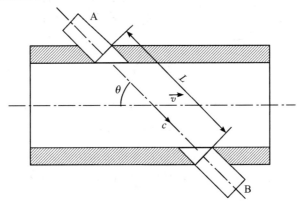

图 4-7 超声波测流体流量的工作原理

1. 时间差法测流量

当 A 为发射换能器，B 为接收换能器时，超声波是顺流方向传播的，传播速度为 $c+v\cos\theta$，所以顺流传播时间为

$$t_1 = \frac{L}{c+v\cos\theta} \tag{4-10}$$

当 B 为发射换能器，A 为接收换能器时，超声波是逆流方向传播的，传播速度为 $c-v\cos\theta$，所以逆流传播时间为

$$t_2 = \frac{L}{c-v\cos\theta} \tag{4-11}$$

因此，超声波顺流、逆流传播时间差为

$$\Delta t = t_2 - t_1 = \frac{L}{c-v\cos\theta} - \frac{L}{c+v\cos\theta} = \frac{2Lv\cos\theta}{c^2-v^2\cos^2\theta} \tag{4-12}$$

一般，超声波在流体中的传播速度大于流体本身的速度，即 $c \gg v$，所以式(4-12)可近似为

$$\Delta t \approx \frac{2Lv\cos\theta}{c^2} \tag{4-13}$$

因此，被测流体的平均流速为

$$v \approx \frac{c^2}{2L\cos\theta}\Delta t \tag{4-14}$$

由式(4-14)可知，采用时间差法测流量时，测量精度主要取决于超声波顺流、逆流传播时间差 Δt。同时，由于被测流量与超声波的传播速度 c 有关，而超声波的传播速度 c 一般随介质温度的变化而变化，因此测量会产生温漂。

时间差法测流量精度高，换能简单，不影响流体流动形态，适用于测量较清洁的均质流体，被广泛应用于天然气、水务、石油化工、冶金、造纸、制药、发电、热电等行业。

2. 频率差法测流量

当 A 为发射换能器，B 为接收换能器时，超声波的传播频率 f_1 为

$$f_1 = \frac{1}{t_1} = \frac{c + v\cos\theta}{L} \tag{4-15}$$

当 B 为发射换能器，A 为接收换能器时，超声波的传播频率 f_2 为

$$f_2 = \frac{1}{t_2} = \frac{c - v\cos\theta}{L} \tag{4-16}$$

因此，频率差为

$$\Delta f = f_1 - f_2 = \frac{c + v\cos\theta}{L} - \frac{c - v\cos\theta}{L} = \frac{2v\cos\theta}{L} \tag{4-17}$$

被测流体的平均流速为

$$v = \frac{L}{2\cos\theta}\Delta f \tag{4-18}$$

由式(4-18)可知，采用频率差法测流量时，当换能器安装位置一定，即 L 和 θ 一定时，则流速 v 直接与 Δf 有关，而与超声波传播速度 c 无关。可见，频率差法测流量可以克服温度的影响，获得更高的精度。

频率差法测流量需要依靠流体中杂质的反射来测量流体的流速，即要求被测流体中必须含有一定数量的散射体，如气泡或颗粒。因此，频率差法测流量适用于杂质含量较多的脏水和浆体，如城市污水、污泥、工厂排放液、杂质含量稳定的工厂过程液等，可以测量连续混入气泡的液体。

3. 相位差法测流量

当 A 为发射换能器，B 为接收换能器时，接收到的超声波信号相对于发射出的超声波信号的相位角 φ_1 为

$$\varphi_1 = \omega t_1 = \omega \frac{L}{c + v\cos\theta} \tag{4-19}$$

式中，ω 为超声波的角频率。

当 B 为发射换能器，A 为接收换能器时，接收到的超声波信号相对于发射出的超声波信号的相位角 φ_2 为

$$\varphi_2 = \omega t_2 = \omega \frac{L}{c - v\cos\theta} \qquad (4-20)$$

因此，相位差为

$$\Delta\varphi = \varphi_1 - \varphi_2 = \omega \frac{L}{c + v\cos\theta} - \omega \frac{L}{c - v\cos\theta} = \omega \frac{2Lv\cos\theta}{c^2 - v^2\cos^2\theta} \qquad (4-21)$$

同样地，由于 $c \gg v$，则式(4-21)可近似为

$$\Delta\varphi \approx \omega \frac{2Lv\cos\theta}{c^2} \qquad (4-22)$$

因此，被测流体的平均流速为

$$v \approx \frac{c^2}{2\omega L\cos\theta}\Delta\varphi \qquad (4-23)$$

由式(4-23)可知，采用相位差法测流量时，以测量相位角代替测量时间，可提高测量精度。但是同样由于被测流量与超声波的传播速度 c 有关，而超声波的传播速度 c 一般随介质温度的变化而变化，因此测量会产生温漂。

超声波流量传感器具有精度高、压力损失极小、无运动部件、低维护、不阻碍流体流动的特点，因此可测流体种类很多，无论是非导电的流体、高黏度的流体、浆状流体还是强腐蚀流体、放射性流体，只要能传输超声波，都可以进行测量，且测量结果不受流体物理和化学性质的影响，也不受管径大小的限制。

4.3.4 超声波探伤

超声波探伤是工业中无损探伤检测手段中的一种，主要用于检测板材、管材、锻件和焊缝等材料的缺陷，如裂纹、气孔、杂质等。超声波探伤既可检测材料表面的缺陷，又可检测材料内部几米深（这是 X 光探伤所达不到的深度）的缺陷。超声波探伤具有检测灵敏度高、速度快、成本低等优点，因此得到人们普遍重视，并在生产实践中得到广泛应用。常见的超声波探伤方法有穿透法探伤和反射法探伤两种。

1. 穿透法探伤

穿透法探伤是根据超声波穿透工件后能量的变化状况来判断工件内部质量的方法，其工作原理如图 4-8 所示。穿透法探伤使用两个超声波换能器，分别放置在被测工件相对两侧的表面上，其中一个发射超声波，另一个接收超声波。发射的超声波可以是连续信号，也可以是脉冲信号。

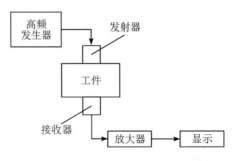

图 4-8 穿透法探伤工作原理

当被测工件内部无缺陷时，接收到的超声波能量大，显示仪表指示值大；当被测工件内部有缺陷时，则会有部分能量被反射，因此接收到的超声波能量减小，显示仪表指示值小。根据接收超声波能量的大小，即可判断工件内部是否存在缺陷。

2. 反射法探伤

反射法探伤是根据超声波在工件中反射情况的不同来探测工件内部是否存在缺陷的方法，又称为脉冲回波法。反射法探伤可分为一次脉冲反射法和多次脉冲反射法两种。

(1) 一次脉冲反射法探伤工作原理如图 4-9 所示。检测时，将超声波探头放置于被测工件上，并在工件上来回移动。由高频脉冲发生器发出发射脉冲 T，加在超声波探头上，激励其产生超声波。探头发出的超声波以一定速度向工件内部传播，遇到工件内部缺陷时，一部分超声波反射回来，产生缺陷脉冲 F；另一部分超声波继续传播至工件底面之后再被反射回来，产生底脉冲 B。由缺陷脉冲 F 和底脉冲 B 反射回来的超声波，又被探头所接收，变为电脉冲。发射脉冲 T、缺陷脉冲 F 和底脉冲 B 一起经放大处理后，被送至显示器上显示，并据此可以进一步分析工件内部是否存在缺陷，以及缺陷的大小和位置。若工件内没有缺陷，则显示器上只出现发射脉冲 T 和底脉冲 B，而没有缺陷脉冲 F；若工件中有缺陷，则显示器上同时出现发射脉冲 T、缺陷脉冲 F 和底脉冲 B；若缺陷面积大于声束面积，则声波全部由缺陷处反射回来，显示器上只出现发射脉冲 T 和缺陷脉冲 F，没有底脉冲 B。由发射脉冲 T、缺陷脉冲 F 和底脉冲 B 出现的位置，可分析出缺陷位置；由缺陷脉冲的幅度，可判断缺陷脉冲的大小。

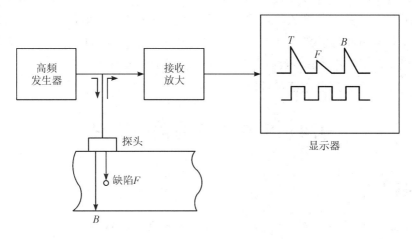

图 4-9 一次脉冲反射法探伤工作原理

(2) 多次脉冲反射法探伤工作原理如图 4-10 所示。多次脉冲反射法是以多次底脉冲为依据而进行探伤的方法。超声波探头发出的超声波由被测工件底部反射回超声波探头时，其中一部分超声波被探头接收，而剩下部分又折回工件底部，如此往复反射，直至声能全部衰减完为止。因此，若工件内没有缺陷，则显示器上会出现呈指数函数曲线形式递减的多次反射底脉冲，如图 4-10(b) 所示；若工件内有缺陷，则声波在缺陷处的衰减很大，底脉冲反射次数减少，如图 4-10(c) 所示；若缺陷严重时，底脉冲甚至完全消失，如图 4-10(d) 所示。据此，可判断工件内部有无缺陷，以及缺陷的位置和大小。

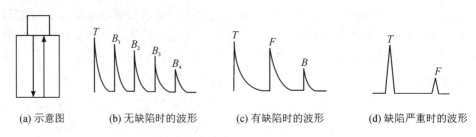

| (a) 示意图 | (b) 无缺陷时的波形 | (c) 有缺陷时的波形 | (d) 缺陷严重时的波形 |

图 4-10 多次脉冲反射法探伤工作原理

4.3.5 超声波指纹识别

第一代光学指纹传感器和第二代电容指纹传感器可以对指纹与物体的接触表面进行分析，从而得到二维(2D)指纹图像。第三代超声波指纹传感器可以对指纹进行更深入的分析采样，甚至能渗透皮肤表皮之下，识别出指纹独特的三维(3D)特征。

超声波指纹传感器的工作原理是利用超声波具有穿透材料的能力，且超声波到达不同材料表面时，被吸收、穿透与反射的程度不同，产生大小不同的回波；当向某一方向发射超声波时，检测超声波从发射到反射回来的时间，可以计算出发射点与反射点之间的距离；对物体进行多点扫描，可由多点汇集出物体的表面形状；利用皮肤与空气对于声波阻抗的差异，可以区分指纹谷和沟的位置，从而采集指纹信息。

由于超声波具有一定的穿透性，因此手指有少量污垢或潮湿的情况下超声波指纹传感器仍能工作，且超声波可以穿透由玻璃、铝、不锈钢、蓝宝石或塑料制成的智能手机外壳进行识别。所以，可以将超声波指纹传感器装在设备内部和设备融为一体，而不必将指纹识别单元单独做成一个外露的表面部件。

4.4 倒车雷达的创新实践

4.4.1 实践概述

利用 Arduino Uno 开源开发板、超声波传感器模块及蜂鸣器模块，通过硬件连接、软件编程和整体调试，制作基于 Arduino 的倒车雷达装置，实现超声波传感器的工程创新应用。

倒车雷达是超声波传感器测量物位的典型应用案例，倒车雷达是汽车泊车或倒车时的安全辅助装置。在倒车时，倒车雷达通过发出超声波，并接收遇到障碍物反射回来的超声波，由控制器作出判断后通过报警装置提示司机周围障碍物的情况，以提高驾驶的安全性。本实践任务是利用 Arduino Uno 开源开发板、超声波传感器模块及蜂鸣器模块，实现倒车雷达功能。要求：当超声波传感器与障碍物之间的距离小于等于 5 cm 时，蜂鸣器报警频率为 1 ms 发声、1 ms 不发声；当超声波传感器与障碍物之间的距离小于等于 10 cm 而大于

5 cm 时，蜂鸣器报警频率为 2 ms 发声、2 ms 不发声；当超声波传感器与障碍物之间的距离小于等于 15 cm 而大于 10 cm 时，蜂鸣器报警频率为 3 ms 发声、3 ms 不发声；当超声波传感器与障碍物之间的距离大于 15 cm 时，蜂鸣器不发声。

4.4.2　硬件连接

硬件清单：Arduino Uno 开源开发板，HC-SR04 超声波传感器模块，蜂鸣器，面包板，杜邦线若干。

HC-SR04 超声波传感器是一种常用的测距模块，可以通过发送超声波信号并接收回波来测量物体与传感器之间的距离。它主要由超声波发射器、接收器、控制电路和外壳等组成。HC-SR04 超声波传感器广泛应用于测距、障碍物检测和智能小车避障等方面，可实现非接触式测量，测量精度高，测量范围广（可达 2～500 cm），功耗低，使用方便，成本低廉。HC-SR04 超声波传感器引脚定义如表 4-3 所示。

表 4-3　HC-SR04 超声波传感器引脚定义

引脚	定　义
VCC	电源正极
GND	电源地
Trig	触发信号
Echo	接收信号

通过扫描"倒车雷达硬件连接"二维码，获得倒车雷达硬件连接 AR 体验。

4.4.3　软件编程

检查硬件电路，若电路连接正确无误则通电进行测试，然后进行程序烧录。通过扫描"倒车雷达控制程序"二维码，获得倒车雷达控制程序，并通过 Arduino IDE 烧录至 Arduino Uno 中。

倒车雷达
控制程序

课后思考

1．什么是超声波？超声波在介质中传播时具有哪些特性？

2．试分析压电式超声波传感器的工作原理。

3．若已知超声波传感器垂直安装在被测介质底部，超声波在被测介质中的传播速度为 1480 m/s，测得时间间隔为 200 μs，试求被测物位高度。

4．超声波传感器测量物位有哪几种方法？各有何特点？

5．试分析超声波传感器传播速度变化法测量流量的基本原理。

6．超声波传感器无损探伤的方法有哪些？试分析其工作原理。

任务七　应用电感式传感器实现物料分选

　　在智能制造领域，物料分选是关键环节之一。物料分选的目的是将不同种类的物料快速准确地分离和分类。通常使用光电式传感器、超声波传感器或电感式传感器来感知物料的颜色、形状、尺寸等特征。其中，电感式传感器利用电磁感应原理，通过感知物料所带的电磁场变化来识别物料。电感式传感器可以从其他材质的物料中分选出金属物料，也可以对物料尺寸进行分选。电感式传感器响应速度快，精度高，可靠性强。

物料分选——
任务导入

　　┌───┐
　　电感式传感器制作成的金属分选机除了应用在智能制造领域，还可以应用在哪些领域？
　　└───┘

　　电感式传感器与电阻式传感器、电容式传感器均属于变阻抗式传感器。电感式传感器的工作基础是利用电磁感应原理，将被测非电量转换为线圈的自感系数 L 或互感系数 M 的变化量，并通过测量电路将 L 或 M 的变化量转化为电压或电流的变化量进行输出。因此，根据工作原理的不同，电感式传感器可以分为自感式传感器、差动变压器式传感器和电涡流传感器等种类，用来测量位移、压力、流量、振动、比重等。电感式传感器的特点是结构简单，灵敏度高，分辨率高，重复性与线性度好，但存在交流零位信号，不适宜进行高频动态信号测量。

4.5　自感式传感器

4.5.1　自感式传感器的工作原理

　　自感式传感器是将被测量的变化转换成线圈自感的变化来进行测量的，其结构如图 4-11 所示。自感式传感器由线圈、铁芯和衔铁三部分组成。铁芯和衔铁由导磁材料如硅钢片、坡莫合金制成，在铁芯和衔铁之间有气隙，气隙厚度为 δ，传感器的运动部件与衔铁相连。由于铁芯和衔铁之间的气隙很小，因此磁路是封闭的。

自感式传感器的
工作原理

　　根据电感的定义，线圈中的电感量可表示为

$$L = \frac{\Psi}{I} = \frac{N\Phi}{I} \tag{4-24}$$

式中：Ψ 为线圈总磁链；I 为通过线圈的电流；N 为线圈的匝数；Φ 为穿过线圈的磁通。

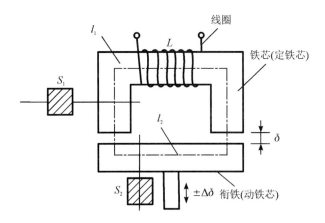

图 4-11　自感式传感器的结构

由磁路欧姆定律有

$$\Phi = \frac{IN}{R_M} \qquad\qquad (4-25)$$

式中的 R_M 为磁路总磁阻。

由于气隙厚度很小，可以认为气隙中的磁场是均匀的。若忽略磁路磁损，则磁路总磁阻为

$$R_M = \frac{l_1}{\mu_1 S_1} + \frac{l_2}{\mu_2 S_2} + \frac{2\delta}{\mu_0 S} \qquad\qquad (4-26)$$

式中：l_1 为磁通通过铁芯的长度；l_2 为磁通通过衔铁的长度；μ_1 为铁芯的磁导率；μ_2 为衔铁的磁导率；μ_0 为空气的磁导率，其值为 $4\pi \times 10^{-7}$ H/m；S_1 为铁芯的截面积；S_2 为衔铁的截面积；S 为气隙的截面积；δ 为气隙的厚度。

由于铁芯和衔铁都是比较好的导磁材料，因此它们的导磁性比空气间隙（气隙）要好得多，即 $\mu_0 \ll \mu_1 \approx \mu_2$。气隙磁阻远大于铁芯和衔铁的磁阻，即铁芯和衔铁的磁阻可忽略，则总磁阻为

$$R_M \approx \frac{2\delta}{\mu_0 S} \qquad\qquad (4-27)$$

联立式（4-24）、式（4-25）和式（4-27），可得

$$L = \frac{N^2}{R_M} = \frac{N^2 \mu_0 S}{2\delta} \qquad\qquad (4-28)$$

由式（4-28）可知，当线圈匝数 N 为常数时，电感 L 只是磁路中总磁阻 R_M 的函数。改变气隙厚度 δ 和气隙截面积 S 均可引起总磁阻 R_M 的变化，从而导致电感 L 的变化。由此，如果保持 S 不变，则 L 为 δ 的单值函数，构成变气隙式自感传感器；如果保持 δ 不变，则 L 为 S 的单值函数，构成变面积式自感传感器；如果在线圈中放入圆柱形衔铁，则当衔铁上下移动时，自感量将相应变化，就构成了螺线管式自感传感器。

1. 变气隙式自感传感器

由式（4-28）可知，自感 L 与气隙厚度 δ 之间是非线性关系，其特性曲线如图 4-12 所

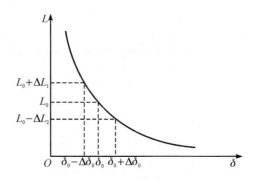

图 4-12　变气隙式自感传感器的特性曲线

示。设变气隙式自感传感器的初始气隙厚度为 δ_0，初始气隙截面积为 S_0，初始电感量为 L_0，则衔铁处于初始位置时的电感量为

$$L_0 = \frac{N^2 \mu_0 S_0}{2\delta_0} \tag{4-29}$$

(1) 当衔铁上移 $\Delta\delta_0$ 时，传感器气隙厚度相应减小 $\Delta\delta_0$，即 $\delta_1 = \delta_0 - \Delta\delta_0$，则此时输出电感 $L_1 = L_0 + \Delta L_1$，代入式(4-29)并整理得

$$L_1 = L_0 + \Delta L_1 = \frac{N^2 \mu_0 S_0}{2(\delta_0 - \Delta\delta_0)} = \frac{L_0}{1 - \dfrac{\Delta\delta_0}{\delta_0}} \tag{4-30}$$

当 $\Delta\delta_0/\delta_0 \ll 1$ 时，可将式(4-30)用泰勒级数展开为

$$L_1 = L_0 + \Delta L_1 = L_0\left[1 + \left(\frac{\Delta\delta_0}{\delta_0}\right) + \left(\frac{\Delta\delta_0}{\delta_0}\right)^2 + \left(\frac{\Delta\delta_0}{\delta_0}\right)^3 + \cdots\right] \tag{4-31}$$

由式(4-31)可以求得电感的变化量和相对变化量为

$$\Delta L_1 = L_0\left[\left(\frac{\Delta\delta_0}{\delta_0}\right) + \left(\frac{\Delta\delta_0}{\delta_0}\right)^2 + \left(\frac{\Delta\delta_0}{\delta_0}\right)^3 + \cdots\right] = L_0\frac{\Delta\delta_0}{\delta_0}\left[1 + \left(\frac{\Delta\delta_0}{\delta_0}\right) + \left(\frac{\Delta\delta_0}{\delta_0}\right)^2 + \cdots\right] \tag{4-32}$$

$$\frac{\Delta L_1}{L_0} = \frac{\Delta\delta_0}{\delta_0}\left[1 + \left(\frac{\Delta\delta_0}{\delta_0}\right) + \left(\frac{\Delta\delta_0}{\delta_0}\right)^2 + \cdots\right] \tag{4-33}$$

(2) 按照前面同样的分析方法，当衔铁下移 $\Delta\delta_0$ 时，则有 $\delta_2 = \delta_0 + \Delta\delta_0$，可推得

$$\Delta L_2 = -L_0\frac{\Delta\delta_0}{\delta_0}\left[1 - \left(\frac{\Delta\delta_0}{\delta_0}\right) + \left(\frac{\Delta\delta_0}{\delta_0}\right)^2 - \left(\frac{\Delta\delta_0}{\delta_0}\right)^3 + \cdots\right] \tag{4-34}$$

$$\frac{\Delta L_2}{L_0} = -\frac{\Delta\delta_0}{\delta_0}\left[1 - \left(\frac{\Delta\delta_0}{\delta_0}\right) + \left(\frac{\Delta\delta_0}{\delta_0}\right)^2 - \left(\frac{\Delta\delta_0}{\delta_0}\right)^3 + \cdots\right] \tag{4-35}$$

对式(4-33)和式(4-35)作线性处理，即忽略高次项后，可得

$$\frac{\Delta L}{L_0} = \frac{\Delta\delta}{\delta_0} \tag{4-36}$$

将灵敏度定义为单位气隙厚度变化所引起的电感相对变化量，即

$$K = \frac{\dfrac{\Delta L}{L_0}}{\Delta\delta} = \frac{1}{\delta_0} \tag{4-37}$$

由此可见，变气隙式自感传感器的测量范围与灵敏度和线性度是相矛盾的，因此变气隙式自感传感器只适用于测量微小位移的场合。为了减小非线性误差，实际测量中广泛采用差动变气隙式自感传感器。

（3）ΔL_1 和 ΔL_2 都是单线圈变气隙式自感传感器的特性，两个特性差值构成差动变气隙式自感传感器的特性。

差动变气隙式自感传感器由两个完全相同的电感线圈合用一个衔铁和相应磁路组成，如图 4-13 所示。测量时，衔铁与被测物体相连，当被测物体上下移动时，带动衔铁以相同的位移上下移动，使两个磁路中的磁阻发生大小相等、方向相反的变化，导致一个线圈的电感量增加，另一个线圈的电感量减小，构成差动形式。

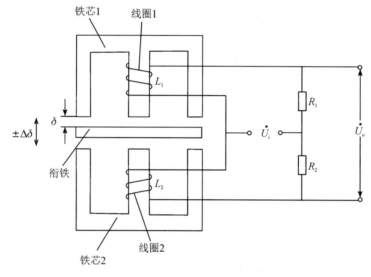

图 4-13　差动变气隙式自感传感器的结构

由式(4-32)和式(4-34)可知，差动变气隙式自感传感器的电感变化量为

$$\Delta L = \Delta L_1 + \Delta L_2 = 2L_0 \frac{\Delta \delta_0}{\delta_0} \left[1 + \left(\frac{\Delta \delta_0}{\delta_0} \right) + \left(\frac{\Delta \delta_0}{\delta_0} \right)^3 + \cdots \right] \tag{4-38}$$

对式(4-38)进行线性处理并忽略高次项后，可得

$$\frac{\Delta L}{L_0} = 2 \frac{\Delta \delta}{\delta_0} \tag{4-39}$$

$$K = \frac{\dfrac{\Delta L}{L_0}}{\Delta \delta} = \frac{2}{\delta_0} \tag{4-40}$$

比较单线圈和差动两种变气隙式自感传感器的特性，可得到如下结论：差动变气隙式自感传感器的灵敏度比单线圈变气隙式自感传感器的灵敏度提高了一倍；差动变气隙式自感传感器的线性度得到明显改善。

2. 变面积式自感传感器

图 4-14 为变面积式自感传感器的结构原理图。传感器的气隙厚度 δ 保持不变，令磁通截面积随被测量变化而变化，设铁芯材料和衔铁材料的磁导率相同时，则此变面积式自感传感器电感量 L 为

$$L = \frac{N^2}{\dfrac{\delta_0}{\mu_0 S} + \dfrac{\delta}{\mu_0 \mu_r S}} = \frac{N^2 \mu_0}{\delta_0 + \dfrac{\delta}{\mu_r}} S = K' S \tag{4-41}$$

式中：δ_0 为气隙总长度；δ 为铁芯和衔铁中的磁路总长度；μ_r 为铁芯和衔铁相对磁导率；μ_0 为空气的磁导率；N 为线圈匝数；S 为气隙磁通截面积；K' 为常数，其值为 $N^2 \mu_0 / \left(\delta_0 + \dfrac{\delta}{\mu_r}\right)$。

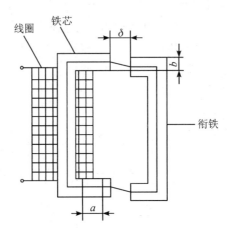

图 4 - 14　变面积式自感传感器的结构原理图

对式(4 - 41)微分，得到灵敏度为

$$K = \frac{\mathrm{d}L}{\mathrm{d}S} = K' \tag{4-42}$$

由此可知，变面积式自感传感器在忽略气隙磁通边缘效应的条件下，输入与输出呈线性关系。但与变气隙式自感传感器相比，变面积式自感传感器的灵敏度下降。

3. 螺线管式自感传感器

螺线管式自感传感器有单线圈和差动式两种结构，如图 4 - 15 所示。图 4 - 15(a)所示为单线圈螺线管式自感传感器的结构原理图。测量时，活动铁芯随被测物体移动，线圈电感量发生变化，线圈电感量与铁芯插入深度有关。图 4 - 15(b)所示为差动螺线管式自感传

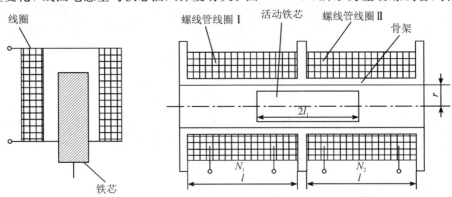

(a) 单线圈螺线管式自感传感器的结构原理图　　　(b) 差动螺线管式自感传感器的结构原理图

图 4 - 15　螺线管式自感传感器

感器的结构原理图。它由两个完全相同的螺线管相连，铁芯初始状态处于对称位置上，两边螺线管的初始电感量相等。当铁芯移动时，一个螺线管的电感量增加，另一个螺线管的电感量减小，且增加与减小的数值相等，形成差动结构。

4.5.2　自感式传感器的测量电路

自感式传感器的测量电路有调幅、调频和调相电路。

1. 调幅电路

（1）变压器电桥电路。调幅电路的主要形式是变压器电桥电路，如图 4-16 所示。Z_1 和 Z_2 为传感器两个线圈的阻抗，另外两个桥臂的阻抗为电源变压器次级线圈阻抗的一半，每半的电压为 $\dot{u}/2$。当负载阻抗无穷大时，变压器电桥电路输出电压为

$$\dot{u}_o = \frac{\dot{u}}{Z_1 + Z_2} Z_1 - \frac{\dot{u}}{2} = \frac{Z_2 - Z_1}{Z_1 + Z_2} \cdot \frac{\dot{u}}{2} \tag{4-43}$$

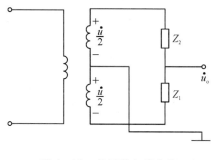

自感式传感器的
测量电路

图 4-16　变压器电桥电路

① 当传感器的衔铁位于中间位置时，即 $Z_1 = Z_2 = Z$，此时，输出电压 $\dot{u}_o = 0$，电桥处于平衡状态。

② 当传感器的衔铁上移时，设 $Z_1 = Z - \Delta Z$，$Z_2 = Z + \Delta Z$，代入式（4-43），可得

$$\dot{u}_o = \frac{\dot{u}}{2} \cdot \frac{\Delta Z}{Z} \tag{4-44}$$

式（4-44）表明，输出电压的幅值随阻抗的变化 ΔZ 而变化，即电压的幅值随电感的变化 ΔL 而变化。

③ 当传感器的衔铁下移时，设 $Z_1 = Z + \Delta Z$，$Z_2 = Z - \Delta Z$，代入式（4-43），可得

$$\dot{u}_o = -\frac{\dot{u}}{2} \cdot \frac{\Delta Z}{Z} \tag{4-45}$$

由式（4-44）和式（4-45）可知，这两种情况输出电压大小相等、方向相反，即相位相差 180°。然而，这两个公式所表示的电压都为交流电压，如果用示波器观察波形，结果是一样的，即输出指示无法判断位移方向。为了判断衔铁的移动方向，需要在后续电路中配合相敏检波电路解决。

（2）相敏检波电路。相敏检波电路如图 4-17 所示，电桥由两个差动电感式传感器线圈 Z_1 和 Z_2 及平衡电阻 R_1 和 R_2 组成，且 $R_1 = R_2$。四个性能相同的二极管 VD_1、VD_2、VD_3、VD_4 以同一方向串联成一个闭合的环形电路，构成了相敏整流器。电桥的一条对角线接交

流电源 $\dot{u}$，另一条对角线接电压表。

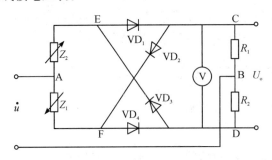

图 4-17　相敏检波电路

① 当传感器的衔铁位于中间位置时，即 $Z_1 = Z_2 = Z$，此时，输出电压 $U_\circ = 0$，电桥处于平衡状态。

② 当传感器的衔铁上移时，设 $Z_1 = Z - \Delta Z$，$Z_2 = Z + \Delta Z$，通过分析图 4-17 电路可知：

当 $\dot{u}$ 为正半周期，即 $u_A > u_B$，二极管 VD$_1$、VD$_4$ 导通，VD$_2$、VD$_3$ 截止。在 AECB 支路，u_C 由于 Z_2 的增大而减小；在 AFDB 支路，u_D 由于 Z_1 的减小而增大。因此，$u_D > u_C$，$U_\circ$ 为负。

当 $\dot{u}$ 为负半周期，即 $u_A < u_B$，二极管 VD$_2$、VD$_3$ 导通，VD$_1$、VD$_4$ 截止。在 BCFA 支路，u_C 由于 Z_1 的减小而减小；在 BDEA 支路，u_D 由于 Z_2 的增大而增大。因此，$u_D > u_C$，$U_\circ$ 为负。

由此可知，当传感器的衔铁上移时，$u_D > u_C$，$U_\circ$ 为负。

③ 同理可证，当传感器的衔铁下移时，$u_D < u_C$，$U_\circ$ 为正。

综上所述，相敏检波电路既可以判断衔铁移动的大小，又可以判断衔铁移动的方向。

2. 调频电路

调频电路的基本原理是，传感器电感 L 的变化将引起输出电压频率 f 的变化。将传感器电感 L 和一个固定电容 C 接入一个振荡回路中（如图 4-18 所示），其振荡频率 $f = 1/2\pi\sqrt{LC}$。当 L 变化时，振荡频率 f 随之变化。根据 f 的大小即可测出被测量的值。

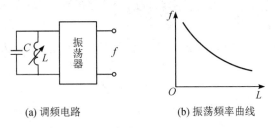

(a) 调频电路　　　　　　　(b) 振荡频率曲线

图 4-18　调频电路

图 4-18(b) 所示为 f 和 L 的特性，它们具有严重的非线性关系，因此要求后续电路作适当线性化处理。

3. 调相电路

调相电路的基本原理是，传感器电感 L 的变化将引起输出电压相位 φ 的变化。图

4-19(a)所示为一个相位电桥,其中一个桥臂为电感线圈 L,另一个桥臂为固定电阻 R。设计时使电感线圈具有高品质因数。忽略其损耗电阻,则电感线圈上的压降 $\dot{U}_L$ 与固定电阻上的压降 $\dot{U}_R$ 是两个相互垂直的分量,如图 4-19(b)所示。当电感 L 变化时,输出电压 $\dot{U}$。的幅值不变,相位角 φ 随之变化。φ 与 L 的关系为

$$\varphi = -2\arctan\frac{\omega L}{R} \tag{4-46}$$

式中,ω 为电源角频率。

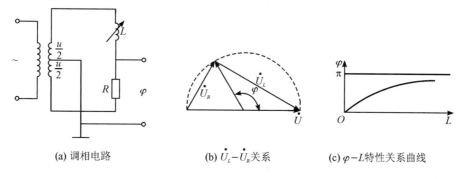

| (a) 调相电路 | (b) $\dot{U}_L-\dot{U}_R$ 关系 | (c) $\varphi-L$ 特性关系曲线 |

图 4-19 调相电路

在这种情况下,当 L 有了微小变化 ΔL 后,输出相位变化为

$$\Delta\varphi \approx \frac{2\dfrac{\omega L}{R}}{1+\left(\dfrac{\omega L}{R}\right)^2}\frac{\Delta L}{L} \tag{4-47}$$

图 4-19(c)给出了 φ 与 L 的特性关系。

4.5.3 自感式传感器的应用发展

自感式传感器的
应用发展

1. 自感式传感器测位移

图 4-20 所示为一个测量尺寸的轴向差动螺线管式自感传感器,轮廓尺寸为 15 mm×94 mm。测端用螺纹拧在测杆上,测杆可在滚珠导轨上做轴向运动。测杆的上端固定着衔铁,当测杆移动时,带动衔铁在电感线圈中移动。线圈置于固定轴筒中。测力由弹簧产生,一般为 0.2~0.4 N。防转销用来限制测杆的移动,以提高示值的重复性。密封套用来防止尘土进入传感器内。外壳有标准直径为 8 mm 和 15 mm 两个夹持部分,便于安装在比较仪座上或有关仪器上使用。

图 4-21 所示为电感式滚柱直径分选装置的内部结构原理图。首先,由机械排序装置送来的滚柱按顺序进入电感测微器。然后,计算机控制驱动电磁阀通过气缸推动活塞带动推杆,将被测滚柱推至测量位置,螺线管式自感传感器的钨钢测头与衔铁相连。被测滚柱直径的偏差引起测杆上下移动,使得传感器电感值发生变化,通过相敏检波电路检测衔铁移动的大小和方向,经信号放大处理后,被计算机显示出来。计算机一方面控制挡板,使得限位挡板下移,滚柱得以滚落;另一方面,根据测得滚柱直径的偏差,驱动对应直径偏差位

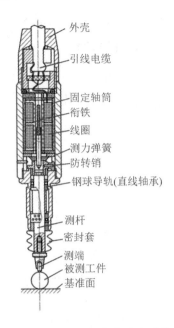

图 4-20　轴向差动螺线管式自感传感器

置的电磁翻板翻开，使得滚柱落入相应容器中，起到物料直径分选的作用。

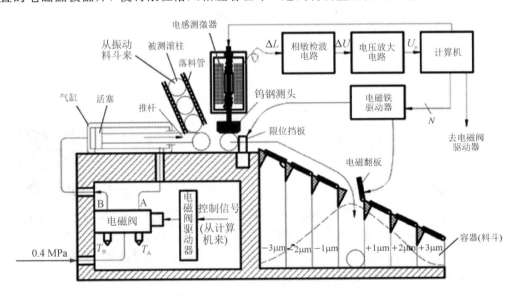

图 4-21　电感式滚柱直径分选装置的内部结构原理图

2. 自感式传感器测压力

图 4-22 所示为差动变气隙式电感压力传感器的结构。它主要由 C 形弹簧管、衔铁、铁芯和线圈（铁芯上缠绕着）等部分组成。

当被测压力进入 C 形弹簧管时，C 形弹簧管产生变形，其自由端发生位移，带动与自由端连接成一体的衔铁运动，使线圈 1 和线圈 2 中的电感产生大小相等、符号相反的变化，

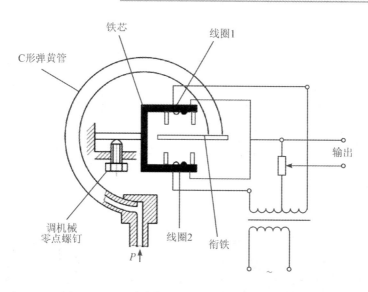

图 4-22 差动变气隙式电感压力传感器的结构

即一个电感量增大，另一个电感量减小。电感的这种变化通过电桥电路转换成电压输出。再通过相敏检波电路进行处理，使输出信号与被测压力之间成正比例关系，即输出信号的大小决定于衔铁位移的大小，输出信号的相位决定于衔铁移动的方向。

4.6 差动变压器式传感器

4.6.1 差动变压器式传感器的工作原理

将被测的非电量变化转换为线圈互感量变化的传感器，称为互感式传感器。这种传感器是根据变压器的基本原理制成的，并且次级绕组用差动形式连接，因此又称为差动变压器式传感器（简称差动变压器）。

差动变压器式
传感器的工作原理

差动变压器的结构形式较多（如图 4-23 所示），有变气隙式、变面积式和螺线管式等。图 4-23(a)、(b)所示为变气隙式差动变压器的结构，衔铁均为板形，灵敏度高，但测量范围较窄，一般用于测量几微米到几百微米的机械位移。图 4-23(c)、(d)所示为螺线管式差动变压器的结构，采用圆柱形衔铁，常用于测量 1 mm 至上百毫米的位移。图 4-23(e)、(f)所示为变面积式差动变压器的结构。这种差动变压器通常可测到几秒的微小角位移，输出线性范围一般为 ±10℃。在实际测量中，应用最多的是螺线管式差动变压器，它可以测量 1～100 mm 范围内的机械位移，并具有测量精度高、灵敏度高、结构简单、性能可靠等优点。

1. 变气隙式差动变压器

（1）工作原理。变气隙式差动变压器的结构如图 4-23(a)所示，在 a、b 两个铁芯上绕有两个初级绕组（$N_{1a}=N_{1b}=N_1$）和两个次级绕组（$N_{2a}=N_{2b}=N_2$）。两个初级绕组的同名端顺向串接，两个次级绕组的同名端反向串接。

① 初始时没有位移，衔铁位于中间平衡位置，它与两个铁芯的间隙为 $\delta_{a0}=\delta_{b0}=\delta_0$，则

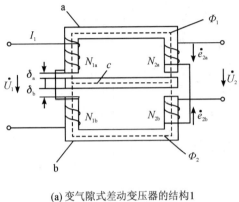

(a) 变气隙式差动变压器的结构1

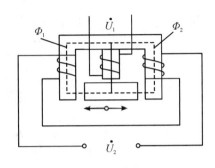

(b) 变气隙式差动变压器的结构2

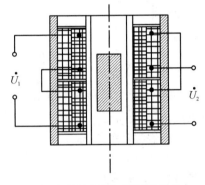

(c) 螺线管式差动变压器的结构1

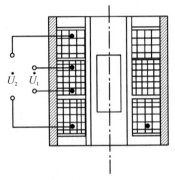

(d) 螺线管式差动变压器的结构2

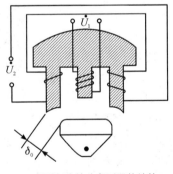

(e) 变面积式差动变压器的结构1

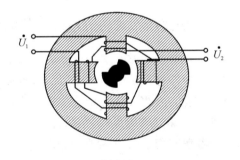

(f) 变面积式差动变压器的结构2

图 4-23   差动变压器式传感器结构示意图

绕组 N_{1a}、N_{2a} 之间的互感系数 M_a 与绕组 N_{1b}、N_{2b} 之间的互感系数 M_b 相等，致使两个次级绕组的互感电动势相等，即 $\dot{e}_{2a} = \dot{e}_{2b}$。由于次级绕组反向串接，因此差动变压器输出电压 $\dot{U}_o = \dot{e}_{2a} - \dot{e}_{2b} = 0$。

② 当衔铁上移时，$\delta_a < \delta_b$，对应互感系数 $M_a > M_b$，因此两个次级绕组的互感电动势 $\dot{e}_{2a} > \dot{e}_{2b}$，输出电压 $\dot{U}_o = \dot{e}_{2a} - \dot{e}_{2b} > 0$。

③ 当衔铁下移时，$\delta_a > \delta_b$，对应互感系数 $M_a < M_b$，因此两个次级绕组的互感电动势 $\dot{e}_{2a} < \dot{e}_{2b}$，输出电压 $\dot{U}_o = \dot{e}_{2a} - \dot{e}_{2b} < 0$。

因此,根据输出电压的大小和极性可以判断被测物体移动的大小和方向。

(2)输出特性。在忽略铁损、漏感,并要求变压器次级开路(或负载阻抗足够大)的条件下,变气隙式差动变压器等效电路如图 4-24 所示。图中,r_{1a} 与 L_{1a}、r_{1b} 与 L_{1b}、r_{2a} 与 L_{2a}、r_{2b} 与 L_{2b} 分别为绕组 N_{1a}、N_{1b}、N_{2a}、N_{2b} 的直流电阻与电感。

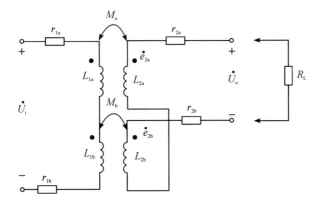

图 4-24　变气隙式差动变压器等效电路

上下两个初级、次级绕组的互感系数分别为

$$M_a = \frac{\dot{\Psi}_1}{\dot{I}_i} = \frac{N_2 \dot{\Phi}_1}{\dot{I}_i} \tag{4-48}$$

$$M_b = \frac{\dot{\Psi}_2}{\dot{I}_i} = \frac{N_2 \dot{\Phi}_2}{\dot{I}_i} \tag{4-49}$$

式中:Ψ_1、Ψ_2 为穿过上下两个次级绕组的磁链;Φ_1、Φ_2 为上下铁芯中由激励电流 $\dot{I}_i$ 产生的磁通。

输出电压为

$$\dot{U}_o = \dot{e}_{2a} - \dot{e}_{2b} = -j\omega \dot{I}_i (M_a - M_b) = -j\omega N_2 (\dot{\Phi}_1 - \dot{\Phi}_2) \tag{4-50}$$

在忽略铁芯磁阻和漏磁通的情况下,可得

$$\dot{\Phi}_1 = \frac{\dot{I}_i N_1}{R_{m1}} \tag{4-51}$$

$$\dot{\Phi}_2 = \frac{\dot{I}_i N_1}{R_{m2}} \tag{4-52}$$

式中,R_{m1}、R_{m2} 为上下磁回路中总的气隙磁阻。根据式(4-27)可得

$$R_{m1} = \frac{2\delta_a}{\mu_0 S_0} \tag{4-53}$$

$$R_{m2} = \frac{2\delta_b}{\mu_0 S_0} \tag{4-54}$$

初级绕组中的激励电流为

$$\dot{I}_i = \frac{\dot{U}_i}{Z_{1a} + Z_{1b}} = \frac{\dot{U}_i}{(r_{1a} + j\omega L_{1a}) + (r_{1b} + j\omega L_{1b})} \tag{4-55}$$

式中，Z_{1a}、Z_{1b} 为初级、次级绕组的复阻抗。

根据式(4-28)可得

$$L_{1a} = \frac{N_1{}^2 \mu_0 S_0}{2\delta_a} \qquad (4-56)$$

$$L_{1b} = \frac{N_1{}^2 \mu_0 S_0}{2\delta_b} \qquad (4-57)$$

设 $r_{1a} = r_{1b} = r_1$，将式(4-56)、式(4-57)代入式(4-55)后，整理可得

$$\dot{I}_i = \frac{\dot{U}_i}{\left(r_{1a} + j\omega \dfrac{N_1{}^2 \mu_0 S_0}{2\delta_a}\right) + \left(r_{1b} + j\omega \dfrac{N_1{}^2 \mu_0 S_0}{2\delta_b}\right)} = \frac{\dot{U}_i}{2r_1 + \dfrac{j\omega N_1{}^2 \mu_0 S_0}{2}\left(\dfrac{1}{\delta_a} + \dfrac{1}{\delta_b}\right)}$$

$$(4-58)$$

将式(4-51)至式(4-54)和式(4-58)代入式(4-50)后，整理可得

$$\dot{U}_o = -j\omega N_1 N_2 \mu_0 S_0 \dot{U}_i \frac{\dfrac{1}{\delta_a} - \dfrac{1}{\delta_b}}{4r_1 + j\omega N_1{}^2 \mu_0 S_0\left(\dfrac{1}{\delta_a} + \dfrac{1}{\delta_b}\right)} \qquad (4-59)$$

当 $r_{1b} \ll \omega L_{1a}$，$r_{1b} \ll \omega L_{1a}$ 时，如果不考虑铁芯与衔铁中的磁阻影响，可将式(4-59)简化为

$$\dot{U}_o = \frac{\delta_a - \delta_b}{\delta_a + \delta_b} \frac{N_2}{N_1} \dot{U}_i \qquad (4-60)$$

由式(4-60)可知：

① 当衔铁处于中间位置时，$\delta_a = \delta_b = \delta_0$，则输出电压 $\dot{U}_o = 0$。

② 当衔铁上移 $\Delta\delta$ 时，即 $\delta_a = \delta_0 - \Delta\delta$，$\delta_b = \delta_0 + \Delta\delta$，代入式(4-60)，有

$$\dot{U}_o = -\frac{\Delta\delta}{\delta_0} \frac{N_2}{N_1} \dot{U}_i \qquad (4-61)$$

式(4-61)表明，变压器的输出电压 $\dot{U}_o$ 与衔铁位移量 $\Delta\delta/\delta_0$ 成正比，"—"号表明当衔铁向上移动时，如果 $\Delta\delta/\delta_0$ 定义为正，则变压器的输出电压 $\dot{U}_o$ 与输入电压 $\dot{U}_i$ 反相，即相位差为 $180°$。

③ 当衔铁下移 $\Delta\delta$ 时，即 $\delta_a = \delta_0 + \Delta\delta$，$\delta_b = \delta_0 - \Delta\delta$，代入式(4-60)，有

$$\dot{U}_o = \frac{\Delta\delta}{\delta_0} \frac{N_2}{N_1} \dot{U}_i \qquad (4-62)$$

式(4-62)表明，此时，变压器的输出电压 $\dot{U}_o$ 与输入电压 $\dot{U}_i$ 同相。

图 4-25 为变气隙式差动变压器的输出电压 $\dot{U}_o$ 与衔铁位移量 $\Delta\delta$ 的关系曲线。由式(4-61)和式(4-62)可得变气隙式差动变压器的灵敏度 K 的表达式为

$$K = \left|\frac{\dot{U}_o}{\Delta\delta}\right| = \frac{N_2}{N_1} \frac{\dot{U}_i}{\delta_0} \qquad (4-63)$$

综合以上分析，可得如下结论：

首先，供电电源 $\dot{U}_i$ 要稳定，以便使传感器具有稳定的输出特性；另外，电源幅值的适

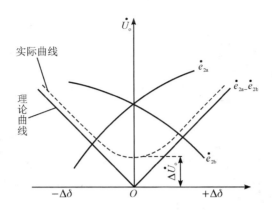

图 4-25 变气隙式差动变压器输出特性曲线

当提高可以提高灵敏度 K，但要以变压器铁芯不饱和以及允许的温升为条件。

其次，增加 N_2/N_1 的比值和减小 δ_0 都能使灵敏度 K 提高。然而，N_2/N_1 的比值与变压器的体积及零点残余电压有关。不论从灵敏度考虑，还是从忽略边缘磁通考虑，均要求变气隙式差动变压器的 δ_0 越小越好。为兼顾灵敏度和测量范围的需求，一般选择传感器的 δ_0 为 0.5。

第三，以上分析结果是在忽略铁损和线圈中的分布电容等条件下得到的，如果考虑这些影响，将会使传感器性能变差，即灵敏度降低、非线性增大等。但是，在一般工程应用中是可以忽略铁损和线圈的分布电容的。

第四，以上分析结果是在假定工艺上严格对称的前提下得到的，而实际很难做到这一点，因此传感器的实际输出特性如图 4-25 中虚线所示，存在零点残余电压 $\Delta \dot{U}_0$。

零点残余电压产生的原因：①（线圈）传感器的两个次级绕组的电气参数和几何尺寸不对称，导致它们产生的感应电动势幅值不等、相位不同，构成了零点残余电压的基波；②（铁芯）由于磁性材料磁化曲线的非线性（磁饱和、磁滞），产生了零点残余电压的高次谐波（主要是三次谐波）；③（电源）励磁电压本身含高次谐波。

零点残余电压的消除方法：①尽可能保证传感器的几何尺寸、线圈电气参数和磁路的对称；②采用适当的测量电路，如差动整流电路。

第五，进行上述推导的另一个条件是变压器次级开路，对由电子线路构成的测量电路来讲，这个要求很容易满足，但如果直接配接低阻抗电路，就必须考虑变压器次级电流对输出特性的影响。

2. 螺线管式差动变压器

（1）工作原理。螺线管式差动变压器的结构如图 4-23(d) 所示，它由位于中间的初级线圈、位于边缘的两个次级线圈和插入线圈中央的圆柱形衔铁组成。按线圈绕组排列方式不同，螺线管式差动变压器可以分为二节式、三节式、四节式和五节式等类型，如图 4-26 所示。三节式的零点残余电压较小，二节式比三节式灵敏度高、线性范围大，四节式和五节式改善了传感器线性度。通常采用二节式和三节式。

螺线管式差动变压器的两个次级线圈反相串接，并且在忽略铁损、导磁体磁阻和线圈分布电容的理想条件下，其等效电路如图 4-27 所示。根据变压器的工作原理，当初级绕组

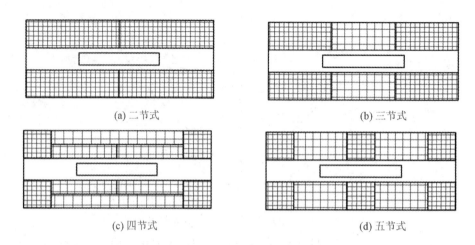

图 4-26 线圈排列方式

加以激励 $\dot{U}_i$ 时，在两个次级绕组 N_{2a} 和 N_{2b} 中便会产生感应电动势 $\dot{E}_{2a}$ 和 $\dot{E}_{2b}$。如果工艺上保证变压器结构完全对称，则当活动衔铁处于初始平衡位置时，必然会使两个互感系数相等，即 $M_1 = M_2$。根据电磁感应原理，产生的两个感应电动势也将相等，即 $\dot{E}_{2a} = \dot{E}_{2b}$。由于变压器的两个次级绕组反相串接，因此差动变压器的输出电压为零，即 $\dot{U}_o = \dot{E}_{2a} - \dot{E}_{2b} = 0$。

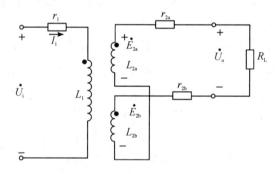

图 4-27 螺线管式差动变压器等效电路

当活动衔铁上移时，由于磁阻的影响，N_{2a} 中的磁通将大于 N_{2b} 中的磁通，使得 $M_1 > M_2$，因而 $\dot{E}_{2a}$ 增加，$\dot{E}_{2b}$ 减小；反之，当活动衔铁下移时，$\dot{E}_{2b}$ 增加，$\dot{E}_{2a}$ 减小。也就是说，差动变压器的输出电压 $\dot{U}_o = \dot{E}_{2a} - \dot{E}_{2b}$ 将随着衔铁位移 x 的变化而发生变化，其关系曲线如图 4-28 所示。其中，实线为理论特性曲线，虚线为实际特性曲线。可以看出，由于零点残余电压的存在，当衔铁处于中间位置时，差动变压器的输出电压并不为零。零点残余电压一般在几十毫伏以下，在实际使用时，应设法减小它。

（2）输出特性。

根据图 4-27 所示的螺线管式差动变压器等效电路，当次级开路时，有

$$\dot{I}_i = \frac{\dot{U}_i}{r_1 + \mathrm{j}\omega L_1} \tag{4-64}$$

式中：$\dot{U}_i$、$\dot{I}_i$、r_1、L_1 分别为初级线圈的激励电压、激励电流、直流电阻和电感；ω 为激励

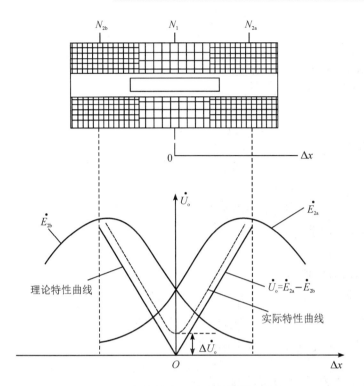

图 4-28 螺线管式差动变压器输出特性

电压 $\dot{U}_i$ 的角频率。

根据电磁感应定律，次级绕组中感应电动势的表达式分别为

$$\dot{E}_{2a} = -\mathrm{j}\omega M_1 \dot{I}_i \tag{4-65}$$

$$\dot{E}_{2b} = -\mathrm{j}\omega M_2 \dot{I}_i \tag{4-66}$$

式中：M_1、M_2 为初级绕组和两个次级绕组的互感系数；"$-$"号说明感应电动势的方向与激励电流的方向相反。

由于两个次级绕组反相串接，且考虑到次级开路，则由上述关系可得

$$\dot{U}_o = \dot{E}_{2a} - \dot{E}_{2b} = -\frac{\mathrm{j}\omega(M_1 - M_2)\dot{U}_i}{r_1 + \mathrm{j}\omega L_1} \tag{4-67}$$

输出电压的有效值为

$$U_o = \frac{\omega(M_1 - M_2)U_i}{\sqrt{{r_1}^2 + (\omega L_1)^2}} \tag{4-68}$$

式(4-68)说明，当激励电压的幅值 U 和角频率 ω、初级线圈的直流电阻 r_1 和电感 L_1 为定值时，差动变压器输出电压仅仅是初级绕组和两个次级绕组之间的互感系数差值的函数。因此，只要求出互感系数 M_1 和 M_2 与活动衔铁位置 x 的关系式，再代入式(4-67)中，即可得到螺线管式差动变压器的输出特性表达式。对此，进一步分析可知

① 当活动衔铁处于中间位置($\Delta x = 0$)时，

$$M_1 = M_2 = M \tag{4-69}$$

因此，输出电压的有效值为

$$U_o = 0 \qquad (4-70)$$

但实际 $\dot{U}_o$ 不等于零，存在零点残余电压。

② 当活动衔铁向上移动（$\Delta x > 0$）时，

$$M_1 = M + \Delta M, M_2 = M - \Delta M \qquad (4-71)$$

因此，输出电压的有效值为

$$U_o = \frac{2\omega\Delta M U_i}{\sqrt{r_1{}^2 + (\omega L_1)^2}} \qquad (4-72)$$

$\dot{U}_o$ 与 $\dot{E}_{2a}$ 同极性，输出电压 $\dot{U}_o$ 与激励电压 $\dot{U}_i$ 同频同相。

③ 当活动衔铁向下移动（$\Delta x < 0$）时，

$$M_1 = M - \Delta M, M_2 = M + \Delta M \qquad (4-73)$$

因此，输出电压的有效值为

$$U_o = -\frac{2\omega\Delta M U_i}{\sqrt{r_1{}^2 + (\omega L_1)^2}} \qquad (4-74)$$

$\dot{U}_o$ 与 $\dot{E}_{2b}$ 同极性，输出电压 $\dot{U}_o$ 与激励电压 $\dot{U}_i$ 同频反相。

4.6.2　差动变压器式传感器的测量电路

差动变压器式
传感器的测量电路

差动变压器输出的是交流电压，而且存在零点残余电压，若用交流电压表直接进行测量，只能反映衔铁移动的大小，不能反映衔铁移动的方向，也不能消除零点残余电压。为了达到辨别衔铁移动方向和消除零点残余电压的目的，常采用差动整流电路和相敏检波电路。

差动整流电路是将差动变压器的两个次级输出电压分别整流，然后将整流的电压或电流的差值作为输出。图 4-29 所示为几种典型的差动整流电路。图 4-29(a)、(c) 适用于交流阻抗负载，图 4-29(b)、(d) 适用于低阻抗负载，其中电阻 R_0 作为电位器，用于消除零点残余电压。

这里以图 4-29(c) 为例，分析差动整流电路的工作原理。由图可知，无论两个次级线圈的输出瞬时电压极性如何，流经电容 C_1 的电流总是从 2 端到 4 端，流经电容 C_2 的电流总是从 6 端到 8 端。因此，整流电路的输出电压为

$$U_o = U_{24} - U_{68} \qquad (4-75)$$

当衔铁处于中间位置时，因为 $U_{24} = U_{68}$，所以输出电压 $U_o = 0$；当衔铁处于零位以上时，因为 $U_{24} > U_{68}$，所以输出电压 $U_o > 0$；当衔铁处于零位以下时，因为 $U_{24} < U_{68}$，所以输出电压 $U_o < 0$。U_o 的正负表示衔铁移动的方向，U_o 的幅值表示衔铁移动的大小。

差动整流电路具有结构简单、不需要考虑相位调整和零点残余电压的影响、分布电容影响小和便于远距离传输等优点，因而获得广泛应用。

相敏检波电路已在 4.3.2 节中介绍，这里不再赘述。

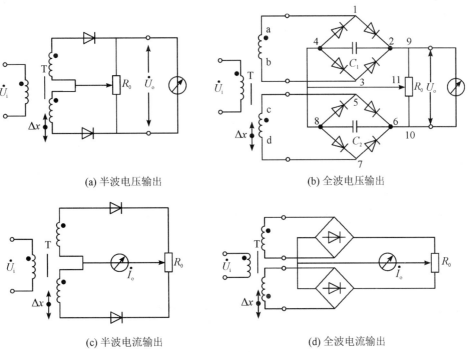

(a) 半波电压输出　　　　　　　　　　(b) 全波电压输出

(c) 半波电流输出　　　　　　　　　　(d) 全波电流输出

图 4-29　差动整流电路

4.6.3　差动变压器式传感器的应用发展

差动变压器式传感器可以直接用于测量位移，也可以测量与位移有关的任何机械量，如力、力矩、压力、压差、振动、加速度、比重、液位等。

差动变压器式
传感器的应用发展

1. 差动变压器测力

图 4-30 所示为差动变压器式力传感器结构图。当力作用在弹性元件

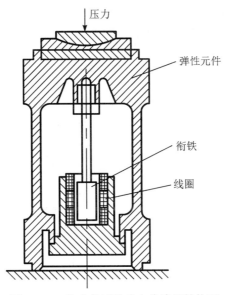

图 4-30　差动变压器式力传感器结构图

上时，使弹性元件发生形变，与之相连的衔铁就会相对线圈产生移动，使得互感系数 M 发生变化，产生正比于力的输出电压。这种传感器的优点是当压力为轴向力时，应力分布均匀；当长径比较小时，受横向偏心分力的影响较小。将这种传感器结构作适当改进，可应用在电梯载荷测量中。

如果将弹性元件设计成敏感圆周方向变形的结构，并配有相应的电感传感器，就能构成力矩传感器。这种传感器已成功地应用于船模运动的测试分析中。

2. 差动变压器测压力

图 4-31 所示为微压力传感器结构图。在无压力作用时，固定于膜盒中心的衔铁位于差动变压器线圈的中部，因而输出电压为零。当被测压力经接头输入膜盒后，膜盒的自由端产生一正比于被测压力的位移，并带动衔铁在差动变压器中移动，从而使差动变压器输出正比于被测压力的电压。这种微压力传感器可测量 $-4 \times 10^4 \sim 6 \times 10^4$ Pa 之间的压力，精度为 1.5%。

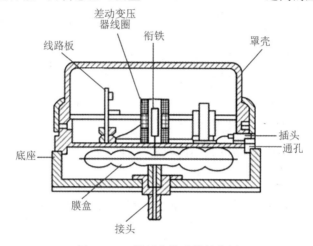

图 4-31　微压力传感器结构图

3. 差动变压器测加速度

图 4-32 所示为差动变压器式加速度传感器结构图，它由悬臂梁和差动变压器组成。

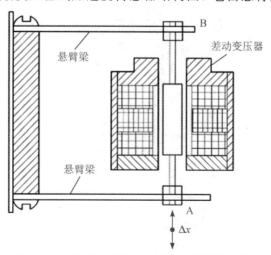

图 4-32　差动变压器式加速度传感器结构图

测量时，将悬臂梁底座即差动变压器的线圈骨架固定，而将衔铁的 A 端与被测物体相连。当被测物体带动衔铁以 Δx 振动时，导致差动变压器的输出电压按照相同的规律变化。通过输出电压值的变化间接地反映了被测加速度值的变化。

4.7　电感式传感器的验证实验

4.7.1　实验概述

通过搭建差动变压器式传感器的位移检测系统，读取示波器的峰峰值，测量测微头移动距离，记录实验数据，并通过实验数据的处理，计算差动变压器式传感器的线性度和灵敏度，分析其性能指标。

实验名称：差动变压器的性能实验。

实验目的：

(1) 了解差动变压器的结构；

(2) 掌握差动变压器的工作原理；

(3) 掌握差动变压器测距离的特性指标。

实验内容：

(1) 了解传感器与检测技术试验台(求是教仪)的结构和布局；

(2) 了解三段式差动变压器的结构；

(3) 掌握搭建完整的位移检测系统的方法，并进行测量实践；

(4) 掌握实验数据处理及性能指标计算方法。

实验设备：传感器与检测技术试验台(求是教仪)，CGQ - CD - 01 实验模块，CGQ - 02 音频振荡器，测微头，双踪示波器。

4.7.2　实验实施

具体实验实施步骤如下：

(1) 了解 CGQ - DB - 01 实验装置上三段式差动变压器结构。

(2) 根据图 3 - 17 所示，将测微头安装在 CGQ - DB - 01 实验装置的支架上，用手拧紧螺丝，固定好测微头。

(3) 根据图 4 - 33 所示正确接线：音频振荡器信号须从实验台面板 CGQ - 02 的 LV 端子输出。此时，示波器上有两条波形线，白色波形线为输入信号(对应通道 CH_1)，红色波形线为输出信号(对应通道 CH_2)。

① 用频率/转速表监测，调节音频振荡频率为 4～5 kHz；

② 用双踪示波器监测，x 轴为 0.2 ms/div、y 轴 CH_1 为 1 V/div、y 轴 CH_2 为 20 mV/div；

③ 用双踪示波器监测，调节幅度，使 CH_1 输出幅度为峰峰值 $U_{p-p} = 2$ V。

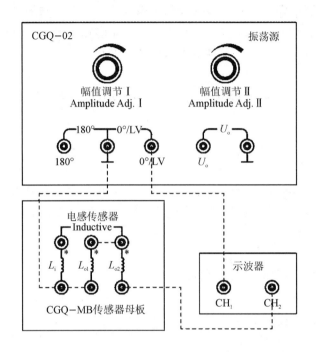

图 4-33　双踪示波器与差动变压器连接示意图

（4）判别初次级线圈及同名端。在差动变压器实验中，判别初次级线圈和同名端是正确接线的前提。具体方法如下：设任一线圈为初级线圈，并设另外两个线圈的任一端为同名端。按照图 4-33 所示接线之后，当铁氧体上下移动时，观察示波器显示的初级线圈波形、次级线圈波形，当次级波形输出幅值变化很大，基本能过零点，而且相位与初级线圈波形（LV 音频信号 $U_{p\text{-}p}=2\text{ V}$）比较能同相和反相变化，说明已连接的初、次级线圈及同名端是正确的，否则须改变连接再行判断，直至正确为止。

（5）旋动测微头，使示波器通道 CH₂ 显示的波形峰峰值 $U_{p\text{-}p}$ 为最小，并记录此值（零点残余电压），以此为基准（0 mm）上下移位（假设某方向为正移位，则另一方向为负移位）。

（6）先从 $U_{p\text{-}p}$ 最小值开始正移动，每隔 0.2 mm 从示波器通道 CH₂ 上读出输出电压 $U_{p\text{-}p}$ 并填入表 4-4 中；再从 $U_{p\text{-}p}$ 最小值开始负移动，每隔 0.2 mm 从示波器通道 CH₂ 上读出输出电压 $U_{p\text{-}p}$ 并填入表 4-5 中。移动距离 ±3 mm（15 组数据）。

表 4-4　差动变压器位移值与输出电压数据表（正方向）

x/mm	3	2.8	2.6	2.4	2.2	2.0	1.8	1.6	1.4	1.2	1.0	0.8	0.6	0.4	0.2
$U_{p\text{-}p}$/mV															

表 4-5　差动变压器位移值与输出电压数据表（负方向）

x/mm	−3	−2.8	−2.6	−2.4	−2.2	−2.0	−1.8	−1.6	−1.4	−1.2	−1.0	−0.8	−0.6	−0.4	−0.2
$U_{p\text{-}p}$/mV															

（7）根据实验数据表 4-4 及表 4-5，绘制 $U_{p\text{-}p}$-x 曲线，并计算差动变压器的灵敏度和非线性误差（±1 mm 量程和 ±3 mm 量程）。

注意事项：

（1）实验过程中，需观察并记录正负移动时，初级和次级波形相位关系及其变化情况；

（2）实验过程中，需观察并记录差动变压器输出最小值(零点残余电压)。

4.8　电涡流式传感器

4.8.1　电涡流式传感器的工作原理

1. 概述

根据电涡流效应制成的传感器称为电涡流式传感器。根据法拉第电磁感应定律，块状金属导体置于变化的磁场中或在磁场中做切割磁力线运动时，导体内将会产生呈涡旋状的感应电流，这种电流在导体内是闭合的，称为电涡流。这种现象称为电涡流效应。

按照电涡流在导体内的贯穿情况，传感器可分为高频反射式和低频投射式两类，但从其基本工作原理上来说，二者是相似的。

电涡流式传感器最大的特点是能够对位移、厚度、表面温度、速度、应力、材料损伤等被测量进行非接触测量，另外还具有体积小、灵敏度高、频率响应宽等特点，应用极其广泛。

2. 工作原理

电涡流式传感器的原理如图 4-34 所示，它由传感器激励线圈和被测金属导体组成。根据法拉第电磁感应定律，当传感器激励线圈中通以高频交变电流 $\dot{I}_1$ 时，由于电流的变化，线圈周围会产生一个交变的磁场 $\dot{H}_1$，当被测金属导体置于该磁场范围之内时，被测金属导体内便产生电涡流 $\dot{I}_2$，电涡流将产生一个新磁场 $\dot{H}_2$。根据楞次定律，$\dot{H}_2$ 和 $\dot{H}_1$ 的方向相反，$\dot{H}_2$ 的作用将反抗原磁场 $\dot{H}_1$，抵消部分原磁场，从而导致传感器线圈的等效阻抗发生变化。传感器线圈受电涡流影响时的等效阻抗 Z 的函数关系式为

$$Z = F(\rho, \mu, r, f, x) \tag{4-76}$$

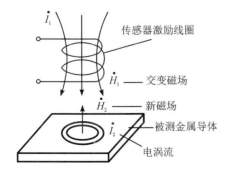

图 4-34　电涡流式传感器的原理　　电涡流式传感器的工作原理

式中：ρ 为被测金属导体的电阻率；μ 为被测金属导体的磁导率；r 为线圈与被测金属导体

的尺寸因子；f 为线圈中激励电流的频率；x 为线圈与金属导体之间的距离。

由此可见，线圈阻抗的变化完全取决于被测金属导体的电涡流效应，电涡流效应既与被测导体的电阻率、磁导率和几何形状有关，还与线圈的几何参数、线圈中激励电流的频率有关。如果保持式(4-76)中其他参数不变，只改变其中一个参数，传感器线圈的阻抗 Z 就仅仅是这个参数的单值函数。通过与传感器配用的测量电路测出阻抗 Z 的变化量，即可实现对该参数的测量。

3. 输出特性

讨论电涡流式传感器时，可以把产生电涡流的金属导体等效成一个短路环，即假设电涡流只分布在环体内。因此，电涡流式传感器等效电路如图4-35所示。图中，R_2 为电涡流短路环的等效电阻，其表达式为

$$R_2 = \frac{2\pi\rho}{h \ln \dfrac{r_a}{r_i}} \tag{4-77}$$

式中：h 为电涡流的深度，$h = \sqrt{\dfrac{\rho}{\pi\mu_0\mu_r f}}$，可见频率越高，电涡流渗透的深度就越浅；$r_a$、$r_i$ 为短路环的外径和内径；ρ 为短路的电阻率。

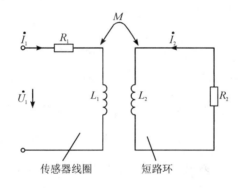

图4-35 电涡流式传感器等效电路

根据基尔霍夫第二定律，可列出如下公式：

$$R_1 \dot{I}_1 + j\omega L_1 \dot{I}_1 - j\omega M \dot{I}_2 = \dot{U}_1 \tag{4-78}$$

$$-j\omega M \dot{I}_1 + R_2 \dot{I}_2 + j\omega L_2 \dot{I}_2 = 0 \tag{4-79}$$

式中：ω 为线圈激励电流的角频率；R_1、L_1 为线圈的电阻与电感；R_2、L_2 为短路环的等效电阻和等效电感；M 为线圈和金属导体之间的互感系数。

由式(4-78)和式(4-79)解得线圈受电涡流影响后的等效阻抗 Z 的表达式为

$$Z = \frac{\dot{U}_1}{\dot{I}_1} = R_1 + \frac{\omega^2 M^2 R_2}{R_2^2 + (\omega L_2)^2} + j\omega \left[L_1 - \frac{\omega^2 M^2 L_2}{R_2^2 + (\omega L_2)^2} \right] = R_{eq} + j\omega L_{eq} \tag{4-80}$$

式中，R_{eq}、L_{eq} 为线圈受电涡流影响后的等效电阻和等效电感，且有

$$R_{eq} = R_1 + \frac{\omega^2 M^2 R_2}{R_2^2 + (\omega L_2)^2} \tag{4-81}$$

$$L_{eq} = L_1 - \frac{\omega^2 M^2 L_2}{R_2{}^2 + (\omega L_2)^2} \tag{4-82}$$

线圈的等效品质因数为

$$Q = \frac{\omega L_{eq}}{R_{eq}} \tag{4-83}$$

由式(4-81)、式(4-82)和式(4-83)可知，产生电涡流效应后，由于电涡流的影响，线圈的等效电阻增大，线圈的等效电感减小，因此线圈的等效品质因数下降。电涡流式传感器的等效电器参数都是互感系数 M^2 的函数，因此电涡流式传感器属于电感式传感器。

4.8.2　电涡流式传感器的测量电路

电涡流式传感器的测量电路主要有调幅式测量电路和调频式测量电路两种。

1. 调幅式测量电路

调幅式测量电路的原理框图如图 4-36 所示，它由传感器线圈 L_x、电容器 C_0 和石英晶体振荡器组成。石英晶体振荡器起恒流源的作用，给谐振回路提供一个频率 (f_0) 稳定的激励电流 i_0。LC 回路的输出电压为

电涡流式传感器的测量电路

$$U_0 = i_0 f(Z) \tag{4-84}$$

当金属导体远离或者去掉时，LC 并联谐振回路谐振频率即为石英晶体

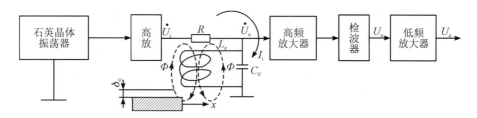

图 4-36　调幅式测量电路的原理框图

振荡频率 f_0，回路呈现的阻抗最大，谐振回路上的输出电压也最大；当金属导体靠近传感器线圈时，线圈的等效电感 L_x 发生变化，导致回路失谐，从而使输出电压降低，L_x 的数值随距离 x 的变化而变化，输出电压也随 x 而变化。输出电压经高频放大器、检波器、低频放大器，最终输出的直流电压 U_0 反映了金属导体对电涡流线圈的影响。

2. 调频式测量电路

调频式测量电路的原理框图如图 4-37 示，传感器线圈接入 LC 振荡回路，并联谐振回路的谐振频率为

$$f = \frac{1}{2\pi\sqrt{L_0 C_0}} \tag{4-85}$$

当电涡流线圈与被测体的距离 x_0 改变时，电涡流线圈的电感量 L_0 也随之改变，引起 LC 振荡器的输出频率变化。此频率信号(TTL 电平)可直接由计算机计数，或通过鉴频器将频率信号转换为电压信号，然后用数字电压表显示出对应的电压。

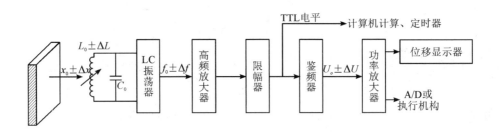

图 4 - 37　调频式测量电路的原理框图

4.8.3　电涡流式传感器的应用发展

电涡流式传感器具有测量范围大、灵敏度高、结构简单、抗干扰能力强和可以非接触测量等优点，因此被广泛应用于工业生产和科学研究的各个领域中。

电涡流式传感器的应用发展

1. 电涡流式传感器测位移

根据式(4-76)可知，电涡流式传感器与被测金属导体的距离变化将影响其等效阻抗。根据该原理，可用电涡流式传感器实现位移的测量。测量位移的范围为 $0\sim30$ mm，分辨力为满量程的 0.1%。

图 4-38 所示为电涡流式传感器测汽轮机主轴的轴向位移。联轴器安装在汽轮机的主轴上，高频反射式电涡流传感器置于联轴器附近。当汽轮机主轴沿轴向存在位移时，传感器线圈与联轴器的距离发生变化，引起线圈阻抗变化，从而使传感器的输出发生变化。根据传感器的输出，即可测得汽轮机主轴沿轴向的位移量。

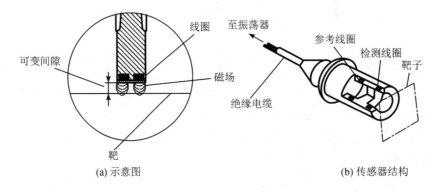

(a) 示意图　　　　　　　　　(b) 传感器结构

图 4-38　电涡流式传感器测汽轮机主轴的轴向位移

2. 电涡流式传感器测振幅

电涡流式传感器可以无接触地测量各种机械振动，测量范围从几十微米到几毫米。对桥梁、丝杆等机械结构的振动测量，需要使用多个电涡流式传感器并排安置在被测物体附近，并使其工作频率相互错开，如图 4-39 所示。用多通道指示仪输出至记录仪，当被测物体振动时，可获得各传感器所在位置的瞬时振幅，因而可测出被测物体瞬时振动分布形状。

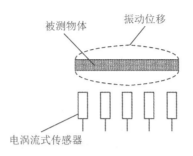

图 4 - 39　电涡流式传感器测振幅

3. 电涡流无损探伤

电涡流式传感器可以用于无损探伤,非破坏性地探测金属材料的表面裂纹、热处理裂以及焊缝裂纹等,如图 4 - 40 所示。探测时,使传感器与被测物体的距离保持不变,平行相对移动,如果金属表面或者内部存在裂纹,金属的电导率、磁导率就会发生变化,引起传感器的等效阻抗发生变化,从而通过测量电路达到探伤目的。

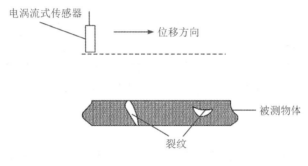

图 4 - 40　电涡流无损探伤

4.9　物料分选的创新实践

4.9.1　实践概述

利用 Arduino Uno 开源开发板、电涡流式传感器及蜂鸣器模块,通过硬件连接、软件编程和整体调试,制作基于 Arduino 的物料分选装置,实现电涡流式传感器的工程创新应用。

金属探测器是电涡流式传感器的典型应用。当金属接近传感器时,可以利用金属导磁的原理改变传感器线圈的等效阻抗,从而通过测量电路达到探测目的,但是对非金属不起作用。电涡流式金属探测器可以用于地铁站、机场等场所的安全检查门,以及军事领域的探雷器等。本实践任务是利用 Arduino Uno 开源开发板、电涡流式传感器及蜂鸣器模块,实现物料分选(分选出金属导体物料)。要求:当电涡流式传感器检测到金属导体物料时,蜂鸣器发出报警声。

4.9.2 硬件连接

硬件清单：Arduino Uno 开源开发板，电涡流式接近开关，蜂鸣器，面包板，杜邦线若干。

电涡流式接近开关又称为无触点行程开关，其内部包含高频振荡电路、检波电路、放大电路、触发电路及输出电路。在给电涡流式接近开关供电后，高频振荡电路中振荡器会在开关的检测面产生一个交变电磁场的能量，使得振荡器减弱或停振，并经检波电路转换为一个高/低电平信号；通过放大电路将电平信号放大后，经触发电路触发晶体三极管电路工作，产生一个开关信号，从而检测金属有无，达到金属物料分选的目的。本实践采用NPN 常开型电涡流式接近开关，其引脚定义如表 4-6 所示。

表 4-6 NPN 常开型电涡流式接近开关引脚定义

引　脚	定　义
棕线	电源正极
蓝线	电源地
黑线	触发信号

通过扫描"物料分选硬件连接"二维码，获得物料分选硬件连接 AR 体验。

4.9.3 软件编程

检查硬件电路，若电路连接正确无误则通电进行测试，然后进行程序烧录。通过扫描"物料分选控制程序"二维码，获得物料分选控制程序，并通过Arduino IDE 烧录至 Arduino Uno 中。

物料分选
控制程序

课后思考

1. 根据工作原理的不同，电感式传感器可分为几种类型？每种类型各有什么特点？

2. 变气隙式电感传感器的输出特性与哪些因素有关？怎么改善其非线性？

3. 与单线圈式自感传感器相比，差动式自感传感器在灵敏度和线性度方面有什么优势？为什么？

4. 引起零点残余电压的主要原因是什么？如何消除零点残余电压？

5. 如何通过相敏检波电路和差动整流电路实现对位移大小和方向的判定？

6. 简述电涡流式传感器的工作原理。

7. 已知变气隙式电感传感器的铁芯截面积 $S=1.5\ \text{cm}^2$，磁路长度 $L=20\ \text{cm}$，相对磁导率 $\mu_1=5000$，气隙初始厚度 $\delta_0=0.5\ \text{cm}$，$\Delta\delta=\pm0.1\ \text{mm}$，真空磁导率 $\mu_0=4\pi\times10^{-7}\text{H/m}$，线圈匝数 $N=3000$，求单线圈式传感器的灵敏度 $\Delta L/\Delta\delta$。若将其做成差动结构，灵敏度将如何变化？

项目五 基于霍尔传感器的电和磁检测

知识目标	任务八 应用霍尔开关控制点火	(1) 熟练掌握霍尔传感器的工作原理； (2) 掌握霍尔元件的结构和特点； (3) 了解霍尔元件的特性参数； (4) 熟练掌握霍尔传感器的测量电路的组成及补偿方法； (5) 理解霍尔传感器的应用
能力目标		(1) 能够解释霍尔传感器的工作原理； (2) 能够分析霍尔传感器的测量电路； (3) 能够分析霍尔传感器的温度误差及其补偿方法； (4) 能够结合生活生产实际举例说明霍尔传感器的应用； (5) 能够制作基于 Arduino 的霍尔开关装置
素质目标		(1) 培养学生分析问题、解决问题的能力； (2) 培养学生表达能力和团队协作能力； (3) 培养学生自主学习、终身学习的能力； (4) 培养学生工程应用能力
思政目标		(1) 通过制作霍尔开关装置，提升学生工程应用的创新思维； (2) 通过实验数据分析处理，培养学生求真务实的精神

任务八 应用霍尔开关控制点火

任务导入

    随着汽车电子技术的发展，汽车的动力性和经济性越来越受到人们的重视。点火时间的准确性对于发动机的正常运行至关重要。如果点火时间过早，进气门处于尚未关闭的状态，就会出现"反喷"症状，造成爆震，汽车能效降低；如果点火时间过晚，汽车启动困难，无法正常行驶。传统的机电气缸点火装置使用机械式的分电器，存在点火时间不准确、触点易磨损等缺点。现代汽车采用霍尔开关无触点点火装置可以克服上述缺点，实现准确点火，提高燃烧效率。

霍尔开关——
任务导入

头脑风暴

汽车上的防抱死刹车系统（ABS, Anti-Locked Braking System）有何功效？

5.1 霍尔传感器的工作原理

5.1.1 霍尔传感器概述

霍尔效应

霍尔传感器是基于霍尔效应的一种传感器，将被测量（如电流、磁场、位移、压力、压差、转速等）转换成电动势输出。霍尔传感器的优点是结构简单、体积小、坚固、频率响应宽（从直流到微波）、动态范围（输出电动势的变化）大、非接触、使用寿命长、可靠性高、易于微型化和集成化等。但也存在转换率较低、温度影响大、要求转换精度较高时必须进行温度补偿等缺点。霍尔传感器在测量技术、自动化技术和信息处理等方面得到了广泛应用。

5.1.2 霍尔效应

霍尔效应是电磁效应的一种。金属或半导体薄片置于磁感应强度为 B 的磁场中，磁场方向垂直于薄片，当有电流 I 流过薄片时，在垂直于电流和磁场的方向上将产生电动势 E_H，这种现象称为霍尔效应，该电动势称为霍尔电势。

1879 年，美国物理学家霍尔在研究金属导电机制时发现了这一效应，但由于金属材料的霍尔效应太弱而没有得到应用。随着半导体技术的发展，使用半导体材料制成的霍尔元件具有显著的霍尔效应，且随着高强度的恒定磁体和工作于小电压输出的信号调节电路的出现，霍尔传感器开始广泛应用于电磁、压力、加速度和振动等方面的测量。自霍尔效应发现以来，在多国科学家的努力下，量子霍尔效应、量子自旋霍尔效应、量子反常霍尔效应等相关效应被陆续发现，并获得了 1985 年和 1998 年的诺贝尔物理学奖，这其中也有中国科学家的贡献。

5.1.3 霍尔元件的工作原理

这里以 N 型半导体为例，进一步分析霍尔效应。如图 5-1 所示，一块 N 型半导体薄片，它的长度为 l，宽度为 b，厚度为 d，两对垂直侧面各装上电极。如果在厚度方向施加垂直于薄片的磁场，磁感应强度为 B，在长度方向通以控制电流 I，电流方向从右向左。于是，N 型半导体薄片中的载流体电子将受到洛伦兹力 f_L 的作用，其大小为

$$f_L = qvB \qquad (5-1)$$

式中：q 为单个电子电荷量，$q = 1.6 \times 10^{-19}$ C；v 为电子的平均运动速度，其方向与电流 I 方向相反。

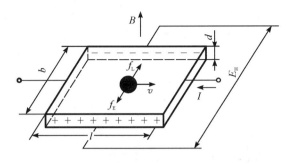

图 5-1　霍尔效应原理图

　　根据左手定则，洛伦兹力 f_L 的方向是向里的。在洛伦兹力 f_L 的作用下，电子向半导体的里侧偏转而形成电子的积累，使得该侧面带负电。半导体内与该侧面相对的另一侧面，由于缺少电子而带正电，从而在这两个侧面之间形成附加内电场 E_H，称为霍尔电场。在霍尔电场的作用下，电子将受到一个与洛伦兹力方向相反的电场力 f_E 的作用，逐渐阻止电子的积累。当洛伦兹力 f_L 与电场力 f_E 的大小相等时，电子的积累达到动态平衡，则有 $qE_H = qvB$。因此，霍尔电场强度为

$$E_H = vB \tag{5-2}$$

相应的霍尔电压为

$$U_H = E_H b = vBb \tag{5-3}$$

　　当材料中电阻浓度（单位体积内电子数）为 n 时，电流密度 $j = -nqv$，则根据电流的定义，控制电流 $I = jbd = -nqvbd$，有

$$v = -\frac{I}{nqbd} \tag{5-4}$$

将式(5-4)代入式(5-3)得

$$U_H = -\frac{IB}{nqd} \tag{5-5}$$

　　式(5-5)中，令 $R_H = -1/nq$，称为霍尔系数。霍尔系数由载流材料的性质所决定，反映材料霍尔效应的强弱，则

$$U_H = R_H \frac{IB}{d} = K_H IB \tag{5-6}$$

式中：$K_H = R_H/d$ 为霍尔元件的灵敏度，它表示一个霍尔元件在单位控制电流和单位磁感应强度时产生的霍尔电压的大小，与霍尔元件的厚度 d 成反比。因此，为了提高灵敏度，霍尔元件都做得很薄，通常近似 1 微米。但霍尔元件并不是越薄越好，太薄会导致输入/输出电阻增加，通电后发热，影响霍尔元件性能。

5.1.4　霍尔元件

1. 霍尔元件的结构

　　霍尔元件的结构比较简单，它由霍尔片、四根引线和壳体组成，如图　　　霍尔元件

5-2所示。霍尔片是一块矩形半导体单晶薄片，其尺寸一般为4 mm×2 mm×0.1 mm。在薄片的长度方向焊有两根控制电流引线a和b，称为激励电极；在薄片的另两端面的中央对称地焊有c和d两根输出引线，称为霍尔电极。霍尔元件的壳体是由非导磁金属、陶瓷或环氧树脂封装而成的。

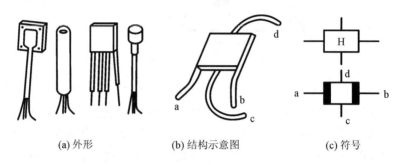

(a) 外形   (b) 结构示意图   (c) 符号

图5-2 霍尔元件

目前，常用的霍尔元件材料有锗、硅、锑化铟、砷化铟等半导体材料。其中，N型锗容易加工制造，其霍尔系数、温度性能和线性度都较好；N型硅的线性度最好，其霍尔系数、温度性能同N型锗；锑化铟对温度最敏感，尤其在低温范围内温度系数大，但在室温时其霍尔系数较大；砷化铟的霍尔系数较小，输出特性线性度好。

霍尔元件的符号如图5-2(c)所示，短边上的引线接控制电流，长边上的引线接霍尔电动势。

2. 霍尔元件的特性参数

（1）额定控制电流I_C与最大控制电流I_{CM}。霍尔元件在空气中产生10℃的温升时所施加的控制电流值称为额定控制电流I_C；以霍尔元件允许的最大温升为限制所对应的额定控制电流称为最大控制电流I_{CM}。在相同的磁场感应强度下，霍尔电势随控制电流的增加而线性增大，所以实际中选用尽可能大的控制电流。一般需要知道霍尔元件的最大控制电流。改善霍尔元件的散热条件，可以使控制电流增加。

（2）输入电阻R_i与输出电阻R_o。两个激励电极间的电阻称为输入电阻R_i。霍尔电极输出电势对外电路来说相当于一个电压源，其电压源内阻即为输出电阻R_o。R_i和R_o电阻值是在磁感应强度为零且环境温度为20℃±5℃时确定的。

（3）不等位电势E_M与不等位电阻R_M。当霍尔元件的控制电流为I时，若元件所处位置磁感应强度为零，则它的霍尔电势应该为零，但实际不为零。这时测得的空载霍尔电势称为不等位电势E_M，如图5-3所示。不等位电势与相应控制电流的比值称为不等位电阻R_M，其值为

$$R_M = \frac{E_M}{I} \qquad (5-7)$$

产生不等位电势和不等位电阻的主要原因是：霍尔电极安装位置不对称或不在同一等位面上；半导体材料不均匀造成电阻率不均匀或几何尺寸不对称；激励电极接触不良造成控制电流不均匀分配。

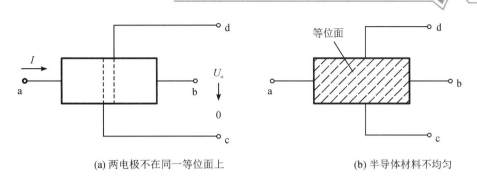

(a) 两电极不在同一等位面上　　　　　　(b) 半导体材料不均匀

图 5-3　不等位电势产生示意图

5.2　霍尔传感器的测量电路及误差分析

5.2.1　霍尔传感器的测量电路

霍尔传感器的测量电路如图 5-4 所示，电压源 E 提供控制电流 I，可变电阻 R 用以根据要求改变控制电流 I 的大小，R_L 是霍尔电势的负载电阻，一般用于表征显示仪表、记录装置或放大器的输入阻抗，所施加的磁场 B 一般与霍尔元件的平面垂直。控制电流也可以是交流电源，由于建立霍尔效应所需的时间短，因此控制电流的频率可高达 10^9 Hz 以上。

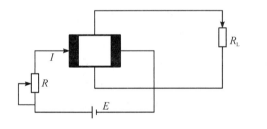

图 5-4　霍尔传感器的测量电路

霍尔传感器的测量电路

5.2.2　霍尔传感器的误差分析

1. 不等位电势误差及补偿

不等位电势与霍尔电势具有相同的数量级，有时甚至会超过霍尔电势。实际使用中，若想消除不等位电势是极其困难的，只有采用补偿的方法来消除不等位电势误差的影响。

一个矩形霍尔片有两对电板，各个相邻电极之间共有四个电阻 R_1、R_2、R_3、R_4，因而可以把霍尔元件等效为一个电桥电路，如图 5-5 所示。这样，不等位电势就相当于电桥的初始不平衡输出电压。理想情况下，不等位电势为零，即电桥平衡，相当于 $R_1 = R_2 = R_3 = R_4$，则所有能够使电桥达到平衡的方法均可用于补偿不等位电势，使不等位电势为零。

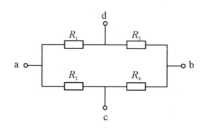

图 5-5　霍尔元件等效电路

霍尔元件的不等位电势补偿电路有很多形式,图 5-6 所示为两种常见的补偿电路,其中 R_P 是可变电阻。图 5-6(a)所示是在电桥阻值较大的桥臂上并联电阻 R_P,通过调节 R_P 使电桥达到平衡状态,这种补偿方式相对简单,称为不对称补偿电路。图 5-6(b)所示是在两个桥臂上同时并联电阻 R_P,这种补偿方法称为对称补偿电路,补偿后的温度稳定性较好。

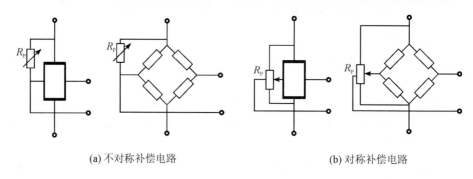

(a) 不对称补偿电路　　　　　　　　　　(b) 对称补偿电路

图 5-6　不等位电势补偿电路

2. 温度误差及补偿

霍尔元件是由半导体材料制成的,具有较大的温度系数。当温度变化时,霍尔元件的电阻率、载流子浓度、霍尔系数都将发生变化,从而使霍尔元件产生误差。为了减小霍尔元件的温度误差,除了选用温度系数较小的半导体材料或采用恒温措施外,还可以采用适当的补偿电路。

温度变化会引起霍尔元件输入电阻的变化,从 $U_H = K_H IB$ 可以看出,采用恒流源(稳定度±0.1%)供电,可以减小由于控制电流 I 的变化(输入电阻随温度变化引起的)所带来的温度误差。

但是,霍尔元件的灵敏度 K_H 也是温度的函数。因此,即使采用恒流源供电,也不能补偿全部温度误差。霍尔元件的灵敏度与温度的关系可表示为

$$K_H = K_{H0}(1 + \gamma \Delta T) \tag{5-8}$$

式中:K_{H0} 为温度是 T_0 时的 K_H 值;ΔT 为温度变化量;γ 为霍尔电压温度系数。

大多数霍尔元件的温度系数是正值,它们的霍尔电压随温度升高而增加$(1 + \gamma \Delta T)$倍。此时,如果让控制电流 I 相应地减小,并能保持 $K_H I$ 乘积不变,也就可以抵消霍尔灵敏度增大的影响。因此,可以在霍尔元件的输入回路中并联一个电阻,起到分流的作用。如图 5-7 所示,电路中 I 为恒流源,分流电阻 R_P 与霍尔元件的控制电极相并联。当霍尔元件的输入电阻随温度升高而增加时,分流电阻 R_P 也会随温度升高而自动地增大分流,减小霍尔元件的控制电流 I,从而达到补偿的目的。

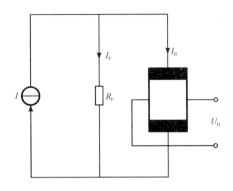

图 5-7　恒流源温度补偿电路

当霍尔元件的初始温度为 T_0，初始输入电阻为 R_{I0}，灵敏度为 K_{H0}，分流电阻为 R_{P0} 时，

$$I_{H0} = \frac{R_{P0} I}{R_{P0} + R_{I0}} \tag{5-9}$$

当温度上升到 T 时，电路中各参数变为

$$R_I = R_{I0}(1 + \alpha \Delta T) \tag{5-10}$$

$$R_P = R_{P0}(1 + \beta \Delta T) \tag{5-11}$$

式中：α 为霍尔元件输入电阻温度系数；β 为分流电阻温度系数。则

$$I_H = \frac{R_P I}{R_P + R_I} = \frac{R_{P0}(1 + \beta \Delta T) I}{R_{I0}(1 + \alpha \Delta T) + R_{P0}(1 + \beta \Delta T)} \tag{5-12}$$

为使补偿电路满足温度变化前后，霍尔电压不变，即 $U_{H0} = U_H$，则

$$K_{H0} I_{H0} = K_H I_H \tag{5-13}$$

将式(5-8)、式(5-9)、式(5-12)代入式(5-13)，经整理并略去 ΔT^2 项后得

$$R_{P0} = \frac{(\alpha - \beta - \gamma) R_{I0}}{\gamma} \tag{5-14}$$

当霍尔元件选定后，它的输入电阻 R_{I0}、温度系数 α 以及霍尔电压温度系数 γ 都是确定值，由式(5-14)即可算出分流电阻的初始值 R_{P0} 及所需的温度系数 β 值。为了满足 R_{P0} 和 β 两个条件，分流电阻可取温度系数不同的两种电阻的串、并联组合，这样虽然麻烦但是效果更好。

5.3　霍尔传感器的验证实验

5.3.1　实验概述

通过搭建直流激励霍尔传感器的位移检测系统，测量测微头移动距离，记录实验数据，并通过实验数据的处理，计算霍尔传感器的线性度和灵敏度，分析其性能指标。

实验名称：直流激励时霍尔传感器的位移特性实验。

实验目的：

(1) 了解霍尔元件的结构；

(2) 掌握霍尔传感器的工作原理；

（3）掌握霍尔位移传感器的特性。

实验内容：

（1）了解传感器与检测技术试验台（求是教仪）的结构和布局；

（2）了解霍尔元件的结构；

（3）掌握搭建完整的直流激励霍尔传感器位移检测系统的方法，并进行测量实践；

（4）掌握实验数据处理及性能指标计算方法。

实验设备：传感器与检测技术试验台（求是教仪），CGQ - CD - 01 实验模块，CGQ - YD - 04 实验模块，CGQ - CD - 02 实验模块，直流电源±2 V DC，直流电源±15 V DC，直流电压表。

5.3.2　实验实施

具体实验实施步骤如下：

（1）了解 CGQ - DB - 01 实验装置中的霍尔元件及安装位置。

（2）根据图 3 - 16 所示，将测微头安装在 CGQ - DB - 01 实验装置的支架上，用手拧紧螺丝，固定好测微头。

（3）按照图 5 - 8 所示正确接线。

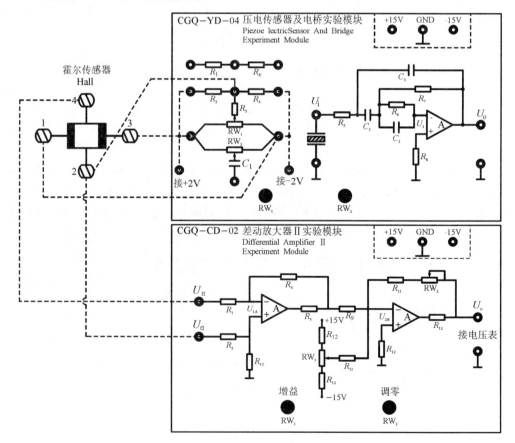

图 5 - 8　直流激励时霍尔传感器位移实验接线图

① 调节±2 V电源。将面板上CGQ-02直流电源模块中的"电压调节Ⅱ(1.2～12 V)"的正负极分别连接至直流电压表正负端(20 V挡位)，转动旋钮，调节电压至＋2 V；再将"电压调节Ⅲ(－1.2～－12 V)"的正负极分别连接至直流电压表正负端(20 V挡位)，转动旋钮，调节电压至－2 V。

② 供桥电压接±2 VDC直流电源(不要忘记接地)。

③ CGQ-CD-02实验模块电源接面板CGQ-02的±15 VDC直流电源和地。

④ CGQ-DB-01的霍尔传感器连接至CGQ-YD-04桥路部分和CGQ-CD-02输入端。

⑤ CGQ-CD-02输出端连接电压表(面板CGQ-02)。

（4）检查无误后，开启电源，调节测微头使霍尔片在马蹄形磁钢中间位置，再调节平衡电桥的RW_1使电压表指示为零，若无法调零则交换放大器两端输入接线。

（5）旋转测微头向轴向方向推进，每转动0.2 mm记录对应电压值并填入数据表5-1及表5-2中，直至读数近似不变。

表 5-1　霍尔传感器位移与输出电压数据表（正方向）

x/mm	3	2.8	2.6	2.4	2.2	2.0	1.8	1.6	1.4	1.2	1.0	0.8	0.6	0.4	0.2	0
U_o/mV																

表 5-2　霍尔传感器位移与输出电压数据表（负方向）

x/mm	－3	－2.8	－2.6	－2.4	－2.2	－2.0	－1.8	－1.6	－1.4	－1.2	－1.0	－0.8	－0.6	－0.4	－0.2
U_o/mV															

（6）根据实验数据表5-1及表5-2，绘制电压—位移(U-x)曲线，并计算霍尔传感器测量位移的灵敏度和线性度(根据实验数据选择两个量程)。

5.4　霍尔传感器的应用发展

霍尔传感器具有结构简单、体积小、质量轻、频带宽、动态性能好和寿命长等优点，因而得到广泛应用。在电磁测量中，霍尔传感器用于测量恒定的或交变的磁感应强度、有功功率、无功功率、相位、电能等参数；在自动检测系统中，霍尔传感器多用于位移、压力、转速等的测量。

霍尔传感器的
应用发展

5.4.1　霍尔微位移传感器

霍尔传感器不仅能用于磁感应强度、电能参数及有功功率的测量，也在位移测量中得到广泛应用。

霍尔位移传感器的结构原理图如图5-9所示。在磁场极性相反、磁场强度相同的两个磁钢的气隙中放置一片霍尔元件。该元件固定于被测物，跟随被测物沿着x轴方向移动。当霍尔元件处于中间位置时，霍尔元件同时受到大小相等、方向相反的磁通作用，此时磁感应强度$B=0$，因而霍尔元件输出的霍尔电压$U_\text{H}=0$；当霍尔元件沿着±x轴方向移动

时，霍尔元件感受到的磁感应强度也随之变化，此时磁感应强度 $B \neq 0$，则霍尔电压发生变化，其值为

$$U_H = K_H IB = K \Delta x \qquad (5-15)$$

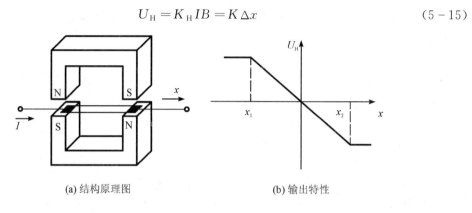

(a) 结构原理图　　　　　　　　(b) 输出特性

图 5-9　霍尔位移传感器

可见，霍尔电压的变化量与位移量呈线性关系，并且霍尔电压的极性还会反映霍尔元件的移动方向。实践证明，磁场变化率越大，灵敏度越高。霍尔位移传感器可用来测量 $1 \sim 2$ mm 的微位移，其动态范围达到 5 mm，分辨率为 0.001 mm；位移产生的霍尔电压可达 30 mV/mm 以上。

5.4.2　霍尔压力传感器

图 5-10 所示为霍尔压力传感器的结构原理图，它主要由弹簧管、霍尔片及磁路系统组成。弹簧管作为弹性元件，用以感受压力的变化，并将其转换为位移的变化量。当被测压力发生变化时，弹簧管端部发生位移，带动霍尔片在均匀梯度磁场中移动，作用在霍尔片的磁场也发生变化，输出的霍尔电压随之改变，由此测量出压力的变化。霍尔电压与被测压力依然呈线性关系。

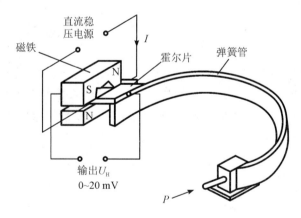

图 5-10　霍尔压力传感器的结构原理图

5.4.3　霍尔转速传感器

图 5-11 所示是几种不同结构的霍尔转速传感器，转盘的输入轴与被测转轴相连。当

被测转轴转动时,转盘随之转动,固定在转盘附近的霍尔传感器便可在每一个小磁铁通过时产生一个相应的脉冲,检测出单位时间的脉冲数,便可知道被测转速。

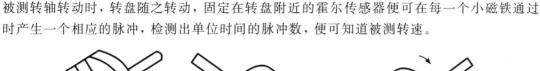

图 5-11 霍尔转速传感器

设转盘上固定有 n 个永磁体,采样时间 t(单位:s)内霍尔元件送入数字频率计的脉冲数为 N,则转速(单位:r/s)为

$$r = \frac{N/n}{t} = \frac{N}{tn} \tag{5-16}$$

由此可见,此方法测量转速时分辨率的大小由转盘上的小磁铁的数目 n 决定。

在现代汽车 ABS 系统(防抱死刹车系统)中,将带有微型磁铁的霍尔转速传感器安装在正对着汽车车轮齿轮的支架上,如图 5-12 所示。车轮转动时,车轮的齿和齿槽轮流对准霍尔传感器。当齿对准霍尔传感器时,如图 5-12(b)所示,受铁质齿轮影响,微型磁铁的磁力线集中穿过霍尔元件,产生较大的霍尔电压,经过放大、整形后输出高电平;反之,齿轮的齿槽对准霍尔元件时,如图 5-12(c)所示,微型磁铁的磁力线分散穿过霍尔元件两侧,产生较小的霍尔电压,经过放大、整形后输出低电平。将高低电平转换为脉冲,然后计算单位时间内接收到的脉冲数,再根据一圈齿轮的齿数,即可计算出车轮转速。

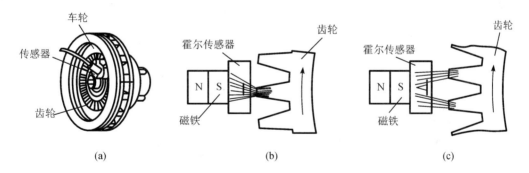

图 5-12 霍尔转速传感器在汽车 ABS 系统中的应用

随着汽车电子技术的发展,汽车的安全性能技术受到人们的重视,制动系统作为主要安全件更是备受关注。ABS 系统是一种具有防滑、防锁死等优点的汽车安全控制系统,它既有普通制动系统,又能在制动过程中防止车轮被制动抱死。在 ABS 系统中,霍尔速度传感器是十分重要的部件。在制动时,霍尔速度传感器测量车轮的速度,如果一个车轮有抱死的可能时,车轮减速度很快,车轮开始滑转;如果该减速度超过设定的阈值时,控制器就会发出指令,让电磁阀停止或减少车轮的制动压力,直到抱死的可能消失为止。

5.4.4 霍尔式汽车无触点点火装置

霍尔式汽车无触点点火装置结构图如图 5-13 所示。该点火装置由带导板（导磁）的永久磁铁和霍尔传感器组成，触发叶轮的叶片在霍尔传感器和永久磁铁之间转动。霍尔传感器包括霍尔元件和集成电路。

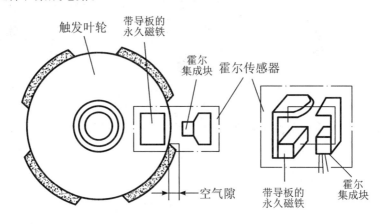

图 5-13　霍尔式汽车无触点点火装置结构图

霍尔式汽车无触点点火装置工作原理如图 5-14 所示，每当触发叶轮的叶片进入永久磁铁与霍尔传感器之间的空气隙时，霍尔传感器中的磁场即被触发叶轮的叶片所隔断，如图 5-14(a) 所示。这时，霍尔元件不产生霍尔电压，集成电路输出级的晶体管处于截止状态，信号发生器输出高电位。当触发叶轮的叶片离开空气隙时，永久磁铁的磁通便通过霍尔传感器和导板构成回路，如图 5-14(b) 所示。这时，霍尔元件产生霍尔电压，集成电路输出级的晶体管处于导通状态，信号发生器输出低电位。

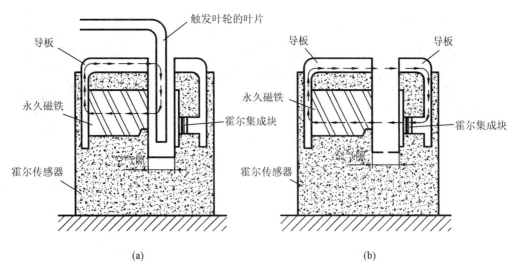

(a)　　　　　　　　　　　　(b)

图 5-14　霍尔式汽车无触点点火装置工作原理

综上所述，叶片进入空气隙时信号发生器输出高电位，叶片离开空气隙时信号发生器输出低电位。霍尔式汽车无触点点火装置就是依靠这样的方波信号进行触发并控制点火装置工作的。

5.5　霍尔开关的创新实践

5.5.1　实践概述

利用 Arduino Uno 开源开发板、霍尔开关模块、磁铁及 LED 发光二极管，通过硬件连接、软件编程和整体调试，制作基于 Arduino 的霍尔开关装置，实现霍尔传感器的工程创新应用。

霍尔传感器可以作为霍尔接近开关，实现磁性材料的非接触式开关控制。当磁铁靠近时，霍尔开关接通；在磁铁离开后，霍尔开关断开。霍尔开关常用于测量车轮的转速。例如，在 GPS 普及之前，许多自行车里程表都是使用霍尔开关的。霍尔开关还可以用于数控车床的自动换刀装置，制作成发讯盘，实现非接触式的刀位定位。本实践任务是利用 Arduino Uno 开源开发板、霍尔开关模块、磁铁及发光二极管，实现霍尔开关控制。要求：当磁铁靠近霍尔开关时，发光二极管点亮；当磁铁远离霍尔开关时，发光二极管熄灭。

5.5.2　硬件连接

硬件清单：Arduino Uno 开源开发板，霍尔开关模块，磁铁，发光二极管，电阻，面包板，杜邦线若干。

1. 霍尔开关模块

霍尔开关模块应用霍尔效应原理，采用半导体集成技术制成。霍尔开关模块由电压调整器、霍尔电压发生器、差分放大器、史密特触发器、温度补偿电路和集电极开路的输出级组成，其输入为磁感应强度，输出是一个数字电压信号。霍尔开关模块具有体积小、灵敏度高、响应速度快等特点。霍尔开关模块引脚定义如表 5-3 所示。

表 5-3　霍尔开关模块引脚定义

引　脚	定　义
VCC	电源正极
GND	电源地
DO	数字量输出

2. 发光二极管(LED)

发光二极管(LED)是一种常用的发光器件，通过电子与空穴复合释放能量发光，它在照明领域应用广泛。发光二极管的工作电压在 DC1.8~2 V，因此为了防止其烧毁，使用时需串接限流电阻。发光二极管引脚定义如表 5-4 所示。

表 5－4　发光二极管引脚定义

引　脚	定　义
长脚	正极
短脚	负极

通过扫描"霍尔开关硬件连接"二维码，获得霍尔开关硬件连接 AR 体验。

5.5.3　软件编程

霍尔开关
控制程序

检查硬件电路，若电路连接正确无误则通电进行测试，然后进行程序烧录。通过扫描"霍尔开关控制程序"二维码，获得霍尔开关控制程序，并通过 Arduino IDE 烧录至 Arduino Uno 中。

课后思考

1. 什么是霍尔效应？霍尔电压与哪些因素有关？

2. 影响霍尔元件输出零点的因素有哪些？怎样补偿？

3. 温度变化对霍尔元件输出电压有什么影响？如何补偿？

4. 试解释霍尔位移传感器的输出电压与位移成正比关系。

5. 某霍尔元件的 l、b、d 尺寸分别为 1.0 mm、3.5 mm、0.1 mm，沿 l 方向通以电流 $I=1.0$ mA，在垂直 lb 平面加有均匀磁场 $B=0.3$ T，传感器的灵敏度为 22 V/A·T，求其输出的霍尔电压和载流子浓度。

6. 为测量某霍尔元件的灵敏度 K_H，构成图 5－4 所示的实验电路，现施加 $B=0.2$ T 的外磁场，调节 R，使控制电流 $I=40$ mA，测得输出电压 $U_H=28$ mV。试求该霍尔元件的灵敏度。

项目六　基于光电式传感器的光线检测

知识目标	任务九　应用光电式传感器追踪移动物体	（1）熟练掌握光电效应； （2）掌握光电式传感器的类别和基本形式； （3）了解常见光电器件的特性； （4）掌握光电式传感器的测量电路； （5）理解光电式传感器的应用
能力目标		（1）能够解释光电式传感器的工作原理； （2）能够比较不同类别光电式传感器的基本特性； （3）能够分析光电式传感器的测量电路； （4）能够结合生活生产实际举例说明光电式传感器的应用； （5）能够制作基于 Arduino 的追踪移动物体装置
素质目标		（1）培养学生分析问题、解决问题的能力； （2）培养学生表达能力和团队协作能力； （3）培养学生自主学习、终身学习的能力； （4）培养学生工程应用能力
思政目标		（1）通过制作追踪移动物体装置，提升学生工程应用的创新思维； （2）通过实验数据分析处理，培养学生求真务实的精神

任务九　应用光电式传感器追踪移动物体

任务导入

　　复眼是昆虫的主要视觉器官，由多个小眼组成，每个小眼都是一个独立的感光单位，具有感受物体的大小、形状和颜色等功能。近年来，各国科学家开始对昆虫复眼的神奇功能进行探索，发现昆虫复眼神经感杆对偏振光敏感，于是开始研发模仿昆虫复眼的偏振敏感机理的导航技术。这种技术可以用于无人机、机器人、无人驾驶汽车等领域，实现更加精准的定位和导航。

追踪移动的物体
——任务导入

光电式传感器得以快速发展的原因是什么？可以利用其实现哪些创新型应用？

6.1 光电式传感器的工作原理

6.1.1 光电式传感器概述

光电式传感器以光电效应为基础，采用光电器件作为检测元件，是一种将光信号转换为电信号的传感器。光电式传感器由于响应速度快，能实现非接触测量，而且精度高、分辨力高、可靠性好，加之半导体光敏器件具有体

光电效应

积小、重量轻、功耗低、便于集成等优点，因而广泛应用于军事、宇航、通信、检测与工业自动控制等各个领域中。光电式传感器一般由光源、光学通路、光电元件和测量电路等组成。光电式传感器可用于检测直接引起光量变化的非电量，如光强、光照度、辐射测温、气体成分分析等；也可用于检测能转换成光量变化的其他非电量，如零件直径、表面粗糙度、应变、位移、振动、速度、加速度，以及物体的形状、工作状态的识别等。

6.1.2 光电效应

光电效应是在 1887 年由德国物理学家赫兹发现的。赫兹为了证实麦克斯韦电磁理论搭建了电磁波的发射与接收实验系统，他设置了不同的实验条件，重复了上千次的实验进行细致观察。在实验的过程中，他发现了一个奇怪的现象：当没有光照射到接收器时，接收器电火花所能跨越的最大空间距离就会缩小；当用紫外线照射接收器时，产生的电火花更加明亮。实际上，这种现象就是光电效应。赫兹对这个奇怪的实验现象百思不得其解，不过他忠实地把它记录下来，并撰写了一篇题为《论紫外光在放电中产生的效应》的论文。虽然这篇论文发表了，但在当时并没有引起太多的关注。

直到 1905 年，德国物理学家爱因斯坦才用光量子学说解释了光电效应，并为此而获得 1921 年诺贝尔物理学奖。

根据爱因斯坦光子假设学说，光可以看作是一串具有一定能量的运动着的粒子流，这些粒子称为光子，每个光子所具有的能量与其频率成正比，光的频率越高（即波长越短），光子的能量就越大。即

$$\varepsilon = h\gamma = h\frac{c}{\lambda} \qquad (6-1)$$

式中：h 为普朗克常数，$h = 6.626 \times 10^{-34}$ J·s；γ 为光的频率；c 为光速；λ 为光的波长。

用光照射某一物体时，可看作是物体受到一连串能量为 $h\gamma$ 的光子的不断轰击。物体由于吸收光子能量后产生相应电效应的物理现象称为光电效应。从变换效果来看，光电效应可分为外光电效应和内光电效应，内光电效应又可分为光电导效应和光生伏特效应。根据光电效应的不同，可以制成不同的光电器件。

1. 外光电效应

当光照射到金属或金属氧化物的光电材料上时，光电材料内的电子逸出物体表面，向外发射的现象称为外光电效应。发射出的电子称为光电子。根据外光电效应制成的光电元件类型很多，典型的有光电管、光电倍增管。

当入射光照射在阴极上时，阴极受到光子轰击，由于一个光子的能量只能传给一个电子，因此单个光子就把它的全部能量传递给阴极材料中的一个自由电子，从而使自由电子的能量增加 $h\gamma$。当自由电子获得的能量大于阴极材料的逸出功 A 时，它就可以克服金属表面束缚而逸出，形成光电子发射。光电子逸出金属表面后的初始动能为 $\dfrac{1}{2}mv^2$。根据能量守恒定律可知：

$$h\gamma = \frac{1}{2}mv^2 + A \qquad\qquad (6-2)$$

式中：m 为电子质量；v 为电子逸出速度。

式(6-2)称为爱因斯坦光电效应方程，它说明：

（1）光电子能否产生，取决于光电子的能量是否大于该物体的表面电子逸出功 A。不同的材料具有不同的逸出功，即每个物体都有一个对应的光频阈值，称为红限频率 γ_0，$h\gamma_0 = A$。入射光频率低于红限频率，光子的能量不足以使物体内的电子逸出，因而小于红限频率的入射光，光强再大也不会有光电子射出；反之，入射光频率高于红限频率，即使光线微弱，也会有光电子射出。

（2）当入射光的频谱成分不变时，产生的光电子数正比于光强。即光强越大，意味着入射光子数目越多，逸出的电子数就越多，产生的光电流也就越大。

（3）光电子的初动能取决于入射光的频率 γ。因为对于某种物质而言，其电子的逸出功是一定的。入射光频率 γ 越高，则电子吸收的能量 $h\gamma$ 越大，即电子的初动能就越大。电子的初动能与频率成正比。

（4）因为一个光子的能量只能传给一个电子，所以电子吸收能量不需要能量积累的时间。光一照到物体上，就立即有光电子发出，不超过 10^{-9} s。

2. 内光电效应

当光照射到半导体材料上时，所产生的光电子只在物体内部运动，而不会逸出物体的现象称为内光电效应。内光电效应按照其工作原理，可分为因光照引起半导体材料电阻率变化的光电导效应和因光照产生光生电动势的光生伏特效应两种。

1）光电导效应

当光照射到半导体材料上时，价带中的电子受到大于等于禁带宽度的光子轰击，使其由价带越过禁带跃入导带，成为自由电子，并且在原来价带的位置上形成空穴，使得半导体载流子浓度增加，导电能力增强，电阻值降低。光敏电阻就是基于光电导效应的光电器件。

2）光生伏特效应

在光作用下，物体两端产生一定方向的电动势，这种现象称为光生伏特效应。半导体材料的 PN 结接触面上，由于电子、空穴浓度不同，会发生电子、空穴的扩散，当达到平衡时，会形成稳定的内建电场。当光照射在半导体材料的 PN 结上时，若能量达到禁带宽度，价带中的电子跃迁到导带，便会产生光生电子—空穴对，在内建电场的作用之下向相反方向移动和聚集，从而在 PN 结的两端形成电势差。这种情况下，不需要外加电压就能够产生电动势，典型的光电器件是光电池。

若在半导体材料的 PN 结两端加反向偏置电压，当没有光照射时，PN 结处于反向偏置状态，反向电阻很大，反向电流很小；当光照射时，若光子能量大于禁带宽度，便会产生光生电子—空穴对，外加反向偏置电压的方向与 PN 结内建电场方向相同，在外加反向偏置电压和 PN 结内建电场作用下会加速电子、空穴的移动，形成较大的光电流，光电流方向与反向电流一致，光照越强，光电流越大。这种情况的典型的光电器件有光敏二极管、光敏三极管等。

6.1.3　光电器件

1. 光电管

1）结构和工作原理

光电管是根据外光电效应制成的光电器件。光电管有真空光电管和充气光电管两类。真空光电管的结构和测量电路如图 6-1 所示，它由一个阴极和一个阳极构成，并且密封在一只真空玻璃管内。光阴极由在玻璃管内壁涂上阴极材料构成，或者在玻璃管内装有柱面形金属板，在此金属板内壁上涂有阴极材料。阳极通常为置于光电管中心的环形金属丝或置于柱面中心线的金属柱。在阳极和阴极之间加有一定的电压，且阳极为正极，阴极为负极。

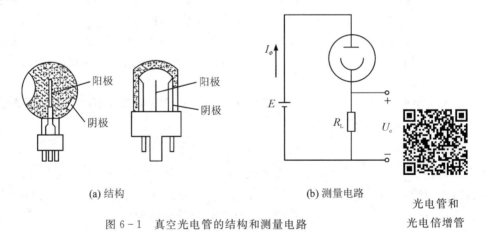

(a) 结构　　　　　　　　(b) 测量电路　　　　　　光电管和
光电倍增管

图 6-1　真空光电管的结构和测量电路

在入射光频率大于红限频率的前提下，光电管的阴极材料受到光照射后便发射光电子。在阴极和阳极之间的电场作用下，光电子在两极间做加速运动，并被高电位的中央阳极收集，在光电管内形成空间光电流。如果在外电路中串入适当阻值的电阻，则在此电阻上将产生正比于光电管中空间电子流的电压降。该电压和电流随光照强度变化而变化，与光强成一定函数关系，从而实现光电转换。

充气光电管的结构相同，只是管内充有少量的惰性气体，如氩、氖等。在充气光电管的阴极被光照射后，光电子在被阳极吸收的过程中，运动着的电子对惰性气体进行轰击，使其电离，电离过程中产生的新自由电子与光电子一起被阳极吸收，正离子向反方向运动被阴极接收，因此增大了光电流，从而提高了光电管的灵敏度。但充气光电管的光电流与入射光强度不成比例关系，因而使其具有稳定性较差、惰性大、温度影响大、容易衰老等一系列缺点。

2）基本特性

（1）伏安特性。在一定的光照射下，对光电器件所加电压与所产生的光电流之间的关系，称为光电管的伏安特性。真空光电管的伏安特性曲线如图 6-2 所示。可以看出，在一定的外加电压下，光电流随着光照强度的增强而增加；在相同的光照下，在一定范围内光电流随所加电压的增加而增大（但电压增加到一定程度后，光电流不再增大）。

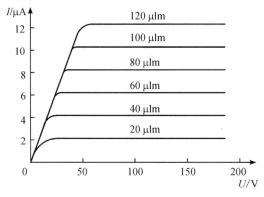

图 6-2　真空光电管的伏安特性曲线

（2）光照特性。当光电管的阳极和阴极之间所加电压一定时，光通量与光电流之间的关系，称为光电管的光照特性。光电管的光照特性曲线如图 6-3 所示。曲线 1 表示银氧铯阴极光电管的光照特性，光电流与光通量呈线性关系；曲线 2 表示锑铯阴极光电管的光照特性，光电流与光通量呈非线性关系。光照特性曲线的斜率，即光电流与入射光光通量之比，称为光电管的灵敏度。

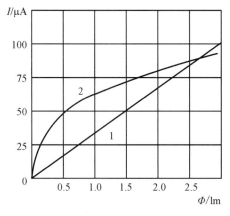

图 6-3　光电管的光照特性曲线

（3）光谱特性。不同光电阴极材料的光电管对同一波长的光有不同的灵敏度，同一种阴极材料的光电管对不同波长的光的灵敏度也不同，这就是光电管的光谱特性。光电管的光谱特性曲线如图 6-4 所示。曲线 1 表示银氧铯阴极光电管的光谱特性；曲线 2 表示锑铯阴极光电管的光谱特性；曲线 3 表示多种成分（锑、钾、钠、铯等）阴极光电管的光谱特性。因此，对各种不同波长区域的光，应选用不同阴极材料，以使其最大灵敏度在需要检测的光谱范围内。例如：被检测的光主要分布在红外区时，应选用银氧铯阴极光电管；被检测的光波长较短，主要分布在紫外区时，则应选用锑铯阴极光电管。

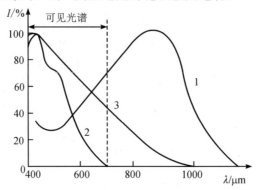

图 6-4　光电管的光谱特性曲线

2. 光电倍增管

1）结构和工作原理

光电倍增管是根据外光电效应制成的光电器件。由于真空光电管的灵敏度低，当光照很弱时，光电管产生的光电流很小，为提高灵敏度，常常使用光电倍增管对电流进行放大。图 6-5 所示为光电倍增管的工作原理示意图。

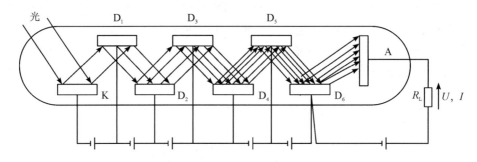

图 6-5　光电倍增管工作原理示意图

光电倍增管主要由光阴极 K、倍增极 D 和阳极 A 组成，并根据要求采用不同性能的玻璃壳进行真空封装。倍增极的数目一般为 8～13 个，使用时在各个倍增极上均加上电压。阳极是最后用来收集电子的，它输出电压脉冲；阴极电位最低，从阴极开始，每个倍增极的电位依次升高，阳极电位最高。

当光子入射到光阴级 K 上时，只要光子的能量大于光阴极材料的逸出功，就会有电子从阴极的表面逸出而成为光电子。在光阴极 K 和倍增极 D_1 之间的电场作用下，光电子被加速后轰击倍增极 D_1，从而使 D_1 产生二次电子发射。每一个电子的轰击可产生 3～5 个二次电子，这样就实现了电子数目的放大。D_1 产生的二次电子被 D_2 和 D_1 之间的电场加速后轰击 D_2，依此类推，一直持续到最后一级倍增极 D_n。发射的二次电子最终被阳极 A 收集。若倍增极有 n 级，各级的二次电子发射系数为 δ，则光电倍增管的倍增率可以认为是 δ^n。因此，光电倍增管具有极高的灵敏度，即使在很微弱的光照下，它仍能产生很大的光电流。

2）基本特性

（1）倍增系数。倍增系数 M 等于各倍增极的二次电子发射系数 δ 的乘积。如果 n 个倍增极的 δ 都一样，则阳极电流为

$$I = iM = i\delta^n \tag{6-3}$$

式中：I 为光电管的光电流；i 为光阴极发出的初始光电流；δ 为倍增极的电子发射系数；n 为光电倍增级数。

光电倍增管的电流放大倍数为

$$\beta = \frac{I}{i} = \delta^n = M \tag{6-4}$$

倍增系数 M 与所加电压有关，反映倍增极收集电子的能力。一般，M 在 $10^5 \sim 10^8$ 之间。如果电压有波动，倍增系数也会波动。一般，阳极和阴极之间的电压为 $1000 \sim 2500$ V。两个相邻的倍增电极之间的电位差为 $50 \sim 100$ V。

（2）光阴极灵敏度和光电倍增管总灵敏度。一个光子在阴极上所能激发的平均电子数叫作光阴极的灵敏度。一个光子入射在阴极上，最后在阳极上能收集到的总的电子数叫作光电倍增管的总灵敏度（该值与加速电压有关）。光电倍增管的最大灵敏度可达 10 A/lm，极间电压越高，灵敏度越高。但极间电压也不能太高，太高反而会使阳极电流不稳。另外，由于光电倍增管的灵敏度很高，因此不能受强光照射，否则易被损坏。

（3）暗电流。一般把光电倍增管放在暗室里避光使用，使其只对入射光起作用（称为光激发）。但是，由于环境温度、热辐射和其他因素的影响，即使没有光信号输入，加上电压后阳极仍有电流，这种电流称为暗电流。光电倍增管的暗电流在正常应用情况下是很小的，一般为 $10^{-16} \sim 10^{-10}$ A。暗电流主要是由热电子发射引起的，它随温度增加而增加（称为热激发）；影响光电倍增管暗电流的因素还包括欧姆漏电（光电倍增管的电极之间玻璃漏电、管座漏电、灰尘漏电等）、残余气体放电（光电倍增管中高速运动的电子会使管中的气体电离产生正离子和光电子）等。需要特别注意，有时暗电流可能很大，甚至使光电倍增管无法正常工作。暗电流通常可以用补偿电路加以消除。

3. 光敏电阻

1）结构和工作原理

光敏电阻是根据内光电效应中的光电导效应制成的光电器件。

当入射光照到半导体上时，若光电导体为本征半导体材料，而且光辐射能量又足够强，则电子受光子激发由价带越过禁带跃迁到导带，在价带中就留有空穴。在外加电压下，导带中的电子和价带中的空穴同时参与导电，即载流子数增多，电阻率下降。由于光的照射，使半导体的电阻发生变化，因此称为光敏电阻。光照越强，光生电子—空穴对越多，电阻率下降越大，阻值就越低。入射光消失，电子—空穴对逐渐复合，电阻也逐渐恢复原值。

光敏电阻是薄膜元件，其结构如图 6-6(a)所示。一般，单晶（一个完整的晶体）的体积小，受光面积也小，额定电流容量低。为了加大感光面，通常采用微电子工艺在玻璃（或陶瓷）基片上均匀地涂敷一层薄薄的光电导多晶材料。常用的材料有硫化镉和硒化银等，经烧结后放上掩蔽膜，蒸镀上两个金（或铟）电极，再在光敏电阻材料表面覆盖一层漆保护膜（用

于防止周围介质的影响，但要求该漆膜对光敏层最敏感波长范围内的光线透射率最大）。感光面大的光敏电阻的表面大多采用图 6-6(b)所示的梳状电极结构，这样可得到比较大的光电流。图 6-6(c)所示为光敏电阻的测量电路。如果把光敏电阻连接到外电路中，在外电压的作用下，用光照射就能改变电路中电流的大小。光敏电阻没有极性，纯粹是电阻器件，工作时即可以加直流电压，也可以加交流电压。

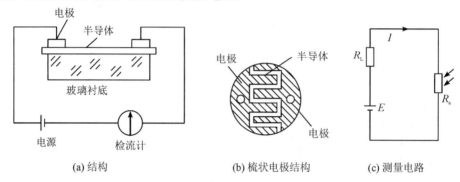

(a) 结构   (b) 梳状电极结构   (c) 测量电路

图 6-6 光敏电阻

光敏电阻具有很高的灵敏度和很好的光谱特性，光谱响应可从紫外区到红外区，且体积小、质量轻、性能稳定，价格便宜，因此应用比较广泛。光敏电阻的缺点是工作时需要外部电源，有电流时会发热，影响测量精度。

2）**基本特性**

（1）光电流。光敏电阻在室温、无光照的全暗条件下，经过一定稳定时间之后，测得的电阻值称为暗电阻，此时流过光敏电阻的电流称为暗电流。在室温且受到某一光线照射时测得的电阻值称为亮电阻，此时流过的电流称为亮电流。亮电流与暗电流之差称为光电流。

暗电阻越大越好，亮电阻越小越好。也就是说，暗电流要小，亮电流要大，这样光电流才可能大，光敏电阻的灵敏度才会高。实际上，光敏电阻的暗电阻的阻值往往超过 1 MΩ，甚至超过 100 MΩ，而亮电阻即使在正常白昼条件下也可降到 1 kΩ 以下。暗电阻和亮电阻之比一般为 $10^2 \sim 10^6$，可见光敏电阻的灵敏度是相当高的。

（2）伏安特性。在一定光照强度下，光敏电阻两端所加的电压和流过的光电流之间的关系，称为光敏电阻的伏安特性。光敏电阻的伏安特性曲线如图 6-7 所示，虚线为允许功

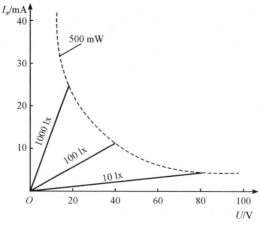

图 6-7 光敏电阻的伏安特性曲线

耗线或额定功耗线，使用时，应不使光敏电阻的实际功耗超过额定值。由曲线可知，外加电压越大，光电流就越大，而且没有饱和现象。但是，电压不能无限地增大，因为任何光敏电阻都受额定功率、最高工作电压和额定电流的限制。超过最高工作电压和最大额定电流，可能导致光敏电阻永久性损坏。在给定的电压下，光电流的数值将随光照增强而增大，其电压—电流关系为直线，即其阻值与入射光量有关。

（3）光照特性。光电器件的灵敏度可用光照特性来表征，它反映了光电器件输入光量与输出光电流（光电压）之间的关系。光敏电阻的光电流 I 和光强（光通量）F 之间的关系，称为光敏电阻的光照特性。不同类型的光敏电阻，其光照特性是不同的，但大多数的光敏电阻的光照特性曲线类似，如图 6 - 8 所示。由于光敏电阻的光照特性曲线呈现非线性，因此它不适宜作为线性检测元件。这是光敏电阻的一个缺点。在自动控制系统中，光敏电阻一般被用作开关式光电信号传感元件。

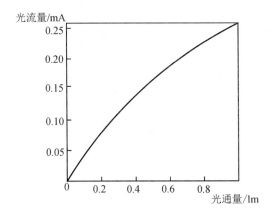

图 6 - 8　光敏电阻的光照特性曲线

（4）光谱特性。光敏电阻的相对灵敏度与入射光波长之间的关系，称为光谱响应特性。对于不同波长的入射光，其灵敏度是不相同的，几种常用光敏电阻材料的光谱特性曲线如图 6 - 9 所示。从图中可以看出，对于不同材料制成的光敏电阻，其光谱响应的峰值是不一样的，即不同的光敏电阻最敏感的光波长是不同的，从而决定了它们的适用范围是不一样的。例如，硫化镉的峰值在可见光区域，而硫化铅的峰值在红外区域。因此，为提高光电传

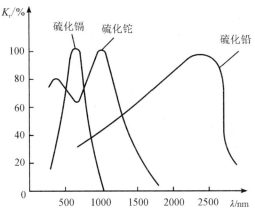

图 6 - 9　常用光敏电阻材料的光谱特性曲线

感器的灵敏度,对包含光源与光电器件的传感器,应该根据光谱特性选择相匹配的光源和光电器件;对于被测物体本身可以作光源的传感器,则应该按被测物体辐射的光波波长选择光电器件。

(5) 响应时间和频率特性。光敏电阻受光照后,光电流需要经过一段时间(上升时间 t_1)才能达到其稳定值。同样,在停止光照后,光电流也需要经过一段时间(下降时间 t_2)才能恢复到其暗电流值(时延特性)。这表明光敏电阻中光电流的变化滞后于光照的变化,通常用响应时间来表示。响应时间又分为上升时间 t_1 和下降时间 t_2,如图 6 - 10(a)所示。所谓上升时间是指当光敏电阻突然受到光照时,电导率上升到饱和值的 63% 所用的时间;下降时间是指当器件的光照突然变暗时,电导率降到饱和值的 37% 所用的时间。

光频率与相对灵敏度之间的关系,称为光敏电阻的频率特性。对于采用调制光的光电传感器,调制频率上限受响应时间的限制。光电器件的响应时间反映了它的动态特性,响应时间小,表示动态特性好。但大多数光敏电阻的响应时间都较长,这是它的缺点之一。图 6 - 10(b)所示为硫化铅和硫化镉光敏电阻的频率特性曲线。硫化铅的使用频率范围最大,其他材料的光敏电阻的使用频率范围都较窄。目前正在通过改进工艺来改善各种材料的光敏电阻的频率特性。

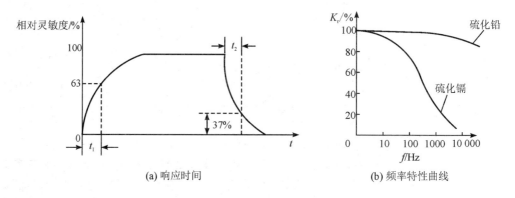

(a) 响应时间 (b) 频率特性曲线

图 6 - 10　光敏电阻的响应时间和频率特性

(6) 温度特性。光敏电阻的温度特性与光电导材料有密切关系,不同材料的光敏电阻有不同的温度特性。光敏电阻的光谱响应、灵敏度和暗电阻都要受到温度变化的影响。受温度影响最大的是硫化铅光敏电阻,其光谱响应的温度特性曲线如图 6 - 11 所示。由图可见,随着温度的上升,其光谱响应的温度特性曲线向短波长的方向移动。因此,有时为了提

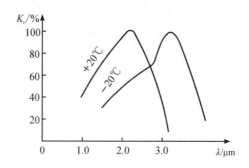

图 6 - 11　光敏电阻的光谱响应的温度特性曲线

高元件的灵敏度，或为了能够接收较长波段的红外辐射而采取一些致冷措施。

4. 光电池

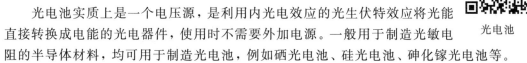
光电池

1) 结构和工作原理

光电池实质上是一个电压源，是利用内光电效应的光生伏特效应将光能直接转换成电能的光电器件，使用时不需要外加电源。一般用于制造光敏电阻的半导体材料，均可用于制造光电池，例如硒光电池、硅光电池、砷化镓光电池等。

光电池的结构示意图如图 6-12 所示。硅光电池是在一块 N 型硅片上，用扩散的方法掺入一些 P 型杂质形成 PN 结。当入射光照射在 PN 结上时，若光子能量大于半导体材料的禁带宽度，则在 PN 结内激发出电子—空穴对。在 PN 结内建电场的作用下，N 型区的光生空穴被拉向 P 型区，P 型区的光生电子被拉向 N 型区，从而使 P 型区带正电、N 型区带负电，这样 PN 结就产生了电位差。若将 PN 结两端用导线连接起来，电路中就有电流流过，电流方向由 P 型区流经外电路至 N 型区，如图 6-13 所示。若将外电路断开，就可以测出光生电动势。

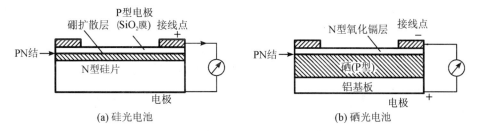

图 6-12 光电池的结构示意图

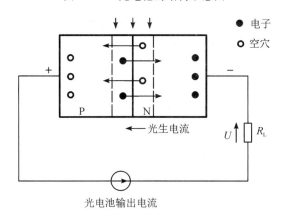

图 6-13 光电池的工作原理

硒光电池是在铝片上涂硒（P 型），再用溅射工艺，在硒层上形成一层半透明的氧化镉（N 型）。在正、反两面喷上低熔合金作为电极。在光线照射下，镉材料带负电，硒材料带正电，形成电动势或光电流。

光电池的符号、基本应用电路及等效电路如图 6-14 所示。光电池的种类很多，有硅光电池、砷化镓光电池、锗光电池、硒光电池、氧化亚铜光电池、硫化铊光电池、硫化镉光电池等。光电池简单，轻便，不会产生气体或热污染，易于适应环境，可用于宇宙飞行器的各种仪表电源。其中，应用最广泛的是硅光电池，它用可见光作为光源，具有性能稳定、光谱范围宽、频率特性好、转换效率高、耐高温辐射、价格便宜等一系列优点，适于接收红外光。硒光电池转换效率低，工艺成熟，适于接收可见光，常常应用在很多分析仪器、测量仪表中。砷化镓光电池转换效率低，光谱响应特性与太阳光吻合，耐辐射，在宇宙空间探测方面应用广泛。

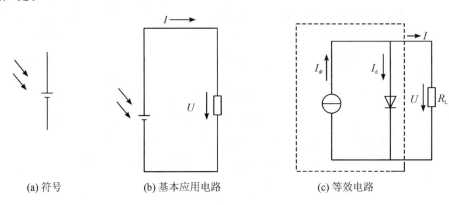

(a) 符号   (b) 基本应用电路   (c) 等效电路

图 6-14　光电池

2）基本特性

（1）光谱特性。一定光照强度下，光波波长与光电池灵敏度之间的关系，称为光电池的光谱特性。硅和硒光电池的光谱特性曲线如图 6-15 所示。光电池对不同波长的光的灵敏度是不同的。硅光电池的光谱响应波长为 $0.4 \sim 1.2\ \mu m$，而硒光电池的光谱响应波长为 $0.38 \sim 0.75\ \mu m$。相对而言，硅光电池的光谱响应范围更宽。硒光电池在可见光谱范围内有较高的灵敏度，适宜测可见光。不同材料的光电池的光谱响应峰值所对应的入射光波长也是不同的，如硅光电池的光谱响应峰值所对应的入射波长在 $0.8\ \mu m$ 附近，硒光电池的光谱响应峰值所对应的入射波长在 $0.5\ \mu m$ 附近。因此，使用光电池时对光源应有所选择。

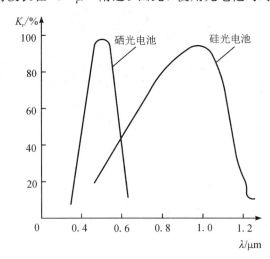

图 6-15　硅和硒光电池的光谱特性曲线

（2）频率特性。光电池在作为测量、计数、接收元件时，常用交变光照。光电池的频率特性就是反映光的交变频率和光电池输出电流的关系。光电池的 PN 结面积大，极间电容大，因此频率特性较差。图 6-16 所示为硅光电池和硒光电池的频率特性曲线。可以看出，硅光电池的频率特性较好，工作频率的上限约为几万赫兹，可用在高速计数等方面，而硒光电池的频率特性较差。

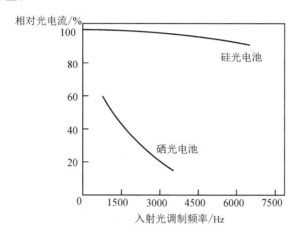

图 6-16　硅光电池和硒光电池的频率特性曲线

（3）光照特性。光电池在不同的光照度下，光生电动势和光电流是不相同的。光照度与输出电动势、输出电流之间的关系称为光电池的光照特性。图 6-17 所示为硅光电池的开路电压（负载电阻无穷大时）和短路电流（负载电阻相对于光电池内阻很小时）与光照度的关系曲线。开路电压与光照度的关系呈非线性，而且在光照度为 2000 lx 时就趋于饱和，但其灵敏度高，宜用作开关元件。短路电流在很大范围内与光照度呈线性关系，负载电阻越小，这种线性关系越好，且线性范围越宽。光电池作为线性检测元件使用时，应工作在短路电流输出状态，所用负载电阻的大小应根据光照的具体情况而定。在检测连续变化的光照度时，应尽量减小负载电阻，使光电池在接近短路的状态下工作，也就是把光电池作为电流源来使用。在光信号断续变化的场合，也可以把光电池作为电压源使用。对于不同的负载电阻，可以在不同的光照度范围内使光电流与光照度保持线性关系。

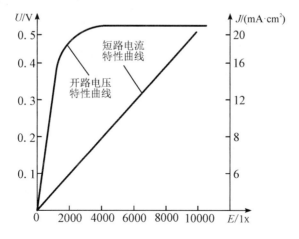

图 6-17　硅光电池光照特性曲线

（4）温度特性。光电池的温度特性是指开路电压和短路电流随温度变化的情况。由于它关系到应用光电池的仪器设备的温度漂移，影响测量精度或控制精度等重要指标，因此温度特性是光电池的重要特性之一。硅光电池在 1000 lx 光照下的温度特性曲线如图 6 - 18 所示。可以看出，硅光电池开路电压随温度上升而明显下降，而短路电流随温度上升却是缓慢增加的。因此，温度对光电池的工作影响较大。光电池作为检测元件时，应考虑温度漂移的影响，并采用相应的措施进行补偿。

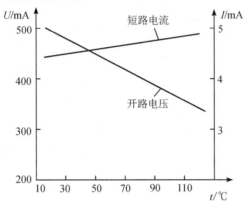

图 6 - 18　硅光电池的温度特性曲线

5. 光敏晶体管

1）结构和工作原理

光敏晶体管通常指光敏二极管和光敏三极管，它们的工作原理也是基于内光电效应的光生伏特效应。

光敏晶体管

光敏二极管是一种利用 PN 结单向导电性的结型光电器件，与一般半导体二极管不同之处在于，光敏二极管将 PN 结设置在透明管壳顶部的正下方，光线通过透镜制成的窗口，可以集中照射在 PN 结上。光敏二极管的符号、结构和基本应用电路如图 6 - 19 所示，PN 结两端加反向电压。当无光照射时，处于反偏的光敏二极管工作在截止状态，这时只有少数载流子在反向偏压下越过阻挡层形成反向电流（即暗电流），相当于普通

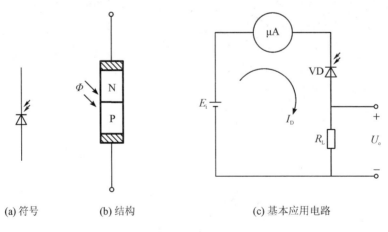

(a) 符号　　　　(b) 结构　　　　(c) 基本应用电路

图 6 - 19　光敏二极管

二极管的反向饱和漏电流。此时，二极管处于反向偏置状态，呈高阻抗特性，反向电流很小。当光照射在二极管的 PN 结上时，只要光子能量大于材料的禁带宽度，就会在 PN 结及其附近产生电子—空穴对，从而使 P 区和 N 区载流子浓度大大增加。在外加反向电压和 PN 结内电场作用下，电子向 N 区运动，空穴向 P 区运动，形成光电流，方向与反向电流一致，使反向电流明显增大。当入射光的强度发生变化时，光生载流子的多少相应发生变化，通过光敏二极管的电流也随之变化，这样就把光信号转换成了电信号，光照时的反向电流基本上与光照度成正比。当达到平衡时，在 PN 结的两端将建立起稳定的电压差，这就是光生电动势。

光敏三极管有 PNP 型和 NPN 型两种，用 N 型硅材料作衬底制成的光敏晶体管为 NPN 型，用 P 型硅材料作衬底制成的光敏晶体管为 PNP 型。这里以 NPN 型光敏三极管为例，其结构与普通三极管很相似，只是它的基极做得很大（以扩大光的照射面积），并且其基极往往不接引线，即相当于在普通三极管的基极和集电极之间接有光敏二极管，对电流加以放大。光敏三极管的工作原理分为光电转换和光电流放大两个过程。光电转换过程与一般光敏二极管相同，在光集电极与发射极加正向电压，而基极不接时，集电极就是反向偏置。当光照在基极上时，就会在基极附近激发产生电子—空穴对，在反向偏置的 PN 结内电场作用下，自由电子向集电区（N 区）移动并被集电极所收集，空穴流向基区（P 区）被正向偏置的发射结发出的自由电子填充，这样就形成一个由集电极到发射极的光电流，相当于三极管的基极电流 I_b。空穴在基区的积累提高了发射结的正向偏置，发射区的多数载流子(电子)穿过很薄的基区向集电区移动，在外电场作用下形成集电极电流 I_c，从而表现为基极电流将被集电结放大 β 倍。这一过程与普通三极管放大基极电流的过程相似。不同的是，普通三极管是由基极向发射结注入空穴载流子以控制发射极的扩散电流，而光敏三极管是由注入发射结的光生电流控制。PNP 型光敏三极管的工作与 NPN 型相同，只是它由 P 型硅为衬底材料构成，它工作时的电压极性与 NPN 型相反，集电极的电位为负。光敏三极管是兼有光敏二极管特性的器件，它在把光信号变为电信号的同时又将信号电流放大。光敏三极管的光电流可达 0.4～4 mA，而光敏二极管的光电流只有几十微安，因此光敏三极管具有更高的灵敏度。图 6-20 给出了光敏三极管的符号、结构和基本应用电路。

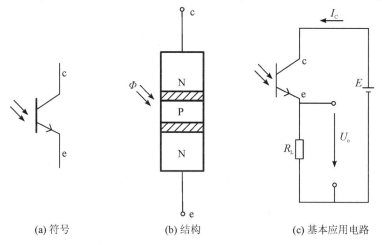

(a) 符号　　　　　(b) 结构　　　　　(c) 基本应用电路

图 6-20　光敏三极管

2）基本特性

（1）光谱特性。光谱特性是指相对灵敏度 K_r 与入射光波长 λ 之间的关系，又称光谱响应。在入射光照度一定时，光敏晶体管的相对灵敏度随光波波长的变化而变化，一种光敏晶体管只对一定波长范围的入射光敏感，这就是光敏晶体管的光谱特性。硅和锗光敏晶体管的光谱特性曲线如图 6-21 所示。从图中可以看出，硅光敏晶体管（硅管）适用于 $0.4 \sim$ $1.1\ \mu m$ 波长，最灵敏的响应波长为 $0.8 \sim 0.9\ \mu m$；锗光敏晶体管（锗管）适用于 $0.8 \sim$ $1.8\ \mu m$ 波长，最灵敏的响应波长为 $1.4 \sim 1.5\ \mu m$。由于锗管的暗电流比硅管大，因此锗管的性能较差。在可见光或探测炽热状态物体时，一般选用硅管；但对红外线进行探测时，则采用锗管较合适。采用较浅的 PN 结和较大的表面，可使灵敏度极大值出现的波长和短波限减小，以适当改善短波响应。

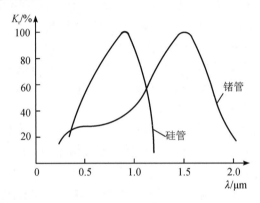

图 6-21　硅和锗光敏晶体管的光谱特性曲线

（2）伏安特性。伏安特性是指光敏晶体管在照度一定时，光电流与外加电压之间的关系。图 6-22 所示为光敏晶体管在不同光照度下的伏安特性曲线。从图中可以看出，光敏晶体管在反向偏置电压为零时，无论光照度有（E_e）多强，集电极的电流均为零，说明光敏晶体管必须在一定的反向偏置电压作用下才能工作。光敏晶体管在反向偏置电压较低时，光电流随电压变化比较敏感；随着反向偏置电压的加大，光生电流趋于饱和，这时光生电流

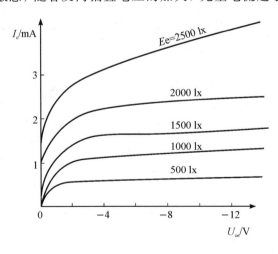

图 6-22　光敏晶体管的伏安特性曲线

与所加偏置电压几乎无关，只取决于光照强度。

（3）光照特性。光照特性是指光敏晶体管的光电流与光照度之间的关系。硅光敏晶体管的光照特性曲线如图 6-23 所示。从图中可以看出，光敏晶体管的输出电流和光照度之间近似呈线性关系，它的灵敏度和线性度均好。因此，光敏晶体管在军事、工业自动控制和民用电器中应用极广，既可作为线性转换元件，也可作为开关元件。

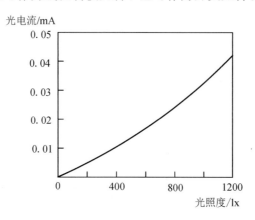

图 6-23　硅光敏晶体管的光照特性曲线

（4）频率特性。频率特性是指光敏晶体管输出的光电流（或相对灵敏度）与光强变化频率的关系。硅光敏晶体管的频率特性曲线如图 6-24 所示。从图中可以看出，光敏晶体管的频率特性受负载电阻的影响，若减小负载电阻则可以提高频率响应。一般来说，光敏三极管的频率响应比光敏二极管差。光敏晶体管的响应时间约为 2×10^{-5} s，对于锗管，入射光的调制频率要求在 5 kHz 以下。硅管的频率响应比锗管好。

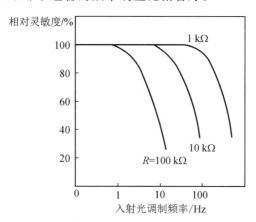

图 6-24　硅光敏晶体管的频率特性曲线

（5）温度特性。光敏晶体管的温度特性是指一定照度下温度与电流之间的关系。图 6-25 所示为光敏晶体管的温度特性曲线。从图中可以看出，温度对亮电流、暗电流、输出电流的影响程度不同，温度变化对光敏晶体管的亮电流影响较小，但对暗电流的影响却十分显著。因此，光敏晶体管在高照度下工作时，由于亮电流比暗电流大得多，温度的影响相对来说比较小。但在低照度下工作时，因为亮电流较小，暗电流随温度变化就会严重影响输出信号的温度稳定性。在这种情况下，应当选用硅光敏晶体管，这是因为硅管的暗电流要比锗管小几个数量级；同时还可以在电路中采取适当的温度补偿措施；或者将光信号进行调制，对输出的电信号采用交流放大，利用电路中隔直电容的作用，就可以隔断暗电流，消除温度的影响。

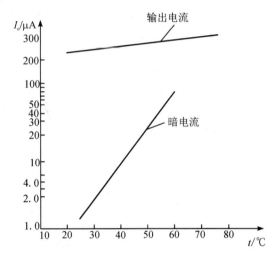

图 6-25　光敏晶体管的温度特性曲线

6.2　光电式传感器的类型及测量电路

6.2.1　光电式传感器的类型

光电式传感器的
测量电路

光电式传感器通常由光源、光学通路、光电器件和测量放大电路四部分组成，如图 6-26 所示。当被测物体本身能发光时，不需要光源，被测量可以直接引起光源本身的光量变化，也可以在光传播过程中调制光量；光学通路主要是透镜等；光电器件实现光电转换。按光电器件输出量性质的不同，光电式传感器可分为两类：模拟式光电式传感器和脉冲（开关）式光电式传感器。

图 6-26　光电式传感器的组成

1. 模拟式光电式传感器

模拟式光电式传感器是将被测量转换成连续变化的光电流，它与被测量间成单值关系。按测量方法不同，模拟式光电式传感器可以分为辐射式、吸收（透射）式、反射式和遮光式四大类，如图 6-27 所示。

（1）辐射式。光电式传感器的被测物本身是光辐射源，由它释放出的光射向光电器件，常被用来测光源的温度，如光电高温计、光电比色高温计、红外侦察、红外遥感和天文探测

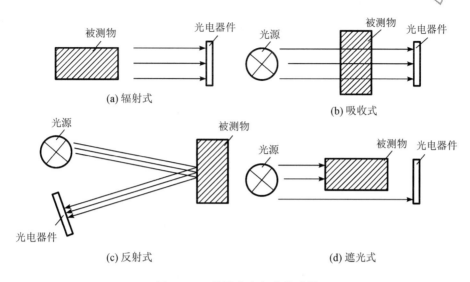

图 6-27　模拟式光电式传感器

等。这种方式还可用于防火报警、火种报警、构成光照度计等。

（2）吸收式。被测物位于恒定光源与光电器件之间，在光源发出的光能量穿过被测物部分被吸收后，透射光投射到光电器件上。被测物吸收光通量，根据被测物对光的吸收程度或对其谱线的选择来测定被测参数。这种方式常用来测量液体、气体的透明度、浑浊度，对气体进行成分分析，测定液体中某种物质的含量等。

（3）反射式。光源发出的光投射到被测物体上，经被测物表面反射后，再投射到光电器件上。根据反射的光通量的多少来测定被测物表面性质和状态。这种方式可用来测量零件表面粗糙度、表面缺陷、表面位移以及表面白度、露点、湿度等。

（4）遮光式。被测物位于恒定光源与光电器件之间，在光源发出的光通量经被测物遮住其中一部分光之后，使投射到光电器件上的光通量发生改变。根据被测物阻挡光通量的多少来测定被测物体在光路中的位置。这种方式可用来测量长度、厚度、线位移、角位移、角速度等参数。

2. 脉冲(开关)式光电式传感器

脉冲(开关)式光电式传感器中，光电器件接收的光信号是断续变化的，因此光电器件处于开关工作状态，它输出的光电流通常是只有两种稳定状态的脉冲形式的信号。脉冲(开关)式光电式传感器多用于光电计数和光电式转速测量等场合。

6.2.2　光电式传感器的测量电路

由光源、光学通路和光电器件组成的光电式传感器在用于光电检测时，还必须配备适当的测量电路。测量电路能够把光电效应制成的光电器件电性能的变化转换成所需要的电压或电流。不同的光电器件，所要求的测量电路也不相同。下面介绍几种半导体光电器件常用的测量电路。

1. 光敏电阻测量电路

半导体光敏电阻可以通过较大的电流，所以在一般情况下，无须配备放大器。在要求较大的输出功率时，可用图 6-28 所示的测量电路。将光敏电阻置于放大器的发射极与基极之间，可使集电极输出电压放大 β 倍。

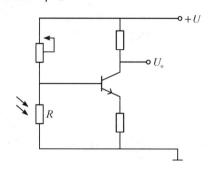

图 6-28 光敏电阻的测量电路

2. 光电池测量电路

图 6-29(a)所示为光电池的基本测量电路。当一定波长的入射光线照射到光电池的 PN 结时，在 P 区和 N 区之间会产生电压，并且随着光线的增强，电压会逐渐变大。

对于光电池，也可以使用集成运算放大器进行检测，如图 6-29(b)所示。由于光电池的短路电流和光照呈线性关系，因此将它接在运算放大器的正、反相输入端之间，利用这两端电位差接近于零的特点，可以得到较好的效果。在图中所示条件下，输出电压 $U_o = 2IR_F$。

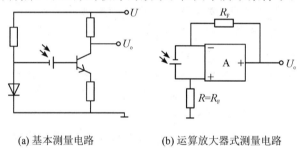

(a) 基本测量电路   (b) 运算放大器式测量电路

图 6-29 光电池的测量电路

3. 光敏二极管测量电路

图 6-30 给出了带有温度补偿的光敏二极管桥式测量电路。当入射光强度缓慢变化时，光敏二极管的反向电阻也是缓慢变化的，温度的变化将造成电桥输出电压的漂移，因此必须进行补偿。图中，一个光敏二极管作为检测元件，另一个装在暗盒里，置于相邻桥臂中，温度的变化对两只光敏二极管的影响相同，因此可消除桥路输出随温度漂移的情况。

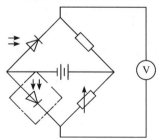

图 6-30 光敏二极管的测量电路

4. 光敏三极管测量电路

光敏三极管在低照度入射光下工作时或者希望得到较大的输出功率时，可以配以放大电路，如图 6-31 所示。将光敏三极管置于放大器的发射极与基极之间，可使集电极输出电压放大 β 倍。

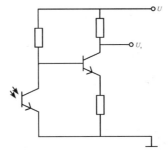

图 6-31　光敏三极管的测量电路

6.3　光电式传感器的验证实验

6.3.1　实验概述

通过搭建光电式传感器的转速检测系统，测量转盘转动速度，记录实验数据，并通过实验数据的处理，计算光电式传感器的线性度和灵敏度，分析其性能指标。

实验名称：光电式传感器转速测量实验。

实验目的：

(1) 了解反射式光电传感器结构；

(2) 掌握光电式传感器的工作原理；

(3) 掌握光电式传感器的特性。

实验内容：

(1) 了解传感器与检测技术试验台(求是教仪)的结构和布局；

(2) 了解反射式光电传感器(红外光)结构；

(3) 掌握搭建完整的反射式光电传感器转速检测系统的方法，并进行测量实践；

(4) 掌握实验数据处理及性能指标计算方法。

实验设备：传感器与检测技术试验台(求是教仪)，CGQ-CD-01 实验模块，光电开关，可调直流电源＋1.2～12 V DC，直流电源±5 V DC，转速/频率表，直流电压表。

6.3.2　实验实施

具体实验实施步骤如下：

(1) 了解 CGQ-CD-01 实验装置中的转动源模块组成结构。

(2) 按照图 6-32 所示，将光电式传感器安装于支架上，传感器的端面对准转盘上的磁钢，并调节升降杆使传感器端面与磁钢之间的间隙大约为 2～3 mm。

注意：安装孔无固定机构，实验过程中需要用手固定光电式传感器于垂直位置。

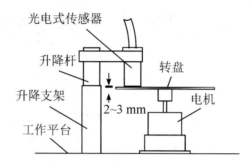

图 6-32　光电式传感器实验装置

（3）将可调电压源（1.2～12 V）旋钮调到最小（逆时针方向转到底）后接入直流电压表（显示选择打到 20 V 挡），监测大约为 1.25 V，然后关闭主机箱电源。

（4）按如下要求正确接线：

① 将可调电压源接入转动源供电电源端（17、18 端口），同时接实验装置面板直流电压表（监测电压值）。

② 光电式传感器红色接入直流电源＋5 V DC，黑色为接地端，蓝色输入主控箱 F_{in}，转速/频率表置"转速"挡。

（5）确认接线正确之后，打开电源，实施转速测量。

① 从＋2 V DC 开始，调节可调电压源，每次增加 1 V DC（直流电压表监测）。

② 待电机转速稳定之后，读取且记录转速数据（转速表读取），并将数据填入表 6-1 中。

表 6-1　光电式传感器转速测量实验数据记录表

U/V	2	3	4	5	6	7	8	9	10	11	12
$n/(r/min)$											

（6）根据实验数据记录表 6-1，绘制直流电机电枢电压—电机转速（U-n）特性曲线，并计算光电式传感器转速测量的灵敏度和线性度。

6.4　光电式传感器的应用发展

光电式传感器的应用发展

光电式传感器具有结构简单、响应速度快、高精度、高分辨率、高可靠性、抗干扰能力强（不受电磁波影响，本身也不辐射电磁波）、可实现非接触式测量等特点，可以直接检测光信号，还可以间接测量温度、压力、位移、速度、加速度等。光电式传感器发展速度快，应用范围广，具有极大的应用潜力。

6.4.1　光电耦合器

光电耦合器将发光元件和光电器件集成在一起，封装在一个外壳内，如图 6-33 所示。

图 6-33(a)所示采用金属外壳和绝缘玻璃的结构,在其中不对接,采用环焊以保证发光二极管和光敏三极管对准,以此来提高灵敏度。图 6-33(b)所示采用双列直插式用塑料封装的结构。管芯先装于管脚上,中间再用透明树脂固定,具有集光作用,故此种结构灵敏度较高。

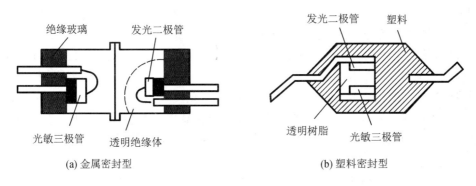

(a) 金属密封型　　　　　　　　　　　　　(b) 塑料密封型

图 6-33　光电耦合器的结构

光电耦合器的输入电路和输出电路在电气上完全隔离,仅仅通过光的耦合才把二者联系一起。工作时,把电信号加到输入端,使发光器件发光,光敏元件则在此光照下输出光电流,从而实现电—光—电的两次转换。

光电耦合器的组合形式有多种,常见形式如图 6-34 所示。图 6-34(a)所示结构简单,成本低,通常用于 50 kHz 以下工作频率的装置内。图 6-34(b)所示采用高速开关管构成的高速光电耦合器,适用于较高频率的装置中。图 6-34(c)所示采用放大三极管构成的高传输效率的光电耦合器,适用于直接驱动和较低频率的装置中。图 6-34(d)所示采用功能器件构成的高速、高传输效率的光电耦合器。

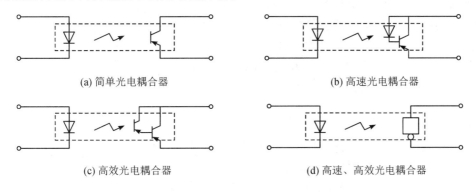

(a) 简单光电耦合器　　　　　　　　　　　　(b) 高速光电耦合器

(c) 高效光电耦合器　　　　　　　　　　　　(d) 高速、高效光电耦合器

图 6-34　光电耦合器的常见形式

光电耦合器实际上能起到电量隔离作用,具有抗干扰和单向信号传输功能。光电耦合器广泛应用于电量隔离、电平转换、噪声抑制、无触点开关等领域。

6.4.2　光电式浊度计

光电式传感器在浊度检测中通常采用吸收式测量方式。

1. 烟尘浊度检测仪

防止工业烟尘污染是环保的重要任务之一。为了消除工业烟尘污染,首先要知道烟尘排放量，因此必须对烟尘源进行检测、自动显示和超标报警。烟道中的烟尘浊度是通过光在烟道传输过程中的变化大小来检测的。如果烟道浊度增加，光源发出的光被烟尘颗粒吸收和折射将会增加，到达光检测器的光就会减少。因此，光检测器输出信号的强弱可反映烟道浊度的变化。

图 6-35 所示为吸收式烟尘浊度检测仪组成原理框图。为了检测出烟尘中对人体危害性大的亚微米颗粒的浊度和避免水蒸气与二氧化碳对光源衰减的影响，选取波长为 400～700 nm 的可见光作为光源。光检测器光谱响应范围为 400～600 nm 的光电管，可以获取随浊度变化的相应电信号。为了提高检测灵敏度，采用具有高增益、高输入阻抗、低零点漂移、高共模抑制比的运算放大器，对信号进行放大。刻度校正被用来进行调零与调满刻度，以保证测试准确性。显示器可显示浊度瞬时值。报警器由多谐振荡器组成，当运算放大器输出浊度信号超过规定时，多谐振荡器工作，输出信号经放大后推动喇叭发出报警信号。

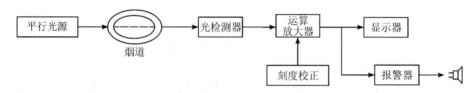

图 6-35 烟尘浊度检测仪组成原理框图

2. 水质检测仪

光电式浊度计除了可以对烟尘浊度进行检测外，还可用于溶液的颜色、成分、浑浊度等化学分析，如图 6-36 所示。光源发出的光线经半透镜分成两束强度相同的光线：一路光线直接到达光电池，产生作为被测水样浊度的参比信号；另一路光线穿过被测样品水到达光电池，其中一部分光线被样品介质吸收，样品水越浑浊，光线的衰减量越大，到达光电池的光通量就越小。两路信号均转换成电压信号 U_{o1} 和 U_{o2}，由除法运算电路计算出 U_{o1}、U_{o2} 的比值。该比值可以在系统中经过 A/D 转换，由系统的微处理器进行进一步处理得到被测水样的浊度。系统检测的效果经显示器显示出来。

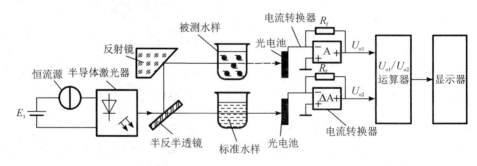

图 6-36 水质检测仪系统原理图

6.4.3 光电式带材跑偏检测器

光电式带材跑偏检测器主要用于检测带材加工过程中偏离正确位置的情况。当带材走偏时，边缘经常与传送机械发生碰撞，易出现卷边，造成废品。光电式带材跑偏检测器工作原理图如图 6-37(a)所示。光源发出的光线经过透镜 1 变为平行光束，射向透镜 2，然后被会聚到光敏电阻 R_1 上。在平行光束到达透镜 2 的途中，有部分光线受到被测带材的遮挡，使照射到光敏电阻 R_1 的光通量减少。光敏电阻 R_1 接到电桥电路的一桥臂上。当被测带材处于正确位置(中间位置)时，测量电路中的电桥处于平衡状态，放大器输出电压为零。当被测带材偏离正确位置时，遮光面积发生改变，光敏电阻的阻值随之发生变化，电桥失夫平衡，输出电压可以反映被测带材跑偏的方向及大小。传感器的输出信号可以由显示器进行显示，还可以被送到执行机构，为纠偏控制系统提供纠偏信号。

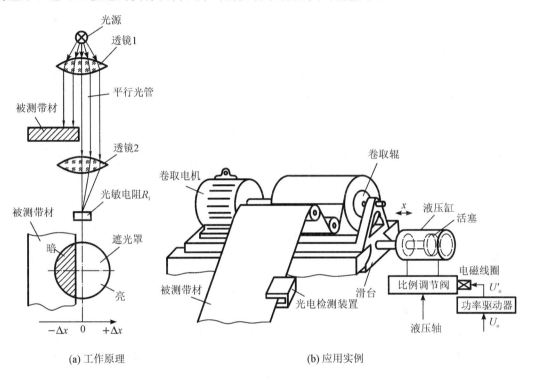

(a) 工作原理   (b) 应用实例

图 6-37 光电式带材跑偏检测器

6.4.4 光电式数字转速表

光电式数字转速表属于脉冲式光电传感器，其工作原理如图 6-38 所示。

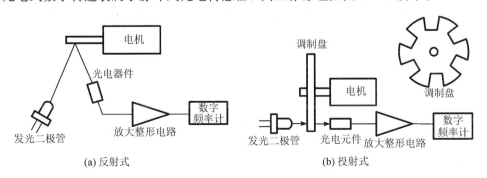

(a) 反射式   (b) 投射式

图 6-38 光电式数字转速表工作原理

如图 6 - 38(a)所示，在电机的转轴上涂上黑白相间的两色条纹。当电机的转轴转动时，反光与不反光交替出现，所以光电元件间断地接收光的反射信号，输出电脉冲；再经过放大整形电路，输出整齐的方波信号；最后由数字频率计测出电机的转速。

如图 6 - 38(b)所示，在电机的转轴上固定一个调制盘，上面开一些固定间隔的孔洞，当电机的转轴转动时将发光二极管发出的恒定光调制成随时间变化的调制光。同样经光电器件接收，放大整形电路整形，输出整齐的方波脉冲信号。

每分钟转速 n（单位：r/min）与输出的方波脉冲频率 f 以及孔数或黑白条纹数 N 的关系为

$$n = \frac{60f}{N} \tag{6-5}$$

6.4.5　包装填充物高度检测

图 6 - 39 所示为利用光电检测技术控制包装填充物高度的原理，当填充高度 h 偏差太大时，光电开关没有电信号，即由执行机构将包装物品推出进行处理。利用光电开关还可以对产品流水线上的产量进行统计，对装配件是否到位及装配质量进行检测。例如，灌装时瓶盖是否压上、商标是否漏贴，以及送料机构是否断料等。

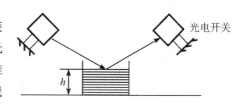

图 6 - 39　包装填充物高度检测原理

6.4.6　条形码扫描笔

条形码由多个黑和白两色条纹按照一定的编码规则组成，可以表示物品的产地、商品名称、生产厂家、生产日期等信息，对条形码信息的检测是通过光电式条形码扫描笔实现的。扫描笔的前方为光电读入头，它由一个发光二极管和一个光敏三极管组成，如图 6 - 40 所示。当扫描笔头部在条形码上移动时，如果遇到黑条纹，发光二极管发出的光线被黑条纹吸收，光敏晶体管接收不到反射光，呈现高阻抗，处于截止状态；如果遇到白色条纹，发光二极管发出的光线被反射到光敏晶体管的基极，光敏晶体管产生光电流而导

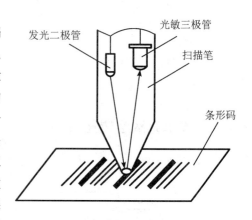

图 6 - 40　条形码扫描笔结构示意图

通。整个条形码被扫描笔扫过之后，光敏晶体管将条形码变成了一个个电脉冲信号，该信号经放大、整形后便形成了脉冲序列。脉冲序列的宽窄与条形码黑白条纹的宽窄成对应关系，再经计算机处理后，实现对条形码信息的识别。

条形码扫描笔操作简单，只要对准货物上的条形码，扫描笔发出扫描的提示音，收银机的电脑上就会出现货物的价格等信息。

6.5　追踪移动物体的创新实践

6.5.1　实践概述

利用 Arduino Uno 开源开发板、复眼传感器模块、舵机，通过硬件连接、软件编程和整体调试，制作基于 Arduino 的追踪移动物体装置，实现光电式传感器的工程创新应用。

追踪移动的物体技术可应用于体育赛事转播、无人机、自动驾驶汽车、机器人等众多领域。其中，自动驾驶汽车的移动物体跟踪（MOT）子系统主要负责检测和跟踪自动驾驶汽车周围环境中移动障碍物的姿态，以避免与可能移动的物体（如其他车辆、行人等）发生碰撞。日常生活中，也有许多追踪移动物体的应用实例，比如跟随行李箱、跟随搬运机器人、跟随平衡车等。本实践任务是利用 Arduino Uno 开源开发板、复眼传感器模块、舵机，实现追踪移动的物体控制。要求：通过复眼传感器模块检测人手的位置，并根据位置信息，驱动两个舵机以不同的转速旋转（模拟电机驱动车轮旋转的效果），达到跟随目的。例如，当人手出现在复眼传感器模块的左侧时，舵机 1 旋转速度快，舵机 2 旋转速度慢，达到左转的效果；当人手出现在复眼传感器模块的右侧时，舵机 1 旋转速度慢，舵机 2 旋转速度快，达到右转的效果；当人手出现在复眼传感器模块的正前方时，舵机 1 旋和舵机 2 旋转速度相同，达到直行的效果。

6.5.2　硬件连接

硬件清单：Arduino Uno 开源开发板，复眼传感器模块，舵机，面包板，杜邦线若干。

1. 复眼传感器模块

复眼传感器模块由 8 个对红外线敏感的光敏晶体管和 4 个发光二极管组成，它可以分别读取每一个红外线光敏晶体管的信息，也可以输出上下左右四路模拟值，并可以追踪 20 cm 范围内物体的移动。复眼传感器模块采用 IIC 通信方式，数据传输更加简便。复眼传感器模块的工作电压为 DC 3～5 V，工作电流为 100 mA。复眼传感器模块引脚定义如表 6-2 所示。

表 6-2　复眼传感器模块引脚定义

引　脚	定　义
＋	电源正极
－	电源地
SDA	IIC 数据引脚
SCL	IIC 时钟引脚

2. 舵机

9g 伺服舵机内部采用直流有刷空心杯电机及无铁转子，具有能量转换效率高、激活制动响应速度快、运行稳定性可靠、自适应能力强、电磁干扰少等优点，与同等功率的铁芯电机相比，其体积小，重量轻。舵机反馈电位器采用导电塑料电位器，其精度和耐磨程度大大优于线绕电位器。电机控制集成电路采用数字芯片，并与功率开关组成 H 桥电路。电压控制双极性驱动方式具有反应速度更快、无反应区范围小、定位精度高、抗干扰能力强、兼容性好等优势，广泛应用于机器人与航模领域。舵机引脚定义如表 6-3 所示。

表 6-3 舵机引脚定义

引　脚	定　义
黄色引线	信号端
红色引线	电源端
棕色引线	接地端

通过扫描"追踪移动物体硬件连接"二维码，获得追踪移动的物体硬件连接 AR 体验。

6.5.3 软件编程

检查硬件电路，若电路连接正确无误则通电进行测试，然后进行程序烧录。通过扫描"追踪移动物体控制程序"二维码，获得追踪移动物体控制程序，并通过Arduino IDE 烧录至 Arduino Uno 中。

追踪移动物体
控制程序

【 **课后思考** 】

1. 什么是光电效应？光电效应有哪几种形式？相对应的光电器件各有哪些？
2. 光电管是如何工作的？其主要特性是什么？
3. 光电倍增管的工作原理是什么？其主要参数有哪些？
4. 简述光敏电阻的工作原理。光敏电阻的主要参数有哪些？各有何含义？
5. 试区分硅光电池和硒光电池的结构及工作原理。
6. 光敏晶体管的工作原理是什么？其主要特性有哪些？
7. 结合图 6-37，简述光电式传感器测量转速的工作原理。

项目七　基于温度/湿敏传感器的温度和湿度检测

知识目标	任务十　应用温度传感器实现高温报警	（1）理解金属热电阻的工作原理、特性和测量电路； （2）理解热敏电阻的工作原理和特性； （3）熟练掌握热电效应原理； （4）掌握热电偶的结构特性和基本定律； （5）掌握热电偶的冷端温度补偿方法； （6）理解温度传感器的应用
	任务十一　应用湿敏传感器实现智能浇花	（1）掌握湿敏传感器的工作原理； （2）理解湿敏传感器的应用
能力目标	任务十　应用温度传感器实现高温报警	（1）能够解释金属热电阻、热敏电阻、热电偶的工作原理； （2）能够解释热电偶的基本定律； （3）能够分析金属热电阻的测量电路及热电偶的冷端温度补偿方法； （4）能够结合生活生产实际举例说明金属热电阻、热敏电阻、热电偶的应用； （5）能够制作基于 Arduino 的高温报警装置
	任务十一　应用湿敏传感器实现智能浇花	（1）能够解释湿敏传感器的工作原理； （2）能够结合生活生产实际举例说明湿敏传感器的应用； （3）能够制作基于 Arduino 的智能浇花装置
素质目标		（1）培养学生分析问题、解决问题的能力； （2）培养学生表达能力和团队协作能力； （3）培养学生自主学习、终身学习的能力； （4）培养学生工程应用能力
思政目标		（1）通过制作高温报警、智能浇花装置，提升学生工程应用的创新思维； （2）通过实验数据分析处理，培养学生求真务实的精神

任务十　应用温度传感器实现高温报警

任务导入

温度是工农业生产、科学试验中经常需要测量和控制的主要参数，也是与人们日常生活密切相关的一个重要物理量。在日常生活中，体温测量是用于疾病预防和诊断的重要手段之一，我们可以通过水银温度计、红外温度计、热成像快速体温检测系统，对体温进行接触式或非接触式的测量。在工业自动化生产中，运维人员可以通过在线实时温度监测系统，在后台主机上实时监测远端设备的温度信息，对设备的不良反应及故障等进行预警。

高温报警——
任务导入

头脑风暴

在智能制造、航空航天和汽车领域，有哪些使用温度传感器进行温度测量和控制的实例？

7.1　温度传感器概述

7.1.1　温度

温度是国际单位制给出的基本物理量之一。从热平衡的观点看，温度可以作为物体内部分子无规则热运动剧烈程度的标志。温度高的物体，其内部分子平均动能大；温度低的物体，其内部分子平均动能小。热力学的第零定律指出，具有相同温度的两个物体，它们必然处于热平衡状态。若两个物体分别与第三个物体处于热平衡状态，则这两个物体也处于热平衡状态，因而第三个物体将处于同一温度。据此，如果我们能用可复现的手段建立一系列基准温度值，就可把其他待测物体的温度和这些基准温度进行比较，得到待测物体的温度。

7.1.2　温标

现代统计力学虽然建立了温度和分子动能之间的函数关系，但由于目前难以直接测量物体内部的分子动能，因而只能利用一些物质的某些物性，诸如尺寸、密度、硬度、弹性模量、辐射强度等随温度变化的规律，对温度进行间接测量。为了保证温度量值的准确和利于传递，需要建立一个衡量温度的统一标准尺度，即温标。

随着温度测量技术的发展，温标也经历了一个逐渐发展、不断修改和完善的渐进过程。从早期建立的一些经验温标，发展为后来的理想热力学温标，到现今使用具有较高精度的国际实用温标，其间经历了几百年时间。

1. 经验温标

根据某些物质体积膨胀与温度的关系，用实验方法或经验公式确定的温标称为经验温标。

1）华氏温标

1714 年，德国人法勒海特(Fahrenheit)以水银为测温介质，制成玻璃水银温度计选取氯化铵和冰水的混合物的温度为温度计的 $0°$，人体温度为温度计的 $100°$，把水银温度计从 $0°\sim100°$ 按水银的体积膨胀距离分成 100 份，每一份为 1 华氏度，记作"$1°F$"。按照华氏温标，则水的冰点为 $32°F$，沸点为 $212°F$。

2）摄氏温标

1740 年，瑞典人摄氏(Celsius)提出在标准大气压下，把水的冰点规定为 $0°$，水的沸点规定为 $100°$。根据水这两个固定温度点来对玻璃水银温度计进行分度，两点间作 100 等份，每一份称为 1 摄氏度，记作 $1℃$。

摄氏温度和华氏温度的换算关系为

$$T = \frac{9}{5}t + 32 \qquad\qquad (7-1)$$

式中：T 为华氏温度值，单位为 $°F$；t 为摄氏温度值，单位为 $℃$。

除华氏和摄氏外，还有一些类似经验温标如列氏、兰氏等，这里不再一一列举。

经验温标均依赖于其规定的测量物质，测温范围也不能超过其上、下限（如摄氏为 $0℃$、$100℃$）。超过了这个温区，摄氏将不能进行温度标定。另外，经验温标是主观规定的温标，具有很大的局限性，很快就不能满足工业和科技等领域的测温需要。

2. 热力学温标

1848 年，由开尔文(Kelvin)提出的以卡诺循环(Carnot cycle)为基础建立的热力学温标是一种理想而不能真正实现的理论温标，它是国际单位制中七个物理单位之一。该温标为了在分度上和摄氏温标相一致，把理想气体压力为零时对应的温度——绝对零度（是在实验中无法达到的理论温度，而低于 0K 的温度不可能存在）与水的三相点温度分为 273.16 份，每份为 1 K。热力学温度的单位为 K。

3. 国际实用温标和国际温标

经国际协议产生的国际实用温标，其指导思想是要它尽可能地接近热力学温标，复现精度要高，且使复现温标的标准温度计制作较容易，性能稳定，使用方便，从而使各国均能以很高的准确度复现该温标，保证国际上温度量值的统一。

第一个国际温标是 1927 年第七届国际计量大会决定采用的国际实用温标。此后在 1948 年、1960 年、1968 年经多次修订，形成了近 20 年各国普遍采用的国际实用温标，称为 IPTS - 68。

1989 年 7 月第 77 届国际计量委员会批准建立了新的国际温标，简称 ITS - 90。为和 IPTS - 68 温标相区别，用 T_{90} 表示 ITS - 90 温标。ITS - 90 基本内容为：

（1）重申国际实用温标单位仍为 K，1 K 等于水的三相点时温度值的 1/273.16。

（2）把水的三相点时温度值定义为 $0.01℃$（摄氏度），同时相应把绝对零度修订为

—273.15℃；这样国际摄氏温度 t_{90}（℃）和国际实用温度 T_{90}（K）关系为

$$t_{90} = T_{90} - 273.16 \qquad\qquad (7-2)$$

在实际应用中，为书写方便，通常直接用 t 和 T 分别表示 t_{90} 和 T_{90}。

（3）规定把整个温标分成 4 个温区，其相应的标准仪器如下：

① 0.65～5.0K，用 ^{3}He 和 ^{4}He 蒸汽温度计；

② 3.0～24.5561K，用 ^{3}He 和 ^{4}He 定容气体温度计；

③ 13.803K～961.78℃，用铂电阻温度计；

④ 961.78℃以上，用光学或光电高温计。

新确认和规定 17 个固定点温度值以及借助依据这些固定点和规定的内插公式分度的标准仪器来实现整个热力学温标，如表 7-1 所示。

表 7-1 ITS-90 温标 17 个固定点温度值

序号	定义固定点	国际实用温标的规定值	
		T_{90}/K	$t_{90}/℃$
1	氦蒸气压点	3～5	−270.15～−268.15
2	平衡氢（或氦）三相点	13.8033	−259.3467
3	平衡氢（或氦）蒸气压点	≈17	≈−256.15
4	平衡氢（或氦）蒸气压点	≈20.3	≈−252.85
5	氖三相点	24.5561	−248.5939
6	氧三相点	54.3584	−218.7916
7	氩三相点	83.8058	−189.3442
8	汞三相点	234.3156	−38.8344
9	水三相点	273.16	0.01
10	镓熔点	302.9146	29.7646
11	铟凝固点	426.7486	156.5985
12	锡凝固点	505.078	231.928
13	锌凝固点	692.677	419.527
14	铝凝固点	933.473	660.323
15	银凝固点	1234.93	961.78
16	金凝固点	1337.33	1064.18
17	铜凝固点	1357.77	1084.62

我国从 1991 年 7 月 1 日起开始对各级标准温度计进行改值，整个工业测温仪表的改值在 1993 年年底前全部完成，并从 1994 年元旦开始全面推行 ITS-90 新温标。

7.1.3　温度传感器的类型及其特点

按照测温方法的不同，温度传感器可分为接触式测温和非接触式测温两大类。

接触式测温的特点是感温元件直接与被测对象相接触，两者进行充分的热交换，最后达到热平衡。此时，感温元件的温度与被测对象的温度必然相等，温度计就可据此测出被测对象的温度。因此，接触式测温一方面有测温精度相对较高、直观可靠及测温仪表价格相对较低等优点。另一方面，由于感温元件与被测介质直接接触，因此会影响被测介质热平衡状态；感温元件与被测介质接触不良，则会增加测温误差；被测介质具有腐蚀性及温度太高亦将严重影响感温元件性能和寿命等缺点。根据测温转换的原理，接触式测温又可分为热膨胀式、热电阻式、压力式、热电式等多种形式。

非接触式测温特点是感温元件不与被测对象直接接触，而是通过接收被测物体的热辐射能实现热交换，据此测出被测对象的温度。因此，非接触式测温具有不改变被测物体的温度分布，热惯性小，测温上限可设计得很高，便于测量运动物体的温度和快速变化的温度等优点。

两种测温方法的工作原理、测量范围及应用场合如表 7-2 所示。

表 7-2　接触式和非接触式测温特点比较

测温方法	传感器类型		工作原理	测温范围/℃	应用场合
接触式测温	热膨胀式	固体膨胀式 液体膨胀式	利用液体或固体受热时产生热膨胀的原理	−100～600	用于测量轴承、定子等处的温度，输出控制信号或温度越限报警
	压力式	液体式 气体式	利用封闭在固定体积中的气体、液体受热时，其压力变化的性质	0～300	用于测量易爆、有震动处的温度，传送距离不很远
	热电阻式	金属热电阻 半导体热敏电阻	利用导体或半导体受热后电阻值变化的性质	−200～600	用于测量液体、气体、蒸汽的温度，能远距离传送
	热电式	热电偶 PN 结温度计	利用物体的热电性质	−200～1800	用于测量液体、气体、加热炉中的高温，能远距离传送
非接触式测温	辐射式高温计	光学高温计 辐射高温计 比色高温计	利用物体辐射能的性质	700～3500	用于测量火焰、钢水等不能进行直接测量的高温场合

7.2 金属热电阻

7.2.1 热电阻温度传感器概述

利用导体或半导体的电阻率随温度变化的特性制成的传感器称为热电阻温度传感器，其测温范围主要在中、低温区域（−200～＋650℃）。随着科学技术的发展，使用范围不断扩展，低温方面已成功应用于1～3 K的温度测量，而在高温方面，也出现了多种用于1000～1300℃的电阻温度传感器。热电阻温度传感器的测温元件可分为金属热电阻和热敏电阻两大类。

金属热电阻的工作原理

7.2.2 金属热电阻的工作原理

1. 工作原理

金属热电阻是利用导体的电阻随温度变化的特性，对温度和温度有关的参数进行检测的装置。温度升高，金属内部原子晶格的振动加剧，从而使金属内部的自由电子通过金属导体时的阻碍增大，宏观上表现出电阻率变大，电阻值增加，称为正温度系数，即电阻值与温度的变化趋势相同。

2. 结构

热电阻是由电阻体、保护套和接线盒等主要部件组成的，如图7−1(a)所示。热电阻丝是绕在骨架上的，骨架采用石英、云母、陶瓷或塑料等材料制成，可根据需要将骨架制成不同的外形。为了防止电阻体出现电感，热电阻丝通常采用双线并绕法，如图7−1(b)所示。

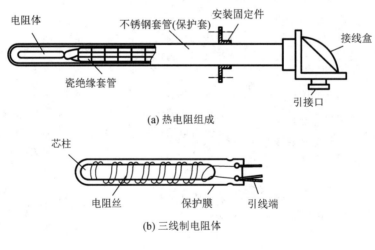

(a) 热电阻组成

(b) 三线制电阻体

图7−1 热电阻结构图

3. 材料

测量温度用的金属热电阻材料必须具有以下特点：

① 电阻温度系数要大，以便提高热电阻的灵敏度。

② 电阻率尽可能大，以便在相同灵敏度下减小电阻体尺寸。

③ 热容量要小，以便提高热电阻的响应速度。

④ 在整个测量温度范围内，应具有稳定的物理和化学性能。

⑤ 电阻与温度的关系最好接近线性关系，且具有良好的可加工性，价格便宜。

根据上述要求及金属材料的特性，目前使用最广泛的热电阻材料是铂和铜。另外，随着低温和超低温测量技术的发展，已开始采用铟、锰、碳、镍、铁等材料。

1) 铂热电阻

铂热电阻在氧化性介质中，甚至在高温下，其物理、化学性能稳定，电阻率大，精确度高，能耐较高的温度，广泛应用于温度基准、标准的传递以及高精度工业测温；缺点是价格高。

按 IEC 标准，铂热电阻的测温范围为 $-200℃\sim650℃$。铂热电阻的阻值与温度之间的关系，即特性方程为：

当温度 t 为 $-200℃\leqslant t\leqslant0℃$ 时，

$$R_t = R_0\left[1 + At + Bt^2 + C(t-100)t^2\right] \tag{7-3}$$

当温度 t 为 $0℃\leqslant t\leqslant650℃$ 时，

$$R_t = R_0\left[1 + At + Bt^2\right] \tag{7-4}$$

式中：R_t、R_0 为铂热电阻分别在温度为 t 和 $0℃$ 时的电阻值；A、B、C 为温度系数，对于常用的工业铂热电阻，$A=3.908\times10^{-3}/℃$，$B=-5.801\times10^{-7}/℃^2$，$C=-4.27350\times10^{-12}/℃^3$。

从式(7-3)和式(7-4)可以看出，热电阻在温度 t 时的电阻值与 R_0 有关。目前，工业用铂热电阻有 $R_0=10\ \Omega$、$R_0=50\ \Omega$、$R_0=100\ \Omega$ 和 $R_0=1000\ \Omega$ 四种，它们的分度号分别为 Pt10、Pt50、Pt100 和 Pt1000。其中，分度号为 Pt100 的铂热电阻最常用，其分度表（R_t-t 关系表）如表 7-3 所示（标准号：GB/T 30121—2013、IEC60751—2008）。实际测量中，只要测得热电阻的阻值 R_t，便可从表中查出对应的温度值；如果不能通过查表直接得出温度值，则可以结合查表和内插法计算得出对应的温度值。对于分度号为 Pt10 的铂热电阻，可由表 7-3 中查得的电阻值除以 10 得到。

表 7-3 铂热电阻分度表

分度号：Pt100　　　　　　　　　　　　　　　　　　　　　　　　$R_0=100\ \Omega$

温度/℃	0	10	20	30	40	50	60	70	80	90
	电阻/Ω									
−200	18.49									
−100	60.25	56.19	52.11	48.00	43.87	39.71	35.53	31.32	27.08	22.80
−0	100.00	96.09	92.16	88.22	84.27	80.31	76.33	72.33	68.33	64.30
+0	100.00	103.90	107.79	111.67	115.54	119.40	123.24	127.07	130.89	134.70
100	138.5	142.29	146.06	149.82	153.58	157.31	161.04	164.76	168.46	172.16
200	175.84	179.51	183.17	186.82	190.45	194.07	197.69	201.29	204.88	208.45
300	212.02	215.57	219.12	222.65	226.17	229.67	233.17	236.65	240.13	243.59

续表

温度 /℃	0	10	20	30	40	50	60	70	80	90
	电阻/Ω									
400	247.04	250.48	253.90	257.32	260.72	264.11	267.49	270.86	274.22	277.56
500	280.90	284.22	287.53	290.83	294.11	297.39	300.65	303.91	307.15	310.38
600	313.59	316.80	319.99	323.18	326.35	329.51	332.66	335.79	338.92	342.03
700	345.13	348.22	351.30	354.37	357.37	360.47	363.50	366.52	369.53	372.52
800	375.51	378.48	381.45	384.40	387.34	390.26				

2) 铜热电阻

在测量精度不太高、测量范围不大的情况下，可以采用铜电阻代替铂电阻。在 −50℃~150℃ 的温度范围内，铜电阻与温度接近线性关系：

$$R_t = R_0 + at \qquad (7-5)$$

式中，a 为铜热电阻温度系数，$a = 4.25 \times 10^{-3} \sim 4.28 \times 10^{-3}$/℃。

铜热电阻的电阻温度系数大(灵敏度高)、线性度好、价格便宜，但是电阻率较低，电阻体的体积较大，热惯性较大，稳定性较差，在 100℃ 以上时容易氧化，因此只能用于 150℃ 以下低温及无水分、无腐蚀性的介质中。

铜热电阻有两种分度号 Cu50($R_0 = 50\ \Omega$)和 Cu100($R_0 = 100\ \Omega$)，后者常用。分度号为 Cu50 的铜热电阻分度表如表 7-4 所示(标准号：JB/T 8623—2015)。对于分度号为 Cu100 的铜热电阻，可将表中的电阻值加倍即可。

表 7-4 铜热电阻分度表

分度号：Cu50 $R_0 = 50\ \Omega$

温度 /℃	0	10	20	30	40	50	60	70	80	90
	电阻/Ω									
−0	50.00	47.85	45.70	43.55	41.40	39.24				
+0	50.00	52.14	54.28	56.42	58.56	60.70	62.84	64.98	67.12	69.26
100	71.40	73.54	75.68	77.83	79.98	82.13				

3) 其他热电阻

铂和铜这两种热电阻对于低温和超低温测量性能不理想，而铟、锰、碳等热电阻却是测量低温和超低温的理想材料。

• 铟电阻：用 99.999% 高纯度的铟丝绕成电阻，可在室温至 4.2 K 温度范围内使用。在 4.2~15 K 温度范围内，铟电阻的灵敏度比铂电阻高 10 倍。铟电阻的缺点是材料软，复制性差。

• 锰电阻：在 2~63K 温度范围内，电阻随温度变化大，灵敏度高。锰电阻的缺点是材料脆，难拉成丝。

• 碳电阻：适合用液氦温域(4.2 K)的温度测量，价廉，对磁场不敏感，热稳定较差。

金属热电阻的
测量电路

7.2.3　金属热电阻的测量电路

由表 7-3 和表 7-4 可以看出，金属热电阻的阻值不高。金属热电阻在进行温度测量时安装在工业现场，而检测仪表安装在控制室，热电阻和控制室之间需用引线相连。引线本身具有一定阻值，并与热电阻相串联，且引线电阻阻值也会随着环境温度变化而改变，因此，热电阻的引线电阻对测量结果有较大影响，必须采取相应的测量电路来改善测量精度。

用热电阻传感器进行测温时，测量电路经常采用电桥电路。目前，热电阻引线方式有两线制、三线制和四线制三种，如图 7-2 所示。

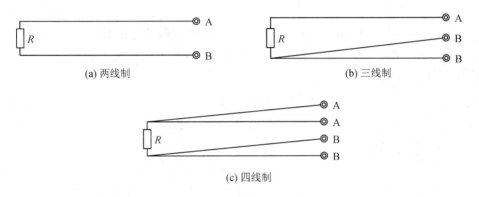

(a) 两线制　　　　　　　　(b) 三线制

(c) 四线制

图 7-2　热电阻引线方式

1. 两线制

两线制的接线方式如图 7-3 所示，在热电阻感温元件的两端各连一根引线。设每根引线的电阻值为 r，则电桥平衡条件为

$$R_1 R_3 = R_2 (R_t + 2r) \tag{7-6}$$

当采用等臂电桥时，即 $R_1 = R_2$，因此有

$$R_t = R_3 - 2r \tag{7-7}$$

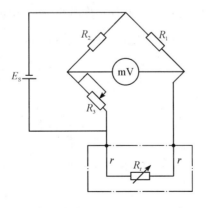

图 7-3　两线制接线方式

由式(7-7)可知，如果在实际测量中不考虑引线电阻，则测量结果必然引入误差$2r$。

两线制引线方式简单，费用低，但是引线电阻及引线电阻的变化会带来附加误差。两线制适用于引线不长、测量精度要求较低的场合，确保引线电阻值远小于热电阻值。

2. 三线制

三线制的接线方式如图7-4所示，在热电阻感温元件的一端连接两根引线，另一端连接一根引线。设三根引线相同，阻值都是r，其中一根与电桥电源相连，它对电桥的平衡没有影响；另外两根分别与电桥的相邻桥臂串联。当电桥平衡时，可得

$$R_1(R_3 + r) = R_2(R_t + r) \tag{7-8}$$

当采用等臂电桥时，即$R_1 = R_2$，因此有

$$R_t = R_3 \tag{7-9}$$

由式(7-9)可知，三线制接线方式引线电阻r对热电阻的测量毫无影响。目前，三线制接线方式在工业检测中应用最广。在测温范围窄、引线长或引线途中温度易发生变化的场合必须考虑采用三线制。

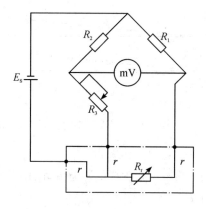

图7-4 三线制接线方式

3. 四线制

四线制的接线方式如图7-5所示，在热电阻感温元件的两端各连两根引线。其中，I为恒流源；测量仪表V一般用直流电位差计；热电阻丝引出电阻值各为r_1、r_2、r_3、r_4的

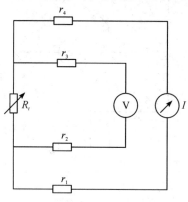

图7-5 四线制接线方式

四根引线，分别接在电流和电压回路。由恒流源提供的电流 I 流过热电阻 R_t，则在 R_t 上产生压降 U，用电位差计直接测出压降 U，便可用欧姆定律求出 R_t，即

$$R_t = \frac{U}{I} \qquad\qquad (7-10)$$

四线制接线方式适用于实验室等高精度测量的场合。

7.3　温度传感器的验证实验

7.3.1　实验概述

通过搭建 Pt100 热电阻的温度检测系统，测量温度源的温度，记录实验数据，并通过实验数据的处理，计算 Pt100 热电阻的线性度和灵敏度，分析其性能指标。

实验名称：Pt100 热电阻测温特性实验。

实验目的：

(1) 了解 Pt100 热电阻的结构；

(2) 掌握 Pt100 热电阻的工作原理；

(3) 掌握 Pt100 热电阻的特性。

实验内容：

(1) 了解传感器与检测技术试验台（求是教仪）的结构和布局；

(2) 掌握搭建完整的 Pt100 热电阻温度检测系统的方法，并进行测量实践；

(3) 掌握实验数据处理及性能指标计算方法。

实验设备：传感器与检测技术试验台（求是教仪），CGQ-03 温度控制，CGQ-04 温度源，CGQ-09 温度传感器实验模块，K 型热电偶，Pt100 热电阻，直流电源±15 V DC，可调直流电源±1.2～12 V DC，直流电压表。

7.3.2　实验实施

具体实验实施步骤如下：

(1) 将 CGQ-04 温度源模块上的 220VAC"加热输入"接线柱与主控箱面板 CGQ-03 温度控制系统中的加热输出接线柱连接。

(2) 按照图 7-6 所示搭建温控源，将 CGQ-04 温度源模块中的"风机电源"的正端（红色接线柱）与主控箱中"+1.2～+12 V"可调电源的正端（红色接线柱）连接（此时电源旋钮转到最大值 12 V 位置），主控箱中"+1.2～+12 V"可调电源的负端（黑色接线柱）与 CGQ-03 温度控制系统的信号输出端的 ALM1 口（红色接线柱）相连，最后将 ALM1 的 COM 口（黑色接线柱）与 CGQ-04 温度源模块中的"风机电源"的负端（黑色接线柱）相连，闭合温度源的开关。注意：提前设定好温度，为 40℃。

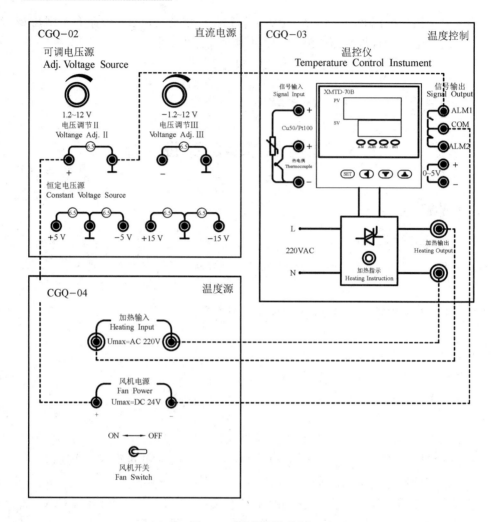

图 7 - 6 温控源接线图

（3）按照图 7 - 7 所示搭建测温实验接线路，将 K 型热电偶（对应温度控制仪表中参数 Sn 为 0）插入 CGQ - 04 温度源模块上方的一个测温孔中，K 型热电偶两端的输出线分别对应接至主控箱面板 CGQ - 03 温度控制系统中信号输入端的热电偶＋端和一端。

（4）调节 CGQ - 09 温度传感器实验模块。

① 加±15V 电源，调节 RW_2 在某一位置，将 U_{i1} 和 U_{i2} 短接并接地，调节 RW_3 使 U_{o2} 输出电压为零。随后拆掉 U_{i1} 和 U_{i2} 短接并接地的线。

② 将 Pt100 热电阻三根引线引入 CGQ - 09 温度传感器实验模块"R_t"输入的 c、d 端上：用万用表欧姆挡测出 Pt100 三根引线中短接的两根（红线和蓝线）接 d 端，另外一根线（黑线）接 c 端。这样，R_t 与 R_2、R_3、R_4、RW_1 组成直流电桥，是一种单臂电桥工作形式。

③ 在 c 端与"地"之间加直流源＋2 V（利用－1.2～－12 V 可调电源，接直流电压表，调节出－2 V 直流电源，再反接至"地"和 c 端，即可调电压源上的"－"接 CGQ - 09 温度传感器实验模块的"地"，可调电压源上的"地"接 CGQ - 09 温度传感器实验模块的 c 端）。

④ 将 d 端接到 U_{i1}，RW_1 中心点接到 U_{i2}。

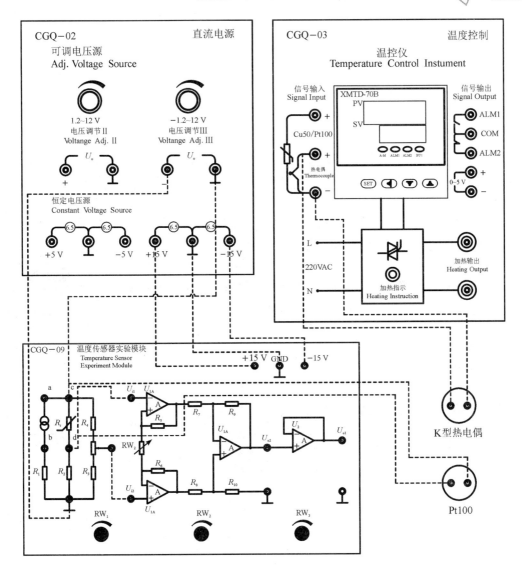

图 7 - 7 Pt100 热电阻测温特性实验接线图

⑤ 合上主控箱电源开关，调 RW_1 使电桥平衡，即桥路输出端 d 和中心活动点之间在室温下输出为零。

（5）设定温度值为 40℃，将 Pt100 探头插入 CGQ - 04 温度源的另一个插孔中，开启电源，待温度控制在 40℃时记录电压表读数值；重新设定温度值为 $40℃+n×\Delta t$，建议 $\Delta t=5℃$，$n=1\cdots10$，每隔 $1n$ 读出数显表输出电压与温度值。最后将结果填入表 7 - 5 中。

表 7 - 5 Pt100 热电阻测温特性实验数据记录表

$t/℃$	40	45	50	55	60	65	70	75	80	85	90
U/mV											

（6）根据实验数据记录表 7 - 5，绘制 Pt100 热电阻电压—温度(U-t)特性曲线，并计算 Pt100 热电阻测量温度的灵敏度和线性度。

7.4 热敏电阻

7.4.1 热敏电阻的工作原理

1. 工作原理

热敏电阻是利用半导体材料的电阻值随温度显著变化的特性来测量温度的。热敏电阻是由一些金属氧化物的粉末（如 NiO、MnO、CuO、TiO 等），按一定比例混合烧结而成的半导体。通过不同的材质组合，能得到不同的电阻值 R_0 及不同温度特性的热敏电阻。热敏电阻的测温范围一般为 $-50℃\sim350℃$，可用于液体、气体、固体、高空气象、深井等方面对温度测量精度要求不高但快速、灵敏的场合。

相对于一般的金属热电阻，热敏电阻主要具备如下特点：

（1）电阻温度系数大，灵敏度高，比一般金属电阻大 10～100 倍。

（2）结构简单，体积小，可以测量点温度。

（3）电阻率高，热惯性小，适宜动态测量。

（4）阻值与温度变化呈线性关系。

（5）稳定性和互换性差。

热敏电阻

2. 结构

热敏电阻主要由热敏探头、引线、壳体等构成，如图 7-8(a)所示；热敏电阻的符号如图 7-8(b)所示。根据不同的使用要求，热敏电阻可以做成不同的形状（如图 7-9 所示），如珠状、圆片状、杆状、垫圈状等，其直径或厚度约为 1 mm，长度往往不足 3 mm。

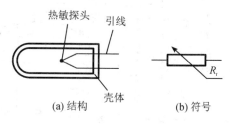

图 7-8 热敏电阻的结构与符号

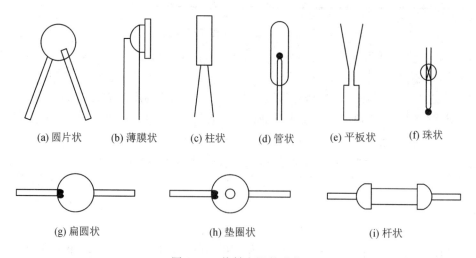

图 7-9 热敏电阻的形状

7.4.2　热敏电阻的特性

1. 温度特性

根据热敏电阻随温度变化的特性不同，热敏电阻可分为三类，即正温度系数（Positive Temperature Coefficient，PTC）热敏电阻、负温度系数（Negative Temperature Coefficient，NTC）热敏电阻、临界温度系数（Critical Temperature Resistors，CTR）热敏电阻。热敏电阻的温度特性曲线如图 7-10 所示。

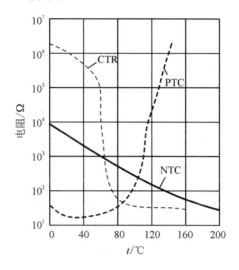

图 7-10　热敏电阻的温度特性曲线

正温度系数热敏电阻的阻值与温度的关系可表示为

$$R_t = R_0 \exp\left[A(t - t_0)\right] \tag{7-11}$$

式中：R_t、R_0 为温度是 t（K）和 t_0（K）时的电阻值；A 为热敏电阻的材料常数；$t_0 = 237.15$ K，即 0℃时的绝对温度。

大多数热敏电阻具有负温度系数，其阻值与温度的关系可表示为

$$R_t = R_0 \exp\left(\frac{B}{t} - \frac{B}{t_0}\right) \tag{7-12}$$

式中的 B 为热敏电阻的材料常数，单位为 K，由材料、工艺即结构决定，取值范围一般在 1500～6000 K 之间。

正温度系数热敏电阻以钛酸钡为基本材料，再掺入适量的稀土元素，利用陶瓷工艺高温烧结而成。其阻值随温度升高而增大，当温度超过居里点（即临界温度）时，其阻值急剧增大。正温度系数热敏电阻主要用于电视机消磁、各种电器设备的过热保护等。

负温度系数热敏电阻以氧化锰、氧化钴和氧化铝等金属氧化物为主要原料，采用陶瓷工艺制造而成。温度越高，阻值越小。负温度系数热敏电阻具有灵敏度高、稳定性好、响应快、寿命长、价格低等优点，广泛应用于需要定点测温的自动控制电路中，如冰箱、空调等。

临界温度系数热敏电阻以氧化钒为主要材料，在弱还原性气氛中烧结而成。在某一特性温度下电限值会急剧下降，也属于负温度系数，主要用于温度开关类的控制。

2. 伏安特性

热敏电阻的伏安特性曲线如图 7-11 所示。从图中可以看出，当流过热敏电阻的电流很小，不足以使之加热时，电阻值只决定于环境温度，其伏安特性是直线，遵循欧姆定律，主要用来测温。当电流增大到一定值时，流过热敏电阻的电流使之加热，本身温度升高，出现负阻特性。因电阻减小，即使电流增大，端电压反而下降。当电流和周围介质温度一定时，热敏电阻的电阻值取决于介质的流速、流量、密度等散热条件。因此，热敏电阻可用于测量流体的流速和介质的密度。

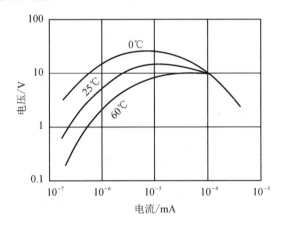

图 7-11 热敏电阻的伏安特性曲线

7.5 热 电 偶

7.5.1 热电偶概述

热电偶的
工作原理

热电偶传感器是一种将温度变化转换为电势变化的传感器，也是一种有源(自发电型)传感器，测量时可以不需外加电源。热电偶的优点是测温范围广，可以在 $-272.15℃(1K)\sim2800℃$ 范围内使用；其精度高，性能稳定，结构简单，动态性能好，能够把温度转换为电势信号，便于处理和远距离传输。在工业生产中，热电偶是应用最广泛的测温元件之一，常用于测量炉子/管道内气体、液体的温度或固体的表面温度。

7.5.2 热电偶的工作原理

1. 热电效应

1823 年，德国物理学家塞贝克(Seebeck)发现，把两种不同的金属 A 和 B 组成一个闭合回路。如果将它们两个结点中的一个进行加热，使其温度为 T，而另一结点置于室温 T_0 中，则在回路中就有电流产生。如果在回路中接入电流计 M，就可以使电流计的指计偏转，这一现象称为热电效应(也称为塞贝克效应)，如图 7-12 所示。产生的电动势称为热电势，用 $E_{AB}(T,T_0)$ 来表示。通常把两种不同金属的组合称为热电偶，A 和 B 称为热电极，温度

高的结点称为测量端(也称为工作端或热端),而温度低的结点称为参考端(也称为自由端
或冷端)。

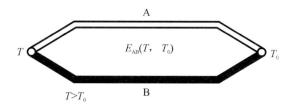

图 7-12　热电效应

2. 热电势

热电效应产生的热电势是由接触电势和温差电势两部分组成的。两种电势的原理示意
图如图 7-13 所示。

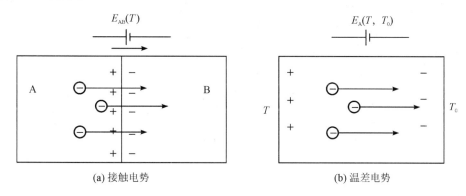

图 7-13　两种热电势的原理示意图

(1) 两种导体的接触电势。不同金属导体所具有的自由电子密度是不同的,当两种不同
的金属导体接触时,在接触面上就会发生电子的扩散。电子扩散的速率与两导体的电子密度
有关,和接触面的温度成正比。设导体 A 和 B 的自由电子密度为 n_A 和 n_B,且 $n_A > n_B$,电子
扩散的结果使导体 A 失去电子而带正电,导体 B 获得电子而带负电,在接触面形成电位
差,即电动势。这个电动势的方向与扩散进行的方向相反,阻碍了电子继续扩散,直到达到
动态平衡状态。

这种由于两种导体自由电子密度不同,而在其接触处形成的电动势称为接触电势。接
触电势的大小与导体的材料、结点的温度有关,与导体的直径、长度、几何形状等无关。两
结点的接触电势分别用符号 $E_{AB}(T)$ 和 $E_{AB}(T_0)$ 表示,可表示为

$$E_{AB}(T) = \frac{kT}{e} \ln \frac{n_A(T)}{n_B(T)} \tag{7-13}$$

$$E_{AB}(T_0) = \frac{kT_0}{e} \ln \frac{n_A(T_0)}{n_B(T_0)} \tag{7-14}$$

式中:$E_{AB}(T)$、$E_{AB}(T_0)$ 分别为 A、B 两种材料在温度 T、T_0 时的接触电势;k 为玻尔兹
曼常数,$k = 1.38 \times 10^{-23}$ J/K;T、T_0 为两接触处的绝对温度,$n_A(T)$、$n_B(T)$、$n_A(T_0)$、
$n_B(T_0)$ 为 A、B 两种材料分别在温度 T、T_0 下的自由电子密度;e 为单个电子的电荷量,
$e = 1.6 \times 10^{-19}$ C。

（2）单一导体的温差电势。对于单一导体，如果将导体两端分别置于不同的温度 T、T_0 下，且 $T>T_0$，则在导体内部，热端的自由电子具有较大的动能，将向冷端移动，导致热端失去电子带正电，冷端得到电子带负电。这样，导体两端将产生电位差。该电位差阻止电子从热端继续向冷端转移，并使电子反方向移动，最终将达到动态平衡状态。这样，在导体两端产生的电位差称为温差电势。温差电势的大小取决于导体材料和两端的温度，可表示为

$$E_A(T, T_0) = \frac{k}{e} \int_{t_0}^t \frac{1}{n_A(T)} d[n_A(T)T] \tag{7-15}$$

$$E_B(T, T_0) = \frac{k}{e} \int_{t_0}^t \frac{1}{n_B(T)} d[n_B(T)T] \tag{7-16}$$

式中的 $E_A(T, T_0)$、$E_B(T, T_0)$ 分别为导体 A、B 在两端温度为 T、T_0 时形成的温差电势。

（3）热电偶回路中的总热电势。根据前面的分析可知，热电偶回路总共存在四个电动势，即两个接触电势和两个温差电势，如图 7 - 14 所示。当温度 $T>T_0$ 时，回路中总热电势可表示为

$$
\begin{aligned}
E_{AB}(T, T_0) &= E_{AB}(T) - E_{AB}(T_0) - E_A(T, T_0) + E_B(T, T_0) \\
&= \frac{kT}{e} \ln \frac{n_A(T)}{n_B(T)} - \frac{kT_0}{e} \ln \frac{n_A(T_0)}{n_B(T_0)} - \\
&\quad \frac{k}{e} \int_{t_0}^t \frac{1}{n_A(T)} d[n_A(T)T] + \\
&\quad \frac{k}{e} \int_{t_0}^t \frac{1}{n_B(T)} d[n_B(T)T]
\end{aligned} \tag{7-17}
$$

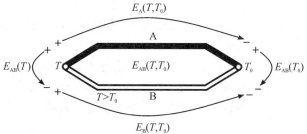

图 7 - 14　热电偶回路中的总热电势

由此可见，热电偶总热电势与两种材料的电子密度以及两结点的温度有关，可得出以下结论：

① 如果构成热电偶的两热电机为材料相同的均质导体，即 $n_A(T) = n_B(T)$，$n_A(T_0) = n_B(T_0)$，则无论两结点温度如何变化，热电偶回路中的总热电势为零。因此，热电偶必须采用两种不同的材料作为热电极。

② 如果热电偶两结点温度相同，即 $T = T_0$，则尽管导体 A、B 的材料不同，热电偶回路中的总热电势也为零。

③ 热电偶产生的热电势大小与材料和结点温度有关，与其尺寸、形状等无关。

7.5.3　热电偶的基本定律

1. 均质导体定律

组成热电偶的两个热电极材料相同时，无论结点温度如何变化，均不产生接触电势，且温差电势相抵消，回路中总电势为零。均质导体定律有助于检测两个热电极材料成分是否相同及热电极材料的均匀性。

2. 标准电极定律

如图 7 - 15 所示，如果两种导体 A 和 B 分别与第三种导体 C 组成的热电偶所产生的热电势已知，则由这两种导体 A 和 B 组成的热电偶产生的热电势为

$$E_{AB}(T,T_0)=E_{AC}(T,T_0)-E_{BC}(T,T_0) \tag{7-18}$$

导体 C 称为标准电极。

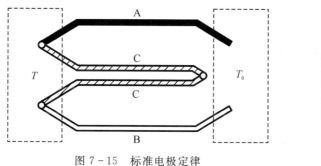

图 7 - 15　标准电极定律

热电偶的
基本定律

由式(7 - 18)可知，任意几个热电极与一标准电极组成热电偶产生的热电势已知时，就可以很方便地求出这些热电极彼此任意组合时的热电动势。

标准电极定律的意义在于：纯金属的种类很多，合金的种类更多，要得出这些金属间组成热电偶的热电势是一件工作量极大的事。在实际处理中，由于铂的物理—化学性质稳定，通常选用高纯铂丝作为标准电极。只要测得它与各种金属组成的热电偶的热电势，各种金属间相互组合成热电偶的热电势就可以根据标准电极定律计算得出。

3. 中间导体定律

如图 7 - 16 所示，在热电偶回路中插入中间导体 C，C 为 A、B 热电极之外的其他导体。只要中间导体 C 两端温度相同，就不会对热电偶回路的总热电势产生影响，即

$$E_{ABC}(T,T_0)=E_{AB}(T)+E_{BC}(T_0)+E_{CA}(T_0) \tag{7-19}$$

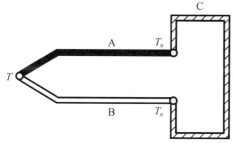

图 7 - 16　中间导体定律

中间导体定律的意义在于：在实际的热电偶测温应用中，测量仪表和连接导线可以作为第三种导体对待，只要保持两结点温度相同，就不会对测量结果产生影响。

4. 中间温度定律

如图 7-17 所示，热电偶 A、B 两结点温度为 T、T_0 时的热电势，等于热电偶在温度为 T、T_n 时的热电势与温度为 T_n、T_0 时的热电势的代数和。其中，T_n 称为中间温度，即

$$E_{AB}(T, T_0) = E_{AB}(T, T_n) + E_{AB}(T_n, T_0) \tag{7-20}$$

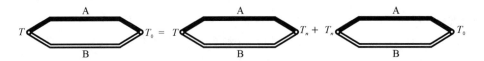

图 7-17　中间温度定律

中间温度定律的意义在于：在实际测量中，利用热电偶的性质，可以对参考端温度不为 0℃ 的热电势进行修正。

7.5.4　热电偶的结构和分类

1. 结构

为了适应不同测量对象的测温条件和要求，热电偶有不同的结构形式，包括普通型热电偶、铠装热电偶和薄膜热电偶。

1）普通型热电偶

普通型热电偶结构如图 7-18 所示。它一般由热电极、绝缘管、保护套管和接线盒等主要部分组成，在工业上使用最为广泛。

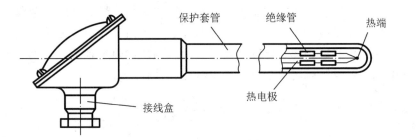

图 7-18　普通型热电偶结构　　　　　　　　热电偶的结构和分类

热电极是热电偶的基本组成部分，使用时有正、负极之分。热电极的直径大小由材料价格、机械强度、导电率、热电偶的用途和测量范围等因素决定。普通金属做成的热电极，其直径一般在 0.5~3.2 mm；贵重金属做成的热电极，其直径一般为 0.3~0.6 mm。热电极的长度则取决于应用需要和安装条件，通常为 300~2000 mm，常用长度为 350 mm。

绝缘管用于热电极之间及热电极与保护管之间进行绝缘保护，防止两根热电极短路。绝缘管形状一般为圆形或椭圆形，中间开有两个、四个或六个孔，热电极穿孔而过。制作绝缘管的材料一般为黏土、高铝或刚玉等，要求在室温下绝缘管的绝缘电阻应在 5 MΩ 以上，最常用的是氧化铝管和耐火陶瓷。

保护套管是用来隔离热电极与被测介质，保护热电偶感温元件免受被测介质化学腐蚀和机械损伤的装置。一般要求保护套管应具有耐高温、耐腐蚀的特性，且导热性、气密性好。制作保护套管的材料分为金属、非金属两类。

接线盒供热电偶与补偿导线连接之用。根据被测对象和现场环境条件，接线盒可分为普通式、防溅式(密封式)两种结构。

2) 铠装热电偶

铠装热电偶是由热电极、绝缘材料和金属保护套管一起拉制加工而成的坚实缆状组合体，如图 7-19 所示。它可以做得很细很长，使用时可以随需要任意弯曲，测温范围通常在 1100℃ 以下。铠装热电偶的优点是热惯性小，响应速度快；有良好的柔性，便于弯曲；抗震性能好；耐冲击，可安装在结构复杂的装置上。

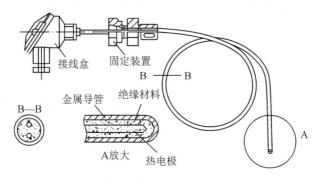

图 7-19　铠装热电偶结构

3) 薄膜热电偶

薄膜热电偶是将两种薄膜热电极材料用真空蒸镀、化学涂层等方法蒸镀到绝缘基板上制成的一种特殊热电偶，如图 7-20 所示。薄膜热电极厚度为 $0.01\sim0.1\ \mu m$，绝缘基板可采用云母、陶瓷、玻璃、酚醛塑料等。薄膜热电偶的优点是热惯性小，响应速度快，适用于微小面积上的表面温度以及快速变化的动态温度的测量(测量范围在 300℃ 以下)。

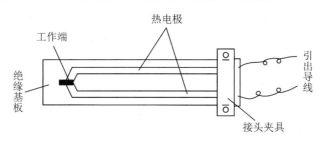

图 7-20　薄膜热电偶结构

2. 材料及种类

根据金属的热电效应原理，理论上，任何两种不同材料的导体都可以组成热电偶，但为了准确可靠地测量温度，对组成热电偶的材料有严格的选择条件。在实际应用中，用作热电极的材料一般应具备以下条件：

(1) 温度测量范围广。要求在规定的温度测量范围内有较高的测量精确度，有较大的热电动势。温度与热电动势的关系是单值函数，最好呈线性关系。

（2）性能稳定。要求在规定的温度测量范围内使用时热电性能稳定，均匀性和复现性好。

（3）物理化学性能好。要求在规定的温度测量范围内有良好的化学稳定性、抗氧化性或抗还原性。

（4）导电率要高，并且电阻温度系数要小。

（5）材料的机械性能要高，复制性好，复制工艺简单，价格便宜。

满足上述条件的热电极材料并不多。目前，国际电工委员会（IEC）向世界各国推荐了八种标准化热电偶。它们的分度号及性能特点见表 7-6。

表 7-6　标准化热电偶的分度号及性能特点

热电偶名称	分度号	测量范围/℃	性能特点及应用场合
铂铑$_{10}$-铂	S	0～1300	热电特性稳定，抗氧化性强，测温范围广，测量精度高，热电势小，线性差，价格高。可作为基准热电偶，用于精密测量
铂铑$_{13}$-铂	R	0～1300	与 S 型热电偶的性能几乎相同，只是热电势大 15%
铂铑$_{30}$-铂铑$_6$	B	0～1600	测量上限高，稳定性好，在冷端温度低于 50℃ 时不用考虑温度补偿问题；热电势小，线性较差，价格高，使用寿命远高于 S 型和 R 型
镍铬-镍硅	K	−270～1000	热电势大，线性好，性能稳定，价格较便宜，抗氧化性强，广泛应用于中高温测量
镍铬硅-镍硅	N	−270～1200	在相同条件下，特别是在 1100℃～1300℃ 高温条件下，高温稳定性及使用寿命较 K 型热电偶成倍提高，价格远小于 S 型热电偶，而性能相近，在 −200℃～1300℃ 范围内，有全面代替廉价金属热电偶和部分 S 型热电偶的趋势
铜-铜镍	T	−270～350	准确度高，价格便宜，广泛应用于低温测量
镍铬-铜镍	E	−270～870	热电势较大，中低温稳定性好，耐磨蚀，价格便宜，广泛应用于中低温测量
铁-铜镍	J	−270～750	价格便宜，耐 H_2 和 CO_2 气体腐蚀，在含铁或碳的条件下使用稳定，适用于化工生产过程的温度测量

对于不同金属组成的热电偶，温度与热电势之间有不同的函数关系，一般通过实验方法来确定，并将不同温度下所测得的结果列成表格，编制出针对各种热电偶的热电势与温度的对照表（称为分度表），供使用时查阅。表 7-7 是分度号为 S 的热电偶的分度表，表中温度按 10℃ 分档，其中间值可按内插法计算，表中参考端温度为 0℃。

表 7-7 热电偶的分度表

分度号：S　　　　　　　　　　　　　　　　　　　　　　　　　　　　　参考端温度：0℃

测温端温度/℃	0	10	20	30	40	50	60	70	80	90
	热电势/mV									
+0	0.000	0.055	0.113	0.173	0.235	0.299	0.365	0.432	0.502	0.573
100	0.645	0.719	0.795	0.872	0.950	1.029	1.109	1.190	1.293	1.356
200	1.440	1.525	1.611	1.698	1.785	1.873	1.962	2.051	2.141	2.232
300	2.323	2.414	2.506	2.599	2.692	2.786	2.880	2.974	3.069	3.164
400	3.260	3.356	3.452	3.549	3.645	3.743	3.840	3.938	4.036	4.135
500	4.234	4.333	4.432	4.532	4.632	4.732	4.832	4.933	5.034	5.136
600	5.237	5.339	5.442	5.544	5.648	5.751	5.855	5.960	6.064	6.169
700	6.274	6.380	6.486	6.592	6.699	6.805	6.913	7.020	7.128	7.236
800	7.345	7.454	7.563	7.672	7.782	7.892	8.003	8.114	8.225	8.336
900	8.448	8.560	8.673	8.786	8.899	9.012	9.126	9.240	9.355	9.470
1000	9.585	9.700	9.816	9.932	10.048	10.165	10.282	10.400	10.517	10.635
1100	10.754	10.872	10.991	11.110	11.229	11.348	11.467	11.587	11.707	11.827
1200	11.947	12.067	12.188	12.308	12.429	12.550	12.671	12.792	12.913	13.034
1300	13.155	13.276	13.397	13.519	13.640	13.761	13.883	14.004	14.125	14.247
1400	14.368	14.489	14.610	14.731	14.852	14.973	15.094	15.215	15.336	15.456
1500	15.576	15.697	15.817	15.937	16.057	16.176	16.296	16.415	16.534	16.653
1600	16.771	16.890	17.008	17.125	17.245	17.360	17.477	17.594	17.711	17.826

7.5.5 热电偶的冷端温度补偿

由热电偶的测温原理可以知道，热电偶产生的热电势大小与冷热端温度有关。热电偶的输出电势只有在冷端温度不变的条件下，才与工作端温度成单值函数关系。实际应用时，由于热电偶冷端离工作端很近，且又处于大气中，其温度受到测量对象和周围环境温度波动的影响，因而冷端温度难以保持恒定，这样会带来测量误差。进行冷端温度补偿的方法有补偿导线法、冷端温度恒定法、冷端温度校正法和冷端温度电桥补偿法四种。

1. 补偿导线法

热电偶的长度一般只有 1 m 左右，要保证热电偶的冷端温度不变，可以把热电极加长，使自由端远离工作端，并放置到恒温或温度波动较小的地方。但这种方法一方面安装使用不方便，另一方面也可能耗费许多贵重的金属材料。因此，一般采用一种称为补偿导线的特殊导线，将热电偶的冷端延伸出来，如图 7-21 所示。补偿导线实际上是一对与热电极化学成分不同的导线，在 0℃～150℃温度范围内与配接的热电偶具有相同的热电特性，但价格相对便宜。根据中间温度定律，只要热电偶和补偿导线的两个接触点温度一致，就不会影响热电动势的输出。

图 7 - 21 补偿导线法　　　　　　　　热电偶的冷端温度补偿

常用的热电偶补偿导线类型见表 7 - 8。根据表中数据可知，补偿导线主要用于贵金属制成的热电偶的补偿，对于非贵金属通常用制作热电极的材料本身进行补偿。

表 7 - 8　常用的热电偶补偿导线类型

热电偶类型	补偿导线类型	补偿导线	
		正极	负极
铂铑$_{10}$-铂	铜-铜镍合金	铜	镍铬合金（镍的质量分数为 0.6%）
镍铬-镍硅	Ⅰ型：镍铬-镍硅	镍铬	镍硅
镍铬-镍硅	Ⅱ型：铜-康铜	铜	康铜
镍铬-康铜	镍铬-康铜	镍铬	康铜
铁-康铜	铁-康铜	铁	康铜
铜-康铜	铜-康铜	铜	康铜

2. 冷端温度恒定法

冷端温度恒定法就是把热电偶冷端置于某些温度不变的装置中，以保证冷端温度不受热端测量温度的影响。恒温装置可以是电热恒温器或冰点槽，里面装有冰水混合物，温度保持在 0℃。电热恒温器的温度不为 0℃ 时，还需要对热电偶进行冷端温度校正。为了避免冰水导电引起两个连接点短路，必须把连接点分别置于两个玻璃试管中，浸入同一冰点槽，使之互相绝缘，如图 7 - 22 所示。这种方法仅限于在科学实验中的精准测量和检定热电偶

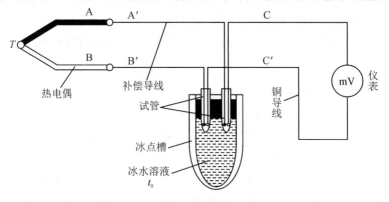

图 7 - 22　冷端温度恒定法

时使用。

3. 冷端温度校正法

由于热电偶的温度分度表是在冷端温度保持在 0℃ 的情况下得到的，与它配套使用的测量电路或显示仪表又是根据这一关系曲线进行刻度的，因此，冷端温度不等于 0℃ 时，就必须对仪表指示值加以修正。如果冷端温度高于 0℃，但恒定 T_0 时，则测得的热电势要小于该热电偶的分度值。为求得真实温度，可利用中间温度定律对仪表指示值进行修正，即

$$E(T, 0) = E(T, T_0) + E(T_0, 0) \tag{7-21}$$

4. 冷端温度电桥补偿法

冷端温度电桥补偿法是在热电偶和仪表之间加上一个补偿电桥，当热电偶冷端温度升高，导致回路总电势降低时，这个电桥感受自由端温度的变化，产生一个电位差，其数值刚好与热电偶降低的电势相同，两者互相补偿。冷端温度电桥补偿法解决了冷端温度校正法不适合连续测温的问题。

如图 7-23 所示，R_1、R_2、R_3 为锰铜电阻，阻值几乎不随温度变化；R_{Cu} 为铜热电阻，其电阻值随温度升高而增大，与冷端靠近。设电桥在冷端温度为 T_0 时处于平衡，$U_{ab}=0$，则电桥对仪表的读数无影响。

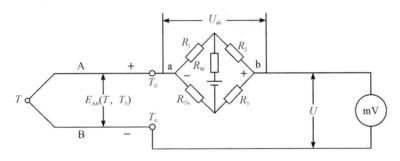

图 7-23 冷端温度电桥补偿法

当温度不等于 T_0 时，电桥不平衡，会产生一个不平衡电压 U_{ab} 加入热电势回路。当冷端温度升高时，R_{Cu} 随之增大，U_{ab} 也将增大，但是热电偶的热电势却会随冷端温度的升高而减小。若 U_{ab} 的增加量等于 E_{ab} 的减少量，则输出总电势不变。

改变电阻值可以改变桥臂电流，适合不同类型的热电偶配合使用。也就是说，不同型号的补偿电桥应与热电偶配套使用。同时，与热电偶相配的仪表（最好是直流电位差计）必须是高输入阻抗的，保证不从热电偶取电流，否则测出的是端电压而不是电动势。

7.6 温度传感器的应用发展

7.6.1 热电偶熄火保护装置

热电偶熄火保护装置也称为热电式熄火保护装置，它包括热电偶和电磁阀两大部分，所以又称为磁控安全阀，是现代燃气具使用较多的一种熄火保护装置。图 7-24 所示为燃气热水器上的熄火保护装置，两个串联的热电偶分别放置在小火和主燃烧器的火焰范围

内。当热电偶1热端受热时，产生热电势，把热电偶产生的电势接入电磁阀的线圈，产生磁场使电磁阀动作，气阀开启，主气道中的燃气导通，维持主燃烧器正常燃烧。当火焰过大，热电偶2也产生热电势，总热电势变大，使进气电磁阀动作，进气量减小，维持正常火焰；一旦火焰熄灭，两个热电偶输出的热电势很快下降至零，电磁阀关断气源通道，中止供气。

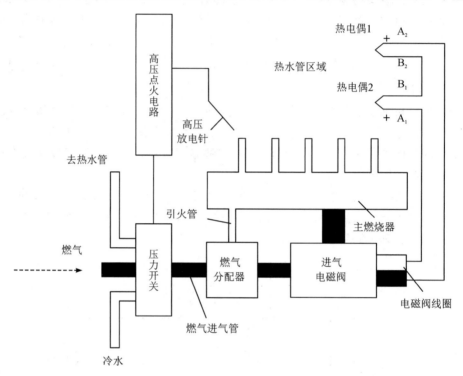

图 7-24　燃气热水器熄火保护装置示意图

7.6.2　谷物温度测量仪

谷物温度测量仪由探针、电桥和电源组成，如图 7-25(a)所示。热敏电阻装在探针的头部，由铜保护帽将被测谷物的温度传给热敏电阻。为保证测量精度，在探针头部还装有绝缘套。热敏电阻通过引线和接插件与测温直流电桥连接，电桥和电池装在一个电路盒内，电路盒和探针通过连接件组合在一起。当温度改变时，接在电桥桥臂中的热敏电阻的阻值将会发生变化，使电桥失去平衡，直流微安表立即指示出相应温度，如图 7-25(b)所示。

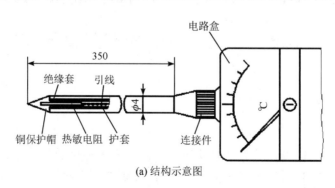

(a)结构示意图

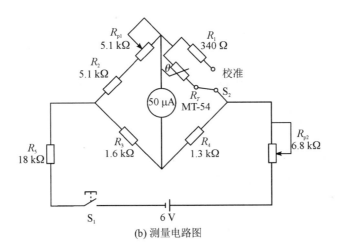

图 7-25　谷物温度测量仪

可变电阻 R_{p1} 的作用是在－10℃时调整电桥平衡。电阻 R_1 的阻值等于＋70℃时热敏电阻 R_T 的阻值，用于校准仪器。校准时将开关 S_2 放置在校准位置，调节电位器 R_{p2}，使表头指针对准＋70℃的刻度。

7.7　高温报警的创新实践

7.7.1　实践概述

利用 Arduino Uno 开源开发板、LM35 温度传感器、蜂鸣器，通过硬件连接、软件编程和整体调试，制作基于 Arduino 的高温报警装置，实现温度传感器的工程创新应用。

高温报警器的原理是通过温度传感器检测环境温度，当温度超过预设值时，高温报警器会发出声光报警信号，以达到保护设备和人员安全的目的。工业自动化控制、石油化工、冶金冶炼、火电核电、智能制造、机械制造、玻璃陶瓷、塑料橡胶、酿酒制药、轻工纺织、食品、烟草、水处理、军工等行业中，都有高温报警的应用实例。本实践任务是利用 Arduino Uno 开源开发板、LM35 温度传感器、蜂鸣器，制作高温报警装置。要求：通过 LM35 温度传感器，检测环境温度。当环境温度高于 30℃时，蜂鸣器发出报警声。

7.7.2　硬件连接

硬件清单：Arduino Uno 开源开发板，LM35 温度传感器，蜂鸣器，面包板，杜邦线若干。

LM35 温度传感器是电压型集成温度传感器，工业标准为 T0-1992 时，其准确度一般为±0.5℃。由于其输出为电压，且线性度好，因此只要配上电压源和数字式电压表就可以构成一个精密数字测温系统。输出电压的温度系数 $K_U = 10.0 \text{ mV/℃}$，利用 $T = U_0/10 \text{ mV}$ 可以计算出被测温度值。LM35 温度传感器引脚定义如表 7-9 所示。

表 7 - 9　LM35 温度传感器引脚定义

引　脚	定　义
+	电源正极
-	电源地
S	输出信号

通过扫描"高温报警硬件连接"二维码，获得高温报警硬件连接 AR 体验。

7.7.3　软件编程

检查硬件电路，若电路连接正确无误则通电进行测试，然后进行程序烧录。通过扫描"高温报警控制程序"二维码，获得高温报警控制程序，并通过 Arduino IDE 烧录至 Arduino Uno 中。

高温报警
控制程序

课后思考

1. 简述金属热电阻的工作原理及其特点。

2. 试分析三线制和四线制接法在热电阻测量中的原理及其不同特点。

3. 对热敏电阻进行分类，并叙述其各自不同特点。

4. 什么是热电效应？试说明热电偶的测温原理。

5. 什么是均质导体定律、标准电极定律、中间温度定律和中间导体定律？它们各有何物理意义？

6. 试说明热电偶的类型及特点。

7. 热电偶的冷端温度补偿有哪些方法？各自的原理是什么？

8. 在某一测温系统中，用 S 型热电偶进行温度测量。若热端温度 $T=800℃$，冷端温度 $T_0=25℃$，求 $E(T, T_0)$。

任务十一　应用湿敏传感器实现智能浇花

任务导入

随着现代工农业技术的发展及人民生活水平的提高，湿度的检测与控制已经成为生产和生活必不可少的环节。大规模集成电路车间，当其相对湿度低于30％时，容易产生静电，造成大批量元器件的损伤而影响生产；纺织厂为了减少棉纱断头，车间内要保持相当高的湿度；一些用于存放烟草、茶叶、中药材等的仓库内湿度过大时，容易造成原材料变质和发霉；在考古、壁画、收藏等方面，不适宜的湿度可能造成藏品等严重损坏；在农业上，先进的工厂式育苗、食用菌的培养与生产、水果及蔬菜的保鲜等都离不开适度

智能浇花——
任务导入

的检测与控制。湿敏传感器已广泛应用于工业、农业、国防、科技、医疗等各个领域。

头脑风暴

什么是湿度？在汽车领域，使用湿敏传感器进行湿度测量和控制的实例有哪些？

7.8　湿敏传感器的工作原理

7.8.1　湿敏传感器概述

1. 湿度的定义及其表示方法

湿度是指大气中水蒸气的含量。它有三种最常用的表示方法，即绝对湿度、相对湿度和露点。

湿敏传感器的工作原理

1）绝对湿度（Absolute Humidity，AH）

绝对湿度是指在一定温度和压力条件下，单位体积空气内所含水蒸气的质量。用每立方米空气中所含水蒸气的克数表示，其数学表达式为

$$H_a = \frac{m_V}{V} \tag{7-22}$$

式中：m_V 为待测空气中水蒸气的质量；V 为待测空气的总体积；H_a 为绝对湿度，单位一般用 g/m^3 或 kg/m^3 表示。

绝对湿度也可以用空气中水蒸气的密度（ρ_V）来表示。设空气中水蒸气的分压为 P_V，根据理想气体状态方程，其数学表达式为

$$\rho_V = \frac{P_V m}{RT} \tag{7-23}$$

式中：m 为水蒸气的摩尔质量；R 为理想气体常数；T 为空气的绝对温度。

绝对湿度给出了水分在空气中的具体含量。

2）相对湿度（Relative Humidity，RH）

相对湿度是指被测气体的绝对湿度与同一温度下达到饱和状态的绝对湿度之比，或待测空气中实际所含的水蒸气分压与相同温度下饱和水蒸气分压比值的百分数。其数学表达式为

$$H_T = \frac{P_V}{P_W} \times 100\% \tag{7-24}$$

式中：P_V 为待测空气中实际所含的水蒸气分压；P_W 为相同温度下饱和水蒸气分压；H_T 为相对湿度（无量纲）。

相对湿度给出了大气的潮湿程度，实际中多使用相对湿度。

3）露点

在一定大气压下，将含有水蒸气的空气冷却，当温度下降到某一特定值时，空气中的

水蒸气达到饱和状态，开始从气态变成液态并凝结成露珠，这种现象称为结露。这一特定温度，就称为露点温度，简称露点。在一定大气压下，湿度越大，露点越高；湿度越小，露点越低。

2. 湿敏传感器的定义及分类

湿敏传感器是能感受到外界湿度变化，并通过器件材料的物理或化学性质变化，将湿度转换成可用信号的器件或装置。湿敏传感器通常由湿敏元件及转换电路组成。

湿敏传感器的种类繁多，分类方法也很多。按输出的电学量划分，湿敏传感器可分为电阻式、电容式等；按探测功能划分，湿敏传感器可分为绝对湿度型、相对湿度型和结露型等；按湿敏材料划分，湿敏传感器可分为陶瓷式、半导体式、电解质式和高分子式等；按水分子是否渗透固体内划分，湿敏传感器可分为水分子亲和力型和非分子亲和力型两大类。

3. 湿敏传感器的主要参数及特性

湿敏传感器具有以下几个主要特性：

（1）感湿特性。感湿特性是指湿敏传感器的感湿特征量（如电阻值、电容值等）随湿度变化的特性，常用感湿特征量和被测相对湿度的关系曲线来表示。

（2）湿度量程。湿度量程是指湿敏传感器技术规范所规定的感湿范围。

（3）灵敏度。灵敏度是指湿敏传感器的感湿特征量（如电阻值、电容值等）随环境湿度化的程度，即湿敏传感器感湿特性曲线的斜率。由于大多数湿敏传感器的感湿特性曲线是非线性的，因此常采用不同湿度下的感湿特征量之比来表示其灵敏度的大小。

（4）湿滞特性。同一湿敏传感器吸湿过程（相对湿度增大）和脱湿过程（相对湿度减小）的感湿特性曲线不重合的现象就称为湿滞特性。

（5）响应时间。响应时间是指在一定环境温度下，当被测相对湿度发生跃变时，湿敏传感器的感湿特征量达到稳定变化量的规定比例所需的时间。一般以相应的起始湿度到终止湿度这一变化区间的 90% 的相对湿度变化所需的时间来计算。

（6）感湿温度系数。当被测环境湿度恒定不变时，温度每变化 $1℃$，引起湿敏传感器感湿特征量的变化量，就称为感湿温度系数。

（7）老化特性。老化特性是指湿敏传感器在一定温度、湿度环境下存放一段时间后，其感湿特性将会发生改变的特性。

通常，一个理想的湿敏传感器应具备如下性能要求：使用寿命长，长期稳定性好；灵敏度高，感湿特性线性度好；使用范围宽，感湿温度系数小；响应快，响应时间短；湿滞回差小；一致性和互换性好，易于批量生产，成本低廉。

7.8.2 湿敏传感器的工作原理

下面按照湿敏材料分类，分别介绍几种湿敏传感器。

1. 电解质式湿敏传感器

有些物质的水溶液是能够导电的，被称为电解质。无机物中的酸、碱、盐绝大部分属于电解质。由于电解质具有强烈的吸水性，其电导率又随其吸水量的多少而发生变化，因此电解质是人们最先进行研究的感湿材料。

电解质式湿敏传感器的典型代表是氯化锂湿敏电阻，它是利用吸湿性盐类潮解，离子导电率发生变化而制成的测湿元件。氯化锂湿敏电阻由引线、基片、感湿层与电极组成，如图 7-26 所示。

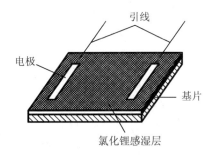

图 7-26　氯化锂湿敏电阻结构

氯化锂(LiCl)通常与聚乙烯醇(PVAC)组成混合体，在高浓度的氯化锂溶液中，Li^+ 和 Cl^- 均以正负离子的形式存在，其溶液的离子导电能力与溶液浓度成正比。当溶液置于一定温度的环境时，若环境相对湿度高，由于 Li^+ 对水分的吸引力强，离子水合程度高，溶液将吸收水分，使浓度降低，因此溶液导电能力下降，从而电阻率增高。反之，当环境相对湿度变低时，溶液浓度升高，导电能力随之增强，从而电阻率下降。由此可见，氯化锂湿敏电阻的阻值会随环境相对湿度的改变而改变，从而实现对湿度的测量。

氯化锂湿敏电阻的感湿特性曲线如图 7-27 所示。图中，吸湿和脱湿曲线不重合，是因为湿敏元件吸湿和脱湿的响应时间是不同的，一般脱湿总是滞后吸湿，这种现象称为湿滞现象。吸湿和脱湿曲线所构成的回线称为湿滞回线。在湿滞回线上对于同一相对湿度下的不同感湿特征量的最大差值称为湿滞回差。一般，高湿时的回差比低湿时大。

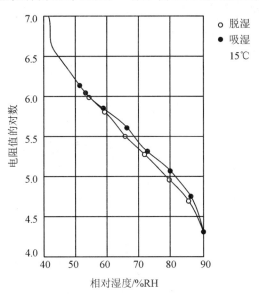

图 7-27　氯化锂湿敏电阻感湿特性曲线

由图 7-27 中可以看出，在相对湿度为 50%～80% 的范围内，电阻值随湿度的变化曲线近似呈线性关系。为了扩大湿度测量的线性范围，可以将多个氯化锂含量不同的器件组合使用。例如，将测量范围分别为(10%～20%)RH、(20%～40%)RH、(40%～70%)

RH、（70％～80％）RH 和（80％～99％）RH 的五种传感器配合使用，就可以自动转换完成整个湿度范围的湿度测量。

氯化锂湿敏电阻的优点是滞后小，不受测试环境风速影响，检测精度高达±5％，但其耐热性差，不能用于露点以下测量，器件性能重复性不理想，使用寿命短。

2. 陶瓷式湿敏传感器

陶瓷式湿敏传感器是由两种以上金属氧化物混合烧结而成的多孔陶瓷，是根据感湿材料吸附水分后，其电阻率会发生变化的原理进行湿度检测的。陶瓷的化学稳定性好，耐高温，多孔陶瓷的表面积大，易于吸湿和脱湿，所以响应时间可以短至几秒。这种湿敏器件的感湿体外常罩一层加热丝，以便对器件进行加热清洗，排除周围恶劣环境对器件的影响。

制作陶瓷式湿敏传感器的材料有 $ZnO-LiO_2-V_2O_5$ 系、$Si-Na_2O-V_2O_5$、$TiO_2-MgO-Cr_2O_5$ 系和 Fe_3O_4 系。前三种材料的电阻率随湿度的增加而下降，这种陶瓷称为负特性湿敏半导体陶瓷；后一种材料的电阻率随湿度的增加而下降，这种陶瓷称为正特性湿敏半导体陶瓷。

（1）负特性湿敏半导体陶瓷导电机理。由于分子中的氢原子具有很强的正电场，当水在半导体陶瓷表面吸附时，就有可能从半导体陶瓷表面俘获电子，使半导体陶瓷表面带负电。如果该半导体陶瓷是 P 型半导体，则由于水分子吸附使表面电势下降，因此其表面层的电阻值也会下降。如果该半导体陶瓷是 N 型半导体，则由于水分子的附着同样会使表面电势下降；如果表面电势下降较多，不仅使表面层的电子耗尽，同时吸引更多的空穴到达表面层，有可能使表面层的空穴浓度大于电子浓度，出现所谓表面反型层；这些空穴称为反型载流子，它们同样可以在半导体陶瓷表面迁移而使电阻率下降。由此可见，由于水分子的吸附，无论是 P 型还是 N 型半导体陶瓷，其电阻率都会随湿度的增加而下降，显示出负湿敏特性。图 7-28 所示为几种负温度特性半导体陶瓷式湿敏传感器的感湿特性曲线。

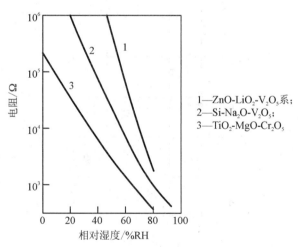

1—$ZnO-LiO_2-V_2O_5$系；
2—$Si-Na_2O-V_2O_5$；
3—$TiO_2-MgO-Cr_2O_5$

图 7-28　几种负温度特性半导体陶瓷式湿敏传感器感湿特性曲线

（2）正特性湿敏半导体陶瓷导电机理。正特性湿敏半导体陶瓷的结构、电子能量状态与负特性材料有所不同。当水分子吸附在半导体陶瓷的表面使其表面电势下降，造成表面层电子浓度下降，但还不足以使表面层的空穴浓度增加到出现反型层的程度，此时仍以电子导电为主。于是，表面电阻将随着电子浓度的下降而增大。由于通常湿敏半导体陶瓷材料都是多孔型的，表面电阻占的比例很大，故表面层电阻的升高，必将引起总电阻的明显升高。因此，这类半导体陶瓷材料的电阻值将随环境湿度的增加而加大，显示出正湿敏特性。图 7-29 所示为 Fe_3O_4 正特性半导体陶瓷式湿敏传感器感湿特性曲线。

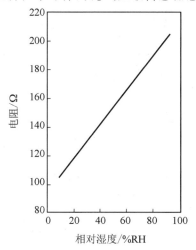

图 7-29 Fe_3O_4 正特性半导体陶瓷式湿敏传感器感湿特性曲线

从图 7-28 和图 7-29 可以看出，当相对湿度从 $0\%RH$ 变化到 $100\%RH$ 时，负特性材料的阻值均下降 3 个数量级，而正特性材料的阻值只增大了约一倍。

（3）典型陶瓷式湿敏传感器。

① $MgCr_2O_4$-TiO_2 陶瓷式湿敏传感器。氧化镁复合物和二氧化钛湿敏材料通常制成多孔陶瓷式湿敏传感器，它是负特性半导体陶瓷。$MgCr_2O_4$ 为 P 型半导体，它的电阻率低，阻值温度特性好，其结构如图 7-30 所示。在 $MgCr_2O_4$-TiO_2 湿敏传感器陶瓷片的两面涂覆多孔的金电极，并用掺金玻璃粉将引出线与金电极烧结在一起。在半导体陶瓷片的外面设置一个用镍铬丝烧制而成的加热线圈，以便频繁加热清洗传感器，排除有害气体对器件进行污染，减小测量误差。整个器件安装在一个高度致密、疏水性的陶瓷基片上。为了消除底座上的测量电极 2 和 3 之间由于吸湿和污染引起的漏电，在电极 2 和 3 周围设置了金短路环。图中的 1 和 4 为加热线圈引出线。$MgCr_2O_4$-TiO_2 湿敏传感器感湿特性曲线如图

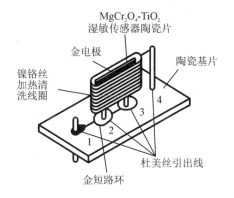

图 7-30 $MgCr_2O_4$-TiO_2 湿敏传感器结构

7-31 所示。从图中可以看出，传感器的电阻值既随所处环境的相对湿度的增加而减小，又随周围环境温度的变化而有所变化。

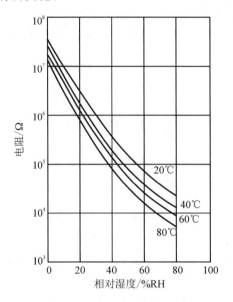

图 7-31　$MgCr_2O_4\text{-}TiO_2$ 湿敏传感器感湿特性曲线

② $ZnO\text{-}Cr_2O_3$ 陶瓷式湿敏传感器。如图 7-32 所示，$ZnO\text{-}Cr_2O_3$ 陶瓷式湿敏传感器是将多孔金电极烧结在多孔陶瓷圆片的两表面，并焊上铂引线，然后将敏感元件装入有网眼过滤的方形塑料盒中，用树脂固定而制成。传感器能连续稳定地测量湿度，无须加热除污装置，因此功耗低，体积小，成本低，是一种常用的测湿传感器。

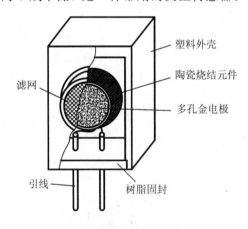

图 7-32　$ZnO\text{-}Cr_2O_3$ 陶瓷式湿敏传感器结构

③ Fe_3O_4 陶瓷式湿敏传感器。Fe_3O_4 陶瓷式湿敏传感器由基片、电极和感湿膜组成，其结构如图 7-33 所示。基片材料选用滑石瓷，该材料的吸水率低，机械强度高，化学性能稳定。基片上制作一堆梭状金电极，然后将预先配置好的 Fe_3O_4 胶体液涂覆在梭状金电极的表面，进行热处理和老化。Fe_3O_4 胶体之间的接触呈凹状，粒子间的空隙使薄膜具有多孔性。当空气相对湿度增大时，Fe_3O_4 胶膜吸湿，由于水分子的附着，强化颗粒之间的接触，降低颗粒间的电阻和增加更多的导流通路，因此元件阻值减小。当处于干燥环境中时，

胶膜脱湿，颗粒间接触面减小，元件阻值增大。当环境温度不同时，涂覆膜上所吸附的水分也随之变化，使梭状金电极之间的电阻产生变化。

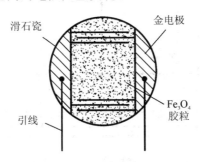

图 7 - 33 Fe₃O₄ 湿敏传感器结构

图 7 - 34 所示为国产 MCS 型 Fe₃O₄ 湿敏传感器的感湿特性曲线。Fe₃O₄ 湿敏传感器在常温、常湿下性能比较稳定，有较强的抗结露能力，测湿范围广，有较为一致的湿敏特性和较好的温度—湿度一致性，但器件有较明显的湿滞现象，响应时间长。

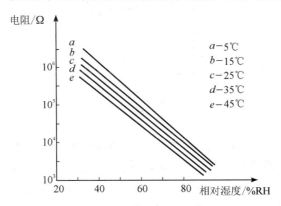

图 7 - 34 Fe₃O₄ 湿敏传感器感湿特性曲线

3. 高分子式湿敏传感器

高分子式湿敏传感器与陶瓷式湿敏传感器相比，具有量程宽、响应快、湿滞小、制作简单、成本低等优点，逐渐成为研究的重点。研究发现，有机纤维素具有吸湿溶胀、脱湿收缩的特性，利用这种特性，将导电的微粒或离子掺入其中作为导电材料，就可将其体积随湿度的变化转换为感湿材料的电阻变化，从而完成对环境湿度的测量。根据感湿原理，高分子式湿敏传感器可分为电容式、电阻式、SAW 型、光敏型等。目前，对电容式高分子湿敏传感器和电阻式高分子湿敏传感器研究较为深入。

（1）电容式高分子湿敏传感器。电容式高分子湿敏传感器的结构如图 7 - 35 所示，在上下电极之间是聚酰亚胺（PI）湿敏薄膜。电容式高分子湿敏传感器上部多孔质的电极可使水分子透过，水分子的介电常数和感湿高分子薄膜的介电常数相差较大。当水分子被高分子薄膜吸附时，介电常数会发生变化，随着环境湿度的提高，高分子薄膜吸附的水分子增多，湿度传感器的电容量也将会增加，所以可根据电容量的变化测得相对湿度。

电容式高分子湿敏传感器感湿特性曲线如图 7 - 36 所示。电容随着环境相对湿度的增加而增加，基本上呈线性关系。当测试频率为 1.5 MHz 左右时，其输出特性有良好的线性

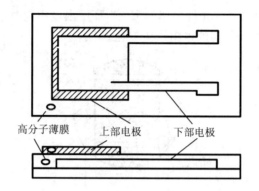

图 7-35　电容式高分子湿敏传感器结构

度。对其他测试频率如 1 MHz、10 kHz，尽管传感器的电容量变化很大，但线性度欠佳。可以外接转换电路，使感湿特性趋于理想直线。

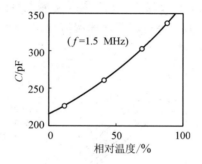

图 7-36　电容式高分子湿敏传感器感湿特性曲线

（2）电阻式高分子湿敏传感器。电阻式高分子湿敏传感器的结构如图 7-37 所示。电阻式高分子湿敏传感器是利用高分子电解质吸湿而导致电阻率发生变化的基本原理来进行测量的。通常将含有强极性基的高分子电解质及其盐类（如 $-NH_4^+ Cl^-$、$-NH_2$、$-SO_3^- H^+$）等高分子材料制成感湿电阻膜。当水吸附在强极性基高分子上时，随着湿度的增加吸附量增大，吸附水分子凝聚成液态。在低湿吸附量少的情况下，由于没有荷电离子产生，电阻值

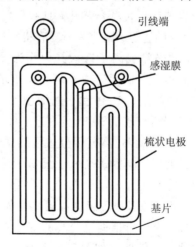

图 7-37　电阻式高分子湿敏传感器结构

很高；当相对湿度增加时，凝聚化的吸附水就成为导电通道，高分子电解质的成对离子主要起载流子作用。此外，由吸附水自身离解出来的质子(H^+)及水和氢离子(H_3O^+)也起电荷载流子作用，这就使得载流子数目急剧增加，传感器的电阻急剧下降。利用高分子电解质在不同湿度条件下电离产生的导电离子数量不等使阻值发生变化，就可以测定环境中的湿度。

电阻式高分子湿敏传感器感湿特性曲线如图 7-38 所示。当环境湿度变化时，在整个湿度范围内，传感器均有感湿特性，其阻值与相对湿度的关系在单对数坐标轴上近似为一直线。

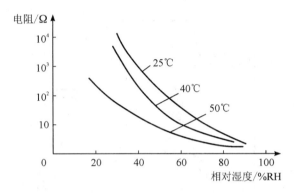

图 7-38　电阻式高分子湿敏传感器感湿特性曲线

7.9　湿敏传感器的验证实验

7.9.1　实验概述

通过搭建湿敏传感器的湿度检测系统，测量周围环境的湿度，记录实验数据，并通过实验数据的处理，计算湿敏传感器的线性度和灵敏度，分析其性能指标。

实验名称：湿敏传感器实验。

实验目的：

(1) 了解湿敏传感器的结构；

(2) 掌握湿敏传感器的工作原理；

(3) 理解湿敏传感器的特性。

实验内容：

(1) 了解传感器与检测技术试验台(求是教仪)的结构和布局；

(2) 掌握搭建完整的湿敏传感器湿度检测系统的方法，并进行测量实践；

(3) 掌握实验数据处理及性能指标计算方法。

实验设备：传感器与检测技术试验台(求是教仪)，CGQ-011 湿敏传感器实验模块，直流电源±15 V DC，直流电压表。

7.9.2　实验实施

本实验的湿敏传感器已由内部放大器进行放大、校正，输出的电压信号与相对湿度呈近似线性关系。

具体实验实施步骤如下：

（1）按照图7-39所示完成实验线路的搭建，将直流电源+15V及GND接入CGQ-011湿敏传感器实验模块的+15 V及GND，将CGQ-011湿敏传感器实验模块的输出U_o接电压表。

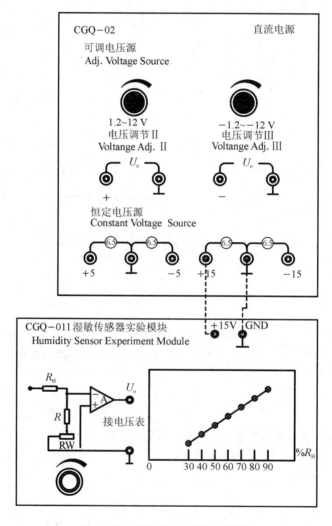

图7-39　湿敏传感器实验接线图

（2）对着湿敏传感器哈一口气，可看到发光管点亮的数目呈上升趋势，同时观察电压表数字变化。

（3）待数字稍稳定后记录读数，并根据湿敏传感器标定值，得出容器中的相对湿度。最后将数值填入表7-10中。

表 7 - 10　湿敏传感器测量湿度特性实验数据记录表

湿度/％RH	30	40	50	60	70	80	90
U/mV							

（4）根据实验数据记录表 7 - 10，绘制湿敏传感器电压—相对湿度（$U - H_T$）特性曲线，并计算湿敏传感器测量湿度的灵敏度和线性度。

7.10　湿敏传感器的应用发展

湿敏传感器的
应用发展

湿度及对湿度的测量和控制对人类日常生活、工业生产、气象预报、物质仓储等都起着极其重要的作用，而且相对湿度的过高或过低都会给生产和生活带来负面影响。为了减少因相对湿度过高或过低带来的损失，可利用不同类型的湿敏传感器对湿度进行检测和调节，从而使生产、生活质量得以提高。

7.10.1　汽车后窗玻璃自动去湿装置

汽车的前后玻璃窗常常因为湿度过大，影响驾驶者的视线，从而给汽车行驶带来不便或危险。因此，现代汽车通常会安装自动去湿装置。图 7 - 40（b）所示为一种汽车挡风玻璃自动去湿装置电路图。其中，R_H 为设置在后窗玻璃上的湿敏传感器电阻；R_L 为嵌入玻璃的加热电阻丝，可在玻璃形成过程中将电阻丝烧结在玻璃内，或将电阻丝加在上层玻璃的夹层中（如图 7 - 40（a）所示）；J 为继电器线圈；J_1 为其常开触点。晶体管 V_1 和 V_2 结成施密特触发电路，在 V_1 的基极上接有由电阻 R_1、R_2 及湿敏传感器电阻 R_H 组成的偏置电路。在常温常湿情况下，调节好各电阻值，因 R_H 阻值较大，使 V_1 导通，V_2 截止，继电器 J 不工作，其常开触点 J_1 断开，加热电阻 R_L 无电流流过。当汽车内外温差较大且湿度过大时，将导致湿敏电阻 R_H 的阻值减小，当减小到某值时，R_H 与 R_2 的并联电阻阻值小到不足以维持 V_1 导通，此时 V_1 截止，V_2 导通，使其负载继电器 J 通电，控制常开触点 J_1 闭合，加热电阻丝 R_L 开始加热，驱散后窗玻璃上的湿气，同时加热指示灯亮。当玻璃上湿度

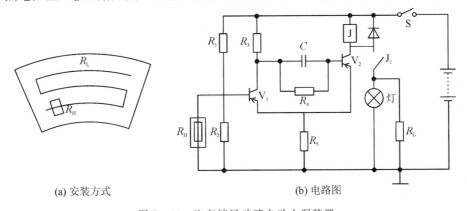

(a) 安装方式　　　　　　　　　　　(b) 电路图

图 7 - 40　汽车挡风玻璃自动去湿装置

减小到一定程度时，随着 R_H 增大，施密特电路又开始反转到初始状态，V_1 导通，V_2 截止，常开触点 J_1 断开，R_L 无断电停止加热，从而实现防湿自动控制。自动去湿装置可广泛应用于汽车、仓库、车间等湿度控制的场合。

7.10.2 高湿度显示仪

图 7 - 41 所示为高湿度显示仪电路。它能在环境相对湿度过高时进行显示，告知人们应采取排湿措施了。湿度传感器采用 MS01-A 型湿敏电阻，当环境的相对湿度在（20％～90％RH）变化时，它的电阻值在 $10^2 \sim 10^4 \ \Omega$ 范围内改变。为防止湿敏电阻产生极化现象，采用变压器降压供给检测电路 9 V 交流电压，湿敏电阻 R_H 和电阻 R_1 串联后接在它的两端。当环境温度增大时，R_H 阻值减小，电阻 R_1 两端电压会随之升高，这个电压经 VD_1 整流后加到由 V_1 和 V_2 组成的施密特电路中，使 V_1 导通，V_2 截止，V_3 随之导通，发光二极管 VD_4 发光。高湿度显示仪电路可应用于蔬菜大棚、粮棉仓库、花卉温室、医院等对湿度要求比较严格的场合。

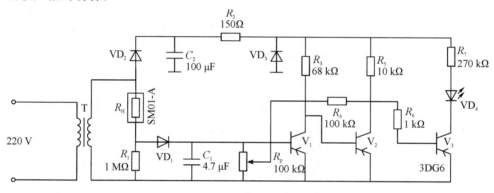

图 7 - 41　高湿度显示仪电路

7.11　智能浇花的创新实践

7.11.1 实践概述

利用 Arduino Uno 开源开发板、土壤湿度传感器、继电器模块、水泵、水管，通过硬件连接、软件编程和整体调试，制作基于 Arduino 的智能浇花装置，实现湿敏传感器的工程创新应用。

智能浇花技术主要应用于农业、园艺、城市绿化等领域。在农业领域，智能浇花系统可以自动测量土壤湿度并给植物自动浇水，从而减轻农民的劳动强度，提高农作物产量和质量。在园艺领域，通过智能浇花系统可以实现植物精准浇水，对于比较娇气的水族植物等起到非常好的护理作用。在城市绿化领域，智能浇花系统可以管理公园和街道上的绿化用水，减少水的浪费和使用成本。此外，在家庭或办公场所的室内植物养护中，智能浇花系统也能够发挥重要的作用。本实践任务是利用 Arduino Uno 开源开发板、土壤湿度传感器、继电器模块、水泵、水管等，制作智能浇花装置。要求：通过土壤湿度传感器，检测土壤湿度。当传感器输出值小于 500 时，继电器模块吸合，水泵工作，从水池中抽水并自动浇花；当传感器输出值大于等于 500 时，继电器模块断开，水泵停止工作。

7.11.2　硬件连接

硬件清单：Arduino Uno 开源开发板，土壤湿度传感器，继电器模块，水泵，水管，面包板，杜邦线若干。

1. 土壤湿度传感器

土壤湿度传感器是一种简易的湿敏传感器，用于检测土壤所含水分。当土壤缺水时，传感器输出值将减小，反之传感器输出值将增大。土壤湿度传感器表面做了镀金处理，可以延长它的使用寿命。将土壤湿度传感器插入土壤中，然后使用 A/D 转换器读取它的输出值。在它的帮助下，植物会提醒您：嘿，我渴了，请给我一点水。土壤湿度传感器引脚定义如表 7 - 11 所示。

表 7 - 11　土壤湿度传感器引脚定义

引脚	定　义
+	电源正极
−	电源地
S	输出信号

2. 继电器模块

继电器是一种电子控制器件，是用较小的电流去控制较大电流的一种自动开关，通常应用于自动控制电路中起着自动调节、安全保护、转换电路等作用。电磁式继电器一般由铁芯、线圈、衔铁、触点簧片等组成。只要在线圈两端加上一定的电压，线圈中就会流过一定的电流，从而产生电磁效应，衔铁就会在电磁力吸引的作用下克服返回弹簧的拉力吸向铁芯，从而带动衔铁的动触点与静触点（常开触点）吸合。当线圈断电后，电磁的吸力也随之消失，衔铁就会在弹簧的反作用力下返回原来的位置，使动触点与原来的静触点（常闭触点）释放。这样吸合、释放，从而达到在电路中导通、切断的目的。可以这样来区分继电器的常开、常闭触点：继电器线圈未通电时处于断开状态的静触点，称为常开触点；处于接通状态的静触点，称为常闭触点。继电器模块引脚定义如表 7 - 12 所示。

表 7 - 12　继电器模块引脚定义

引脚	定　义
VCC	电源正极
GND	电源地
INT	继电器触发器
NO	常开触点
NC	常闭触点
COM	公共端

通过扫描"智能浇花硬件连接"二维码,获得智能浇花硬件连接 AR 体验。

7.11.3　软件编程

检查硬件电路,若电路连接正确无误则通电进行测试,然后进行程序烧录。通过扫描"智能浇花控制程序"二维码,获得智能浇花控制程序,并通过 Arduino IDE 烧录至 Arduino Uno 中。

┌─────────────┐
│ **课后思考** │
└─────────────┘

1. 什么是湿敏传感器? 它有什么作用?
2. 湿敏传感器有哪些类型? 每种类型有什么特点?
3. 简要说明一个理想化的湿敏器件应具备哪些性能参数。
4. 简述陶瓷式湿敏传感器的导电机理。

智能浇花
控制程序

项目八　基于气敏传感器的烟雾和气体检测

知识目标	任务十二　应用气敏传感器实现烟雾报警	(1) 掌握气敏传感器的工作原理； (2) 理解气敏传感器的应用
能力目标		(1) 能够解释气敏传感器的工作原理； (2) 能够结合生活生产实际举例说明气敏传感器的应用； (3) 能够制作基于 Arduino 的烟雾报警器
素质目标		(1) 培养学生分析问题、解决问题的能力； (2) 培养学生表达能力和团队协作能力； (3) 培养学生自主学习、终身学习的能力； (4) 培养学生工程应用能力
思政目标		(1) 通过制作烟雾报警器，提升学生工程应用的创新思维； (2) 通过实验数据分析处理，培养学生求真务实的精神

任务十二　应用气敏传感器实现烟雾报警

任务导入

　　环境的变化给人类带来极大的影响。近年来，大气和地下水污染、酸雨、温室效应、臭氧层破坏、沙尘暴、极端天气等成了严重的环境问题，威胁着人类的生存，引起全人类的关注。随着人类环保意识的增强，保护人类赖以生存的自然环境，防止环境恶化，需要对各种易燃易爆的气体或有毒有害的气体进行有效监控。同时，探测和分析鱼、肉等食品发出的气味和人的呼气，可以了解食品的新鲜度、人的健康状况以及是否涉嫌酒驾等。为此，气敏传感器得到了广泛的应用及发展。

烟雾报警器——任务导入

头脑风暴

┌───┐
找一找所处教室或者实验室的烟雾报警器，想一想它们是如何工作的？
└───┘

8.1 气敏传感器的工作原理

8.1.1 气敏传感器概述

1. 气敏传感器的定义

气敏传感器是用来检测气体的类别、浓度和成分的传感器，它将气体种类及其浓度有关的信息转换成电信号，根据这些电信号的强弱，便可获得与待测气体在环境中存在情况有关的信息，从而可以检测、监控、报警，还可以通过接口电路与计算机组成自动检测、控制和报警系统。

气敏传感器的
工作原理

气敏传感器是暴露在各种成分的气体中使用的，由于检测现场的温度、湿度变化一般较大，且存在大量粉尘、烟雾等，因此其工作条件较恶劣；而且气体会与传感元件的材料产生化学反应物，附着在元件表面，往往会使其性能变差。所以，气敏传感器的性能必须满足下列条件：对被测气体具有较高的灵敏度，能有效地检测允许范围内的气体浓度并能及时报警、显示与控制信号；对被测气体以外的共存气体或物质不敏感；性能稳定，重复性好；动态特性好，对检测信号响应迅速；使用寿命长；制造成本低，使用与维护方便。

2. 气敏传感器的主要参数及特性

（1）灵敏度。灵敏度（S）是气敏元件的一个重要参数，它标志着气敏元件对气体的敏感程度。用其阻值变化量 ΔR 与气体浓度变化量 ΔP 之比来表示，即

$$S = \frac{\Delta R}{\Delta P} \tag{8-1}$$

灵敏度还有另外一种表示方法，即气敏元件在空气中的阻值 R_0 与在被测气体中的阻值 R 之比，以 K 表示。即

$$K = \frac{R_0}{R} \tag{8-2}$$

（2）响应时间。从气敏元件接触到一定浓度的被测气体开始，至气敏元件的阻值达到该浓度下新的恒定值所需要的时间称为响应时间。它表示气敏元件对被测气体浓度的响应速度。

（3）选择性。选择性是指在多种气体共存的条件下，气敏元件区分气体种类的能力。对某种气体选择性好，表明气敏元件对其灵敏度较高。选择性是气敏元件的重要参数，也是目前较难解决的问题之一。

（4）稳定性。当被测气体浓度不变时，若其他条件（如温度、压力、磁场等）发生改变，在规定的时间内气敏元件输出特性保持不变的能力，称为稳定性。稳定性反映了气敏元件的抗干扰能力。

（5）温度特性。气敏元件灵敏度随温度变化而变化的特性称为温度特性。温度有元件自身温度与环境温度之分，这两种温度对灵敏度都有影响。元件自身温度对灵敏度的影响较大，主要通过温度补偿方法来解决。

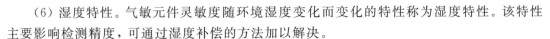

（6）湿度特性。气敏元件灵敏度随环境湿度变化而变化的特性称为湿度特性。该特性主要影响检测精度，可通过湿度补偿的方法加以解决。

（7）电源电压特性。电源电压特性是指气敏元件灵敏度随电源电压的变化而变化的特性。可通过采用恒压源来改善这种特性。

（8）时效性与互换性。气敏元件由于工作环境恶劣，温度较高，长期使用易造成气敏特性漂移，而且传统元件性能参数分散，互换性差。反映元件气敏特性稳定程度的时间，就是时效性；同一型号气敏元件之间气敏特性的一致性，反映了它的互换性。

3. 气敏传感器的分类

由于被测气体的种类繁多，性质各不相同，不可能用一种传感器来检测所有气体，因此，气敏传感器的种类也很多。

气敏传感器按工作原理可分为半导体式气敏传感器、接触燃烧式气敏传感器、化学反应式气敏传感器、光干涉式气敏传感器、热传导式气敏传感器和红外线吸收散射式气敏传感器等。各自的特点如表 8-1 所示。

表 8-1　按工作原理划分的气敏传感器的类型及特点

类型	原　理	检测对象	特　点
半导体式	若气体接触到加热的金属氧化物（SnO_2、Fe_2O_3、ZnO_2 等），电阻值会增大或减小	还原性气体、城市排放气体、丙烷气等	灵敏度高，构造与电路简单，但输出与气体浓度不成比例
接触燃烧式	可燃性气体接触到氧气就会燃烧，使得作为气敏材料的铂丝温度升高，电阻值相应增大	燃烧气体	输出与气体浓度成比例，但灵敏度较低
化学反应式	利用化学溶剂与气体反应产生的电流、颜色、电导率的增加等	CO、H_2、CH_4、C_2H_5OH、SO_2 等	气体选择性好，但不能重复使用
光干涉式	利用与空气的折射率不同而产生的干涉现象	与空气折射率不同的气体，如 CO_2 等	寿命长，但选择性差
热传导式	根据热传导率差而放热的发热元件的温度降低	与空气热传导率不同的气体，如 H_2 等	构造简单，但灵敏度低，选择性差
红外线吸收散射式	由于红外线照射，使气体分子谐振而吸收或散射量	CO、CO_2 等	能定性测量，但装置大，价格高

从材料、结构和应用范围来看，目前仍以半导体式气敏传感器居多。这类传感器一般多用于气体的粗略鉴别和定性分析，具有结构简单、使用方便的优点。但是，近年来以氧化锆陶瓷材料为主的离子导电性气敏传感器发展十分迅速，并已成为发展新型传感器的一个研究热点。

半导体气敏传感器是利用待测气体与半导体表面接触时，产生的电导率等物理性质变化来检测气体的。按照半导体与气体相互作用时产生的变化只限于半导体表面或深入半导体内部，半导体气敏传感器可分为表面控制型和体控制型。表面控制型气敏传感器的半导体表面吸附的气体与半导体间发生电子接收，结果使半导体的电导率等物理性质发生变化，但内部化学组成不变；体控制型气敏传感器的半导体与气体的反应，使半导体内部组成发生变化，而使电导率变化。按照半导体变化的物理特性，半导体气敏传感器又可分为电阻式和非电阻式。电阻式半导体气敏传感器是利用敏感材料接触气体时，其阻值变化来检测气体的成分或浓度的；非电阻式半导体气敏传感器是利用其他参数，如二极管伏安特性和场效应晶体管的阈值电压变化来检测气体的成分或浓度的。表 8-2 为半导体气敏传感器的分类。

表 8-2 半导体气敏传感器的分类

分类	主要物理特性	类型	检测气体	气敏元件
电阻式	电阻	表面控制型	可燃气体	SnO_2、ZnO 等的烧结体、薄膜、厚膜
		体控制型	酒精 可燃气体 氧气	氧化镁、SnO_2、氧化钛（烧结体）、$T-Fe_2O_3$
非电阻式	二极管整流特性	表面控制型	氢气 一氧化碳 酒精	铂-硫化镉、铂-氧化钛、金属-半导体结型二极管
	晶体管特性		氢气 硫化氢	铂栅、钯栅 MOS 场效应管

由半导体气敏元件组成的气敏传感器主要用于工业上的天然气、燃气、石油化工等部门的易燃、易爆、有毒等有害气体的检测、预报和自动控制。

8.1.2 电阻式半导体气敏传感器的工作原理

电阻式半导体气敏传感器的优点是工艺简单、价格便宜、使用方便，气体浓度发生变化时响应快，即使是在低浓度下，灵敏度也较高；其缺点是稳定性差、老化较快、气体识别能力不强、各器件之间的特性差异大等。

1. 基本工作原理

构成电阻式气敏传感器的核心——气敏电阻的材料一般都是金属氧化物，在合成材料时按化学计量比的偏离度和杂质缺陷合成。金属氧化物半导体分为 N 型半导体（如氧化锌、氧化铁等）和 P 型半导体（如氧化钴、氧化铅、氧化铜、氧化镍等）。为了提高气敏元件对某些气体成分的选择性和灵敏度，在合成材料时还可添加其他一些金属元素催化剂，如钯、铂、银等。

半导体气敏器件被加热到稳定状态下，当气体接触器件表面被吸附时，被吸附的分子首先在表面上自由扩散（物理吸附），失去其运动能量，其间一部分分子蒸发，另一部分残留分子产生热分解而固定在吸附处（化学吸附）。这时，如果器件的功函数小于吸附分子的电子亲和力，吸附分子将从器件夺得电子而变成负离子吸附。具有这种倾向的气体有 O_2 或 NO_2 等，称为氧化型或电子接收型气体。如果器件的功函数大于吸附分子的电子离解能，吸附分子将向器件释放出电子，而成为正离子吸附。具有这种倾向的气体有 H_2、CO、氢氧化合物、酒类等，称为还原型或电子供给型气体。

由半导体表面态理论可知，当氧化型气体吸附到 N 型半导体（SnO_2、ZnO、F_2O_3）上，还原型气体吸附到 P 型半导体（MoO_2、CrO_3）上时，将使半导体多数载流子（空穴）减少，电阻值增大。相反地，当还原型气体吸附到 N 型半导体上，或氧化型气体吸附到 P 型半导体上时，将使多数载流子（电子）增多，电阻值下降。图 8-1 所示为 N 型半导体吸附气体时器件电阻的变化。

规则总结如下：

氧化型气体＋N 型半导体：载流子数下降，电阻增加。

还原型气体＋N 型半导体：载流子数增加，电阻减小。

氧化型气体＋P 型半导体：载流子数增加，电阻减小。

还原型气体＋P 型半导体：载流子数下降，电阻增加。

空气中的氧成分大体上是恒定的，因而氧的吸附量也是恒定的，气敏器件的阻值基本保持不变。如果被测气体进入这种气氛中，器件表面将产生吸附作用，器件的电阻值将随气体浓度变化而变化，从浓度与电阻值的变化关系即可得知气体的浓度。

图 8-2 所示为 SnO_2 气敏器件电阻的灵敏度特性，它表示不同气体浓度下气敏器件的电阻值。

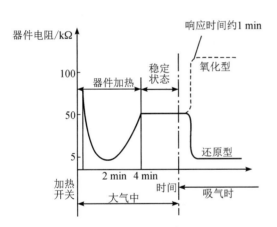

图 8-1　N 型半导体吸附气体时器件电阻的变化

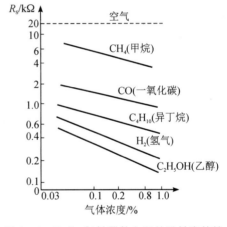

图 8-2　SnO_2 气敏器件电阻的灵敏度特性

图 8-3 所示为 SnO_2 气敏器件的电阻—温湿度特性曲线，其中 R_{SO} 代表其在一般温湿度条件下的电阻值（即 23℃±3℃，50%RH±5%RH），表明它易受环境温度、湿度的影响。

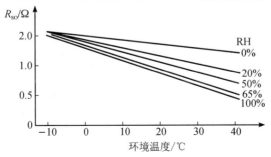

图 8-3　SnO_2 气敏器件的电阻—温湿度特性曲线

因此该器件在标定之前，一般需要 $1\sim2$ 周的时间老化，即在不通电的状态下存放一段时间，使其阻值趋于稳定。另外，在使用时，通常需要增加湿度补偿，以提高仪器的检测精度和可靠性。

气敏电阻通常工作在高温状态下，一般温度范围在 $200℃\sim450℃$，其目的是为了去除附着在气敏电阻上的油雾、尘埃等有害物质，并加速气体与金属氧化物的氧化-还原反应，提高气敏电阻的灵敏度和响应速度。因此，SnO_2 气敏元件结构上有电阻丝加热器。

2. 主要类型

电阻式气敏传感器按其结构可分为三类：烧结型、薄膜型和厚膜型。

（1）烧结型气敏器件。烧结型气敏器件是将一定比例的敏感材料（SnO_2、ZnO 等）和一些杂剂（Pt、Pb 等）用水或黏合剂调合，经研磨后使其均匀混合；然后将混合好的膏状物倒入模具，埋入加热丝和测量电极，经传统的制陶方法烧结；最后将加热丝和电极焊在管座上，加上特制外壳构成器件。该类器件分为两种结构：直热式和旁热式。

① 直热式气敏器件的结构和符号如图 8－4 所示。直热式气敏器件的管芯体积很小，将加热丝、测量丝直接埋在 SnO_2 或 ZnO 金属氧化物半导体粉末材料内烧结而成。加热丝兼作一个测量电极，工作时，加热丝通电加热，测量丝用于测量器件的阻值。该结构制造工艺简单，成本低，功耗小。但也有它自身的缺点：热容小，易受环境气温的影响；测量电路与加热电路之间因没有隔离而相互干扰，影响其测量参数；加热丝在加热与不加热两种情况下产生的膨胀与冷缩，容易造成器件接触不良。直热式气敏器件现已较少使用。

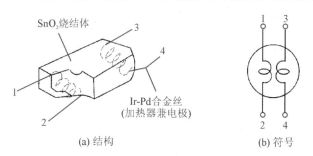

图 8－4　直热式气敏器件的结构和符号

② 旁热式气敏器件是指把高阻加热丝放置在陶瓷绝缘管内，在管外涂上梳状金电极作为测量极，再在金电极外涂上 SnO_2 等气敏半导体材料所构成的器件。旁热式气敏器件的结构和符号如图 8－5 所示。旁热式气敏器的优点：克服了直热式结构中测量极与加热极不隔离的缺点，使加热丝不与气敏材料接触，避免了相互影响；器件热容量大，降低了环境温度的影响，器件的稳定性、可靠性都得到了提升。

（2）薄膜型气敏器件。采用真空镀膜或溅射的方法，在处理好的石英或陶瓷基片上形成一薄层金属氧化物薄膜（如 SnO_2、ZnO 等），再引出电极，就构成了薄膜型气敏器件。大量实验证明 SnO_2 和 ZnO 薄膜的气敏特性较好。

薄膜型气敏器件的结构如图 8－6 所示。该类器件的优点是灵敏度高、响应快、机械强度高、互换性好、产量高、成本低等。

（3）厚膜型气敏器件。厚膜型气敏器件是将 SnO_2 和 ZnO 等材料与 $3\%\sim12\%$ 质量的硅凝胶混合制成能印刷的厚膜胶，把厚膜胶用丝网印制到装有铂电极的氧化铝基片上，在

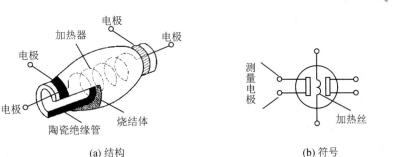

(a) 结构　　　　　　　　　　　　　　　　(b) 符号

图 8-5　旁热式气敏器件的结构和符号

400~800℃高温下烧结1~2 h后制成的。厚膜型气敏器件的结构如图8-7所示。该类器件的优点是一致性好、机械强度高，适于批量生产。

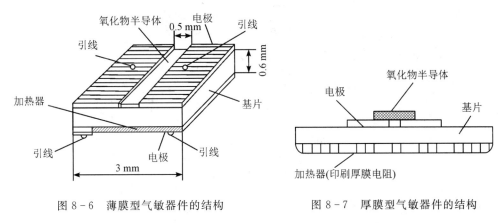

图 8-6　薄膜型气敏器件的结构　　　　　图 8-7　厚膜型气敏器件的结构

8.2　气敏传感器的验证实验

8.2.1　实验概述

通过搭建气敏传感器的酒精浓度检测系统，测量棉签的酒精浓度，记录实验数据，并通过实验数据的处理，计算气敏传感器的线性度和灵敏度，分析其性能指标。

实验名称：气敏传感器实验。
实验目的：
(1) 了解气敏传感器的结构；
(2) 掌握气敏传感器的工作原理；
(3) 理解气敏传感器的特性。
实验内容：
(1) 了解传感器与检测技术试验台（求是教仪）的结构和布局；
(2) 掌握搭建完整的气敏传感器酒精浓度检测系统的方法，并进行测量实践；
(3) 掌握实验数据处理及性能指标计算方法。

实验设备：传感器与检测技术试验台（求是教仪），CGQ-010 气敏传感器实验模块，直流电源±15 VDC，直流电压表。

8.2.2 实验实施

具体实验实施步骤如下：

（1）按照图 8-8 所示完成实验线路搭建，将直流电源+15 V 及 GND 接入 CGQ-010 气敏传感器实验模块的+15 V 及 GND，将 CGQ-010 气敏传感器实验模块的输出 U_o 接电压表。

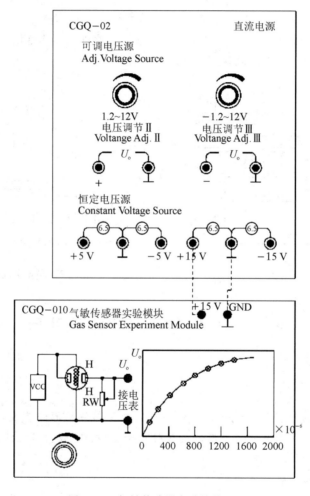

图 8-8　气敏传感器实验接线图

（2）打开电源开关，给气敏传感器预热数分钟（按正常的工作标准应为 24 h），若时间较短可能产生较大的测试误差。

（3）用棉签蘸少许酒精靠近气敏传感器，观察电压表的变化，随着传感器内酒精浓度的升高，数字指示将越来越大，同时模块上发光管点亮的数目呈上升趋势。

（4）拿掉棉签，随着酒精的挥发，发光管点亮的数目慢慢减少，电压也随之降低。

（5）在已知所测酒精浓度的情况下，调整 RW 旋钮可进行实验模块的输出标定，并将输出值填入表 8-3 中。

表 8 − 3　　湿敏传感器测量湿度特性实验数据记录表

酒精浓度/10^{-6}	400	800	1200	1600	2000
U/mV					

（6）根据表 8 − 3，计算气敏传感器测量湿度的灵敏度和线性度。

8.3　气敏传感器的应用发展

8.3.1　煤气报警器

气敏传感器的
应用发展

　　煤气报警器安装在厨房，可以对居民住宅煤气泄漏的浓度进行探测，并对从探测器采集来的数据进行处理。

　　图 8 − 9 所示为家用煤气报警器电路图，其中 QM-N10 是电阻式气敏传感器，它采用的是 N 型半导体器件，用作探测头。QM-N10 是一种新型的低功耗、高灵敏度的气敏元件，其内部有一个加热丝和一对探测电极（A 极和 K 极）。当空气中不含有毒气体或有毒气体的浓度很低时，A、K 两极间电阻值很大，使得流过电位器 RP 的电流很小，K 极为低电平，达林顿管 U850 不导通；当空气中煤气的浓度达到所设阈值时，A、K 两极间电阻值迅速下降，使得电位器 RP 上流过的电流突然增加，K 极电位升高，向电容 C_2 充电，直至电容 C_2 上的电位达到 U850 导通电位（约 1.4 V），U850 导通，驱动集成芯片 KD9561 控制扬声器发出报警。当有毒气体浓度下降到使 A、K 两极间恢复到高电阻状态时，K 极电位低于 1.4 V，U850 截止，报警消除。电位器 RP 用于设定报警浓度。

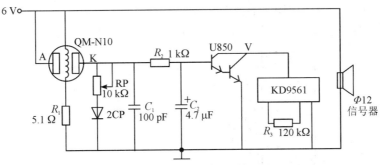

图 8 − 9　家用煤气报警器电路图

8.3.2　酒精测试器

　　图 8 − 10 所示为酒精测试器电路图。此电路采用 TGS812 型酒精传感器，对酒精有较高的灵敏度（对一氧化碳也敏感）。传感器的负载电阻是 R_1、R_2，其输出直接接 LED 显示驱动器 LM3914。当酒精变成蒸气时，随着酒精蒸气浓度的增加，输出电压也上升，则 LM3914 的 LED（共 10 个）点亮数目也增加。

　　酒精测试器工作时，人只要向传感器呼一口气，根据 LED 点亮的数目便可知晓该人是否饮酒及饮酒量。

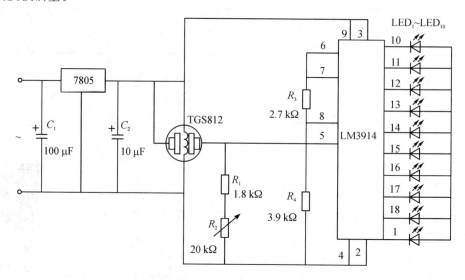

图 8-10 酒精测试器电路图

8.3.3 便携式矿井瓦斯超限报警器

便携式矿井瓦斯超限报警器体积小，质量轻，电路简单，工作可靠。其电路图如图 8-11 所示，气敏传感器 QM-N5(N 型半导体)为对瓦斯敏感元件。闭合开关 S，4V 电源通过 R_1 对气敏元件 QM-N5 预热。当矿井无瓦斯或瓦斯浓度很低时，气敏元件的 A 与 B 间等效电阻很大，经电位器 RP 分压后，其动触点电压 $U_g < 0.7$ V，不能触发晶闸管 VT。因此，由 LC179 和 R_2 组成的警笛振荡器无供电，扬声器不发声。如果瓦斯浓度超过安全标准，气敏元件的 A 和 B 间的等效电阻迅速减小，致使 $U_g > 0.7$ V 而触发 VT 导通，接通警笛电路的电源，警笛电路产生振荡，扬声器发出报警声。电位器 RP 用于设定报警浓度。

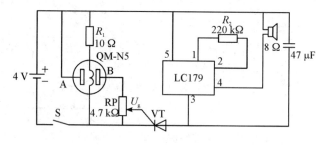

图 8-11 便携式矿井瓦斯超限报警器电路图

8.4 烟雾报警器的创新实践

8.4.1 实践概述

利用 Arduino Uno 开源开发板、MQ-2 气体烟雾传感器、蜂鸣器模块，通过硬件连接、软件编程和整体调试，制作基于 Arduino 的烟雾报警器，实现气敏传感器的工程创新应用。

烟雾报警器作为一种安全警报设备，主要用于检测火灾或在产生烟雾时发出警报，以便及时通知人们采取措施保护生命和财产的安全。烟雾报警器广泛应用于住宅、公寓、酒店、商场、学校、医院等公共建筑中，可以帮助人们尽早发现火灾，有助于及早采取必要的逃生措施，保障人身安全。电力、化工、石油、天然气等工业场所，以及船舶、飞机等交通运输工具中也都要求安装烟雾报警器，以保证工作场所和交通工具的安全。本实践任务是利用 Arduino Uno 开源开发板、MQ-2 气体烟雾传感器、蜂鸣器模块制作烟雾报警器。要求：通过 MQ-2 气体烟雾传感器，检测周围环境烟雾浓度。当传感器输出值大于 300 时，蜂鸣器发出报警声。

8.4.2　硬件连接

硬件清单：Arduino Uno 开源开发板，MQ-2 气体烟雾传感器，蜂鸣器模块，面包板，杜邦线若干。

MQ-2 气体烟雾传感器对液化气、丙烷、氢气的灵敏度高，对天然气和其他可燃蒸气的检测也很理想。这种气体传感器可检测多种可燃性气体，其寿命长，成本低，是一款适合多种应用的低成本烟雾传感器。MQ-2 气体烟雾传感器引脚定义如表 8-4 所示。

表 8-4　MQ-2 气体烟雾传感器引脚定义

引脚	定义
+	电源正极
−	电源地
DO	数字信号输出
AO	模拟信号输出

通过扫描"烟雾报警器硬件连接"二维码，获得烟雾报警器硬件连接 AR 体验。

8.4.3　软件编程

检查硬件电路，若电路连接正确无误则通电进行测试，然后进行程序烧录。通过扫描"烟雾报警器控制程序"二维码，获得烟雾报警器控制程序，并通过 Arduino IDE 烧录至 Arduino Uno 中。

烟雾报警器
控制程序

课后思考

1. 什么是气敏传感器？气敏传感器有哪几种类型？
2. 简述电阻式气敏传感器的工作原理。
3. 气敏传感器一般应用于哪些方面？试举例说明，并阐述其基本原理。
4. 为什么多数气敏传感器都附有加热丝？

参 考 文 献

［1］ 郁有文，常健，程继红. 传感器原理及工程应用［M］. 西安：西安电子科技大学出版社，2003.

［2］ 李艳红，李海华，杨玉蓓. 传感器原理及实际应用设计［M］. 北京：北京理工大学出版社，2016.

［3］ 胡向东. 传感器与检测技术［M］. 北京：机械工业出版社，2019.

［4］ 周杏鹏. 传感器与检测技术［M］. 北京：清华大学出版社，2010.

［5］ 苑会娟. 传感器原理及应用［M］. 北京：机械工业出版社，2017.